CMake构建实战

项目开发卷

许宏旭◎著

人民邮电出版社
北京

图书在版编目（CIP）数据

CMake构建实战. 项目开发卷 / 许宏旭著. -- 北京 : 人民邮电出版社, 2024.2(2024.4重印)
ISBN 978-7-115-61664-7

Ⅰ. ①C… Ⅱ. ①许… Ⅲ. ①C语言－程序设计 Ⅳ. ①TP312.8

中国国家版本馆CIP数据核字(2023)第078589号

内 容 提 要

本书主要介绍 C 和 C++程序构建的相关知识，包括直接调用 C 和 C++编译器完成构建的基础内容，以及使用 CMake 完成项目构建的相关内容。全书先介绍市面上 C 和 C++的主流编译器及其相关命令行工具、Makefile 等的使用，抽象出与项目构建相关的概念模型，再介绍 CMake 脚本语言的基础语法、常用命令等，最后介绍与 CMake 项目构建相关的内容。本书含有两个实践章节，借助 CMake 脚本语言，分别构建了快速排序算法程序、手写数字识别库及配套命令行工具。

本书适合有 C 和 C++编程基础，希望了解或应用 CMake 工具的人阅读，也适合想要构建跨平台 C 和 C++程序的开发人员阅读。

◆ 著　　　　许宏旭
责任编辑　郭泳泽
责任印制　王　郁　焦志炜

◆ 人民邮电出版社出版发行　　北京市丰台区成寿寺路 11 号
邮编　100164　　电子邮件　315@ptpress.com.cn
网址　https://www.ptpress.com.cn
固安县铭成印刷有限公司印刷

◆ 开本：800×1000　1/16
印张：21　　　　　　2024 年 2 月第 1 版
字数：437 千字　　　2024 年 4 月河北第 2 次印刷

定价：99.80 元

读者服务热线：(010)81055410　印装质量热线：(010)81055316
反盗版热线：(010)81055315
广告经营许可证：京东市监广登字 20170147 号

前　言

如今，CMake几乎已经成为构建C和C++项目的业界标准工具。众多开源项目，甚至商业项目都已经或逐渐转向采用CMake作为构建工具。例如，Qt就已经在其6.0版本采用CMake作为首选构建工具了。

然而，尽管CMake被广泛采用，却很少有图书对它进行系统介绍。网上的随笔教程质量参差不齐，不成体系，尤其是很少有教程会完整地介绍CMake的语法，这不利于技术的学习与传播。另外，CMake的3.0版本更新了很多内容，但现存资料有的年代久远，有的可能会混杂新旧知识，同样不利于学习最新技术。

因此，笔者产生了创作本书的想法。本书会从基础的C和C++程序构建讲起，帮助读者建立良好的概念模型，然后仿照编程语言图书的一般结构介绍CMake脚本语言，最后深入讲解CMake作为构建工具的种种用法。本书知识体系相对完备，可以帮助读者更加系统地学习CMake。同时，本书基本摒弃了过时的CMake程序编写方式，全面拥抱“现代CMake”。

笔者在学习CMake的过程中，也常常苦于官方文档艰涩难懂，缺乏实例辅助理解。因此笔者在创作本书时，编写了大量实例代码，对于重要的基础语法、常用命令等，均配有实例展示，希望能够帮助读者更高效地理解和学习。

本书主要介绍C和C++程序构建的相关知识，包括直接调用C和C++编译器完成项目构建的基础内容，以及使用CMake完成项目构建的相关内容。本书暂不涉及CMake中与测试集成（包括CTest和CDash）、安装、打包（包括CPack）等相关的内容。

本书整体上分为三个部分。

第1章介绍C和C++程序构建的相关基础知识。该章不会涉及CMake，主要讲解C和C++的主流编译器及其相关命令行工具、Makefile等的使用，同时会抽象出与项目构建相关的概念模型。读者如果对构建C和C++程序的工具与流程相当熟悉，可以跳过这一部分。

第2章到第5章将带领读者初步认识CMake，并按照一般编程语言入门图书的惯例介绍CMake脚本语言的基础语法、常用命令等。该部分几乎只介绍脚本语言，很少涉及与构建相关的内容，相信能够帮助读者更专注地夯实基础。

第6章到第11章介绍CMake项目构建的相关内容。第7章介绍CMake从配置生成项目、构建项目，到项目被用户使用的完整生命周期，以帮助读者对CMake的功能使用建立宏观认知。后续各章则会深入探究与CMake项目构建相关的内容。

本书第5章和第11章是两个实践章节。第5章应用CMake脚本语言的相关知识，实现了一个快速排序算法程序；第11章则综合应用了本书介绍的知识，基于onnxruntime第三方机器学习推理运行时库，实现了一个手写数字识别库及配套命令行工具。希望这两个实践项目能够帮助读者更快更好地将所学知识应用于实践中。

本书读者

本书面向已经掌握C和C++编程语言基础，同时希望了解或应用C和C++程序的构建原理及CMake构建工具的读者。如果读者正处于下列情境之一，那么阅读本书应该会有所帮助：

- 希望构建跨平台C和C++程序，却苦于没有合适的构建工具；
- 希望为C和C++开源界贡献力量，却苦于不了解项目构建的原理；
- 已经采用了其他构建工具，但苦于没有良好的集成开发环境（Integrated Development Environment，IDE）支持，希望切换到被广泛支持的构建工具。

资源与支持

资源获取

本书提供如下资源：

- 配套代码文件；
- 本书思维导图；
- 异步社区7天VIP会员。

要获得以上资源，您可以扫描下方二维码，根据指引领取。

提交勘误

作者和编辑尽最大努力来确保书中内容的准确性，但难免会存在疏漏。欢迎您将发现的问题反馈给我们，帮助我们提升图书的质量。

当您发现错误时，请登录异步社区（www.epubit.com），按书名搜索，进入本书页面，点击“发表勘误”，输入勘误信息，点击“提交勘误”按钮即可（见下图）。本书的作者和编辑会对您提交的勘误进行审核，确认并接受后，您将获赠异步社区的100积分。积分可用于在异步社区兑换优惠券、样书或奖品。

与我们联系

我们的联系邮箱是contact@epubit.com.cn。

如果您对本书有任何疑问或建议，请您发邮件给我们，并请在邮件标题中注明本书书名，以便我们更高效地做出反馈。

如果您有兴趣出版图书、录制教学视频，或者参与图书翻译、技术审校等工作，可以发邮件给我们。

如果您所在的学校、培训机构或企业，想批量购买本书或异步社区出版的其他图书，也可以发邮件给我们。

如果您在网上发现有针对异步社区出品图书的各种形式的盗版行为，包括对图书全部或部分内容的非授权传播，请您将怀疑有侵权行为的链接发邮件给我们。您的这一举动是对作者权益的保护，也是我们持续为您提供有价值的内容的动力之源。

关于异步社区和异步图书

“异步社区”是由人民邮电出版社创办的IT专业图书社区，于2015年8月上线运营，致力于优质内容的出版和分享，为读者提供高品质的学习内容，为作译者提供专业的出版服务，实现作者与读者在线交流互动，以及传统出版与数字出版的融合发展。

“异步图书”是异步社区策划出版的精品IT图书的品牌，依托于人民邮电出版社在计算机图书领域30余年的发展与积淀。异步图书面向IT行业以及各行业使用IT技术的用户。

目　录

第1章　构建之旅……1
1.1　单源文件程序：您好，世界……1
1.2　构建多源程序……3
1.2.1　输出另一源程序的字符串……3
1.2.2　一个需要漫长编译过程的程序…3
1.2.3　按需编译：快速构建变更……4
1.2.4　使用 Makefile 简化构建……7
1.3　构建静态库……9
1.4　构建动态库……12
1.4.1　Windows 中动态链接的原理……13
1.4.2　Linux 中动态链接的原理……17
1.5　引用第三方库……22
1.5.1　下载 Boost C++库……22
1.5.2　引用 Boost C++头文件库……22
1.5.3　安装 Boost C++库……24
1.5.4　链接 Boost C++库……25
1.6　旅行笔记……29
1.6.1　构建的基本单元：源程序……29
1.6.2　核心的抽象概念：构建目标……30
1.6.3　目标属性……31
1.6.4　使用要求的传递性……34
1.6.5　目录属性……40
1.6.6　自定义构建规则……40
1.6.7　尾声……41
第2章　CMake 简介……42
2.1　为什么使用 CMake……43
2.1.1　平台无关和编译器无关……43
2.1.2　开源自由和优秀的社区生态…44
2.1.3　强大通用的脚本语言……44
2.1.4　稳定地向后兼容……44
2.1.5　持续不断地改进和推出新特性…45
2.2　安装 CMake……45
2.2.1　在 Windows 中安装 CMake……45
2.2.2　在 Linux 中安装 CMake……46
2.2.3　在 macOS 中安装 CMake……47
2.3　您好，CMake!……48
第3章　基础语法……49
3.1　CMake 程序……49
3.1.1　目录（CMakeLists.txt）……50
3.1.2　脚本（<script>.cmake）……50
3.1.3　模块（<module>.cmake）……50
3.2　注释……50
3.2.1　单行注释……50
3.2.2　括号注释……50
3.3　命令调用……51
3.4　命令参数……51
3.4.1　引号参数……51
3.4.2　非引号参数……52
3.4.3　变量引用……53
3.4.4　转义字符……53
3.4.5　括号参数……55
3.5　变量……56
3.5.1　预定义变量……57
3.5.2　定义变量……57
3.6　列表……62
3.7　控制结构……64
3.7.1　if 条件分支……64

3.7.2 while 判断循环……65
3.7.3 foreach 遍历循环……65
3.7.4 跳出和跳过循环：break 和 continue……68
3.8 条件语法……69
3.8.1 常量、变量和字符串条件……69
3.8.2 逻辑运算……71
3.8.3 单参数条件……71
3.8.4 双参数条件……73
3.8.5 括号和条件优先级……75
3.8.6 变量展开……75
3.9 命令定义……77
3.9.1 宏定义……78
3.9.2 函数定义……78
3.9.3 参数的访问……79
3.9.4 参数的设计与解析……80
3.9.5 宏和函数的区别……86
3.10 小结……88
第 4 章 常用命令……89
4.1 数值操作命令：math……89
4.2 字符串操作命令：string……90
4.2.1 搜索和替换……90
4.2.2 正则匹配和替换……91
4.2.3 取字符串长度……96
4.2.4 字符串变换……96
4.2.5 比较字符串……98
4.2.6 取哈希值……98
4.2.7 字符串生成……99
4.2.8 字符串模板……103
4.2.9 JSON 操作……107
4.3 列表操作命令：list……111
4.3.1 回顾列表……111
4.3.2 访问列表元素……112
4.3.3 获取列表长度……113
4.3.4 列表元素增删……113
4.3.5 列表变换……114
4.3.6 列表重排……115
4.3.7 列表元素变换……117
4.4 文件操作命令：file……118
4.4.1 读取文件……118
4.4.2 获取运行时依赖……121
4.4.3 写入文件……125
4.4.4 模板文件……125
4.4.5 遍历路径……126
4.4.6 移动文件或目录……128
4.4.7 删除文件或目录……128
4.4.8 创建目录……129
4.4.9 复制文件或目录……129
4.4.10 文件传输……133
4.4.11 锁定文件……135
4.4.12 归档压缩……136
4.4.13 生成文件……137
4.4.14 路径转换……139
4.5 路径操作命令：cmake_path……140
4.5.1 路径结构……140
4.5.2 创建路径变量……141
4.5.3 分解路径结构……142
4.5.4 路径判别……143
4.5.5 比较路径……145
4.5.6 路径修改……146
4.5.7 路径转换……147
4.6 路径操作命令：get_filename_component……149
4.6.1 分解路径结构……149
4.6.2 解析命令行……150
4.7 配置模板文件：configure_file……150
4.8 日志输出命令：message……152
4.8.1 输出日志……153
4.8.2 筛选日志级别……157
4.8.3 输出检查状态……158
4.8.4 设置输出格式……159
4.9 执行程序：execute_process……161
4.9.1 管道输出……161
4.9.2 并行执行……162
4.9.3 子进程继承环境变量……163
4.9.4 设置工作目录……163
4.9.5 获取进程返回值……163
4.9.6 设置超时时长……164
4.9.7 设置输出变量……164

4.9.8 设置输入输出文件 ……165
4.9.9 屏蔽输出 ……166
4.9.10 删除输出尾部空白 ……166
4.9.11 输出命令行调用 ……166
4.9.12 设置输出编码 ……167
4.9.13 设置失败条件 ……167
4.9.14 解析命令行参数：separate_arguments ……167
4.10 引用CMake程序：include ……169
4.10.1 引用CMake程序 ……169
4.10.2 引用卫哨：include_guard ……170
4.11 执行代码片段：cmake_language ……172
4.11.1 调用命令 ……172
4.11.2 执行代码 ……173
4.11.3 延迟调用命令 ……174
4.12 监控变量：variable_watch ……176
实例 ……177

第5章 实践：CMake快速排序 ……179

第6章 CMake构建初探 ……181
6.1 CMake项目的生命周期 ……181
6.1.1 配置阶段和生成阶段 ……181
6.1.2 构建阶段 ……184
6.1.3 安装阶段和打包阶段 ……186
6.1.4 程序包安装阶段 ……187
6.2 项目配置与缓存变量 ……189
6.2.1 使用CMake GUI配置缓存变量 ……190
6.2.2 常用缓存变量 ……191
6.2.3 标记缓存变量为高级配置：mark_as_advanced ……192
6.3 CMake命令行的使用 ……193
6.3.1 配置和生成 ……193
6.3.2 构建 ……194
6.3.3 打开生成的项目 ……195
6.3.4 安装 ……195
6.3.5 内置命令行工具 ……196
6.4 使用Visual Studio打开CMake项目 ……200
6.4.1 生成Visual Studio的原生解决方案 ……200
6.4.2 使用Visual Studio直接打开CMake项目 ……201
6.5 小结 ……202

第7章 构建目标和属性 ……203
7.1 二进制构建目标 ……203
7.1.1 可执行文件目标 ……203
7.1.2 一般库目标 ……205
7.1.3 目标文件库目标 ……207
7.1.4 指定源文件的方式 ……207
7.2 伪构建目标 ……208
7.2.1 接口库目标 ……208
7.2.2 导入目标 ……209
7.2.3 别名目标 ……212
7.3 子目录 ……213
加入子目录：add_subdirectory ……213
7.4 项目：project ……214
代码注入 ……214
7.5 属性：get_property、set_property ……215
7.5.1 全局属性 ……215
7.5.2 目录属性 ……217
7.5.3 目标属性 ……219
7.5.4 源文件属性 ……222
7.5.5 缓存变量属性 ……224
7.5.6 构建中常用的属性 ……225
7.5.7 自定义属性：define_property ……228
7.6 属性相关命令 ……229
7.6.1 设置目标链接库：target_link_libraries ……229
7.6.2 PUBLIC、INTERFACE、PRIVATE与传递性 ……232
7.6.3 设置宏定义：add_compile_definitions ……233
7.6.4 设置目标宏定义：target_compile_definitions ……234
7.6.5 设置编译参数：add_compile_options ……234

7.6.6 设置目标编译参数：target_compile_options …………234
7.6.7 设置目标编译特性：target_compile_features …………234
7.6.8 设置头文件目录：include_directories ……………………235
7.6.9 设置目标头文件目录：target_include_directories ………235
7.6.10 设置链接库：link_libraries …236
7.6.11 设置链接目录：link_directories ………………………236
7.6.12 设置目标链接目录：target_link_directories……………236
7.6.13 设置链接参数：add_link_options …………………………236
7.6.14 设置目标链接参数：target_link_options……………………237
7.6.15 设置目标源文件：target_sources …………………………237
7.6.16 无须递归传递的例程 …………237
7.6.17 存在间接引用的例程 …………238
7.7 自定义构建规则：add_custom_command……………………………………239
7.7.1 生成文件 ……………………………239
7.7.2 响应构建事件 ……………………244
7.8 自定义构建目标：add_custom_target……………………………245
7.9 设置依赖关系：add_dependencies……247
7.10 小结 ………………………………………248

第 8 章 生成器表达式 ………………………249
8.1 支持生成器表达式的命令 ……………249
8.1.1 创建构建目标的命令 …………250
8.1.2 属性相关命令 ……………………251
8.1.3 自定义构建规则和目标 …………252
8.2 布尔型生成器表达式 …………………253
8.2.1 转换字符串为布尔值：BOOL……………………………………253
8.2.2 逻辑运算 …………………………253
8.2.3 关系比较 …………………………254
8.2.4 谓词查询 …………………………255
8.3 字符串生成器表达式 …………………258
8.3.1 字符转义 …………………………258
8.3.2 条件表达式：IF …………………258
8.3.3 字符串变换 ………………………259
8.3.4 目标相关表达式 …………………260
8.3.5 解析生成器表达式 ………………262
8.4 小结 ………………………………………263

第 9 章 模块 …………………………………265
9.1 引用功能模块 ……………………………265
9.2 常用的预置功能模块 …………………265
9.2.1 用于调试的模块 …………………265
9.2.2 用于检查环境的模块 ……………267
9.2.3 用于生成导出头文件的模块：GenerateExportHeader…………272
9.3 查找模块 …………………………………276
9.3.1 查找软件包命令：find_package（模块模式） ………………………276
9.3.2 实例：使用 FindThreads 引用线程库 ……………………………278
9.3.3 实例：使用 FindBoost 引用 Boost 库 ……………………………278
9.4 编写自定义查找模块 …………………281
9.4.1 查找文件：find_file ……………281
9.4.2 查找库文件：find_library ………284
9.4.3 查找目录：find_path ……………286
9.4.4 查找可执行文件：find_program ……………………………286
9.4.5 与查找参数相关的变量 …………287
9.4.6 查找条件变量 ……………………289
9.4.7 查找结果变量 ……………………289
9.4.8 FindPackageHandleStandardArgs 模块 ……………………………290
9.4.9 实例：onnxruntime 的查找模块 ……………………………………292
9.5 小结 ………………………………………297

第 10 章 策略与向后兼容 …………………298
10.1 CMake 策略（以 CMP0115 为例） ……298

借助官方文档查阅 CMake 策略……298
10.2 指定 CMake 最低版本要求：cmake_minimum_required……299
最低版本要求与策略设置……299
10.3 管理策略行为：cmake_policy……300
10.3.1 按策略名称设置策略行为…300
10.3.2 获取策略行为……300
10.3.3 按 CMake 版本设置策略行为……300
10.3.4 管理 CMake 策略栈……301
10.4 渐进式重构 CMake 程序……302
10.4.1 局部代码重构并启用新行为……302
10.4.2 禁用警告信息……302
10.4.3 同时兼容旧版 CMake……302
10.4.4 为全部策略采用新行为……303
10.4.5 完全切换到新版 CMake……303
10.5 小结……303

第 11 章 实践：基于 onnxruntime 的手写数字识别库……304

11.1 前期设计……304
11.1.1 模块设计……304
11.1.2 项目目录结构……304
11.1.3 接口设计……305
11.2 第三方库……307
11.2.1 安装 zlib 库……307
11.2.2 安装 libpng 库……307
11.2.3 libpng 的查找模块……308
11.3 CMake 目录程序……309
11.3.1 查找软件包……309
11.3.2 num_recognizer 动态库目标…310
11.3.3 recognize 可执行文件目标…310
11.4 代码实现……311
11.4.1 全局常量和全局变量……311
11.4.2 手写数字识别类……311
11.4.3 初始化接口实现……312
11.4.4 构造识别器接口实现……312
11.4.5 析构识别器接口实现……313
11.4.6 识别二值化图片像素数组接口实现……313
11.4.7 识别 PNG 图片接口实现……313
11.4.8 完善手写数字识别库的头文件（以同时支持 C 语言）……317
11.4.9 命令行工具的实现……319
11.5 构建和运行……320
11.6 小结……321

第1章 构建之旅

大部分图书在介绍一门技术的时候，第1章往往是简介，颇为无趣。本章先不提主角CMake，毕竟它“又丑又怪”，谁第一次见了都想离它远远的。笔者恐怕是见到它不下十次，才真正下定决心去学习。为了避免读者也痛苦十次，本章先从基础入手，带领大家一起体会构建旅程的艰辛，这样更容易感受CMake的可爱之处。

本章介绍的C和C++程序的构建基础是学习CMake的重中之重，其中涉及：对编译器命令行工具的参数介绍，有助于读者将来在CMake程序中配置编译选项，对Makefile等配置工具的介绍，有助于读者感受CMake与它们的相似和不同之处，体会CMake的优势；对动态链接等原理的介绍，有助于读者理解CMake中为动态库等构建目标提供的特殊属性，如POSITION_INDEPENDENT_CODE等。

那么，不妨一起踏上构建之旅，重新熟悉一下构建C和C++各类程序的方法吧！在此之前，请确保已经安装好了C和C++程序的基本开发环境，包括MSVC、GCC或Clang编译器、make或NMake构建工具等。

1.1 单源文件程序：您好，世界

啊哈，本书并不能脱俗。让我们来编写这个程序吧！如代码清单1.1所示。

代码清单1.1 ch001/您好世界.c

```
#include <stdio.h>
int main() {
    printf("您好，世界！\n");
    return 0;
}
```

那么如何构建这个单源文件的“您好，世界”程序呢？

使用Microsoft Visual C++构建

Microsoft Visual C++（简称MSVC）广义上讲是一个集成开发环境，包含了Windows C和C++编程各个环节所需的功能组件；狭义上讲，则指微软的C和C++编译器。为了更清楚地了解构建的细节，本书在演示构建过程时不会使用集成开发环境，而是仅通过调用编译器命令来完成构建。

在“开始”菜单中，找到“x64 Native Tools Command Prompt for VS 2019 Preview”工具，如图1.1所示。这是Visual Studio（简称VS）的命令行工具，它预设了与开发相关的环境变量等，开发者可以方便地直接在其中调用内置的命令行工具。

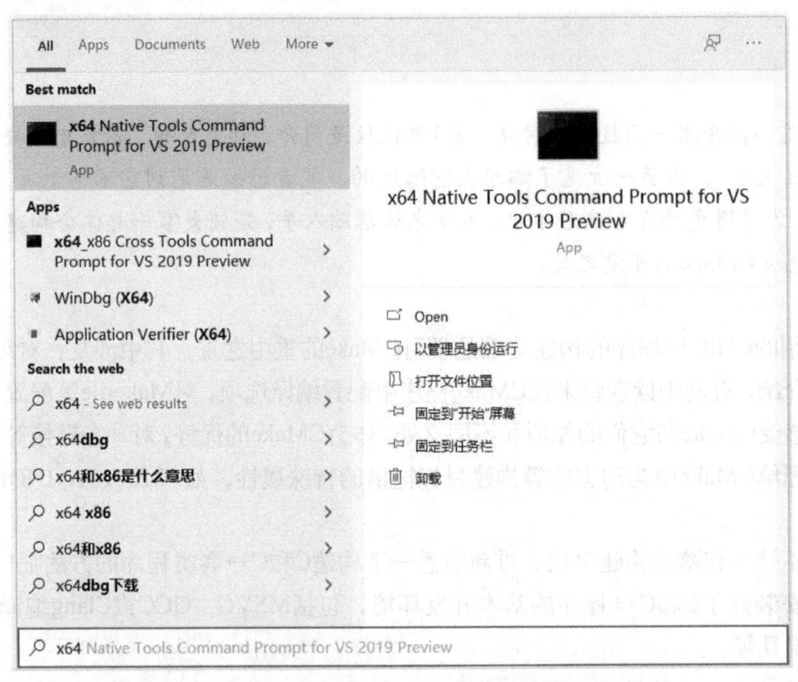

图1.1　在“开始”菜单中搜索Visual Studio x64 命令行工具

在命令行中运行MSVC编译器cl.exe：

```
> cd CMake-Book\src\ch001
> cl 您好世界.c
> 您好世界.exe
您好，世界！
```

使用GCC/Clang构建

运行系统终端，直接调用gcc或clang命令完成编译即可。由于Clang编译器大部分参数都与GCC编译器兼容，本书将仅展示GCC编译器的使用：

```
$ cd CMake-Book/src/ch001
$ gcc 01.您好世界.c
$ ./a.out
您好，世界！
```

可以看到，对于最简单的编译任务而言，GCC的使用与MSVC并无分别。

1.2 构建多源程序

1.2.1 输出另一源程序的字符串

本例由1.1节的“您好，世界”程序修改而成。新建源文件msg.c，在其中定义输出的字符串内容，如代码清单1.2所示。

代码清单1.2 ch001/多源程序/msg.c

```
const char *msg = "您好，我来自msg.c!";
```

然后将“您好，世界”主程序中输出的内容修改为变量msg的值，同时将msg声明为一个外部变量，如代码清单1.3所示。

代码清单1.3 ch001/多源程序/main.c

```
#include <stdio.h>

extern const char *msg;

int main() {
    printf("%s\n", msg);
    return 0;
}
```

至此，本例的两个源程序就已经编写好了，那么该如何构建它们呢？既然只是多了一个源文件，想必直接罗列在编译器命令行参数的后面就可以了吧！

MSVC的构建过程如下：

```
> cd CMake-Book\src\ch001\多源程序
> cl main.c msg.c
> main.exe
您好，我来自msg.c!
```

GCC的构建过程如下：

```
$ cd CMake-Book/src/ch001/多源程序
$ gcc main.c msg.c
$ ./a.out
您好，我来自msg.c!
```

果然如此简单，甚至二者的命令行参数都毫无分别！接下来，我们让情况变得复杂一些。

1.2.2 一个需要漫长编译过程的程序

当程序体量逐渐变得庞大，编译时间也会越来越长。C++更是经常因为编译速度慢而被大家诟病。因此，我们在工程上常采取很多手段优化编译时间。其中，最简单直接的手段就是避免不必要的编译。简言之，当多次编译多份源文件时，编译器应当聪明地只把修改过的源程序重新编译，而复用其他未修改的已经编译好的程序。

为了演示这一策略的有效性，我们需要一个非常耗时的编译过程用于对比。当然，读者肯定不会乐意在第1章就接触一个庞大的工程案例。因此，本书在这里采用了C++“黑魔法”，也就是一段糟糕的模板编程来模拟需要长时间编译的源程序。本书不会讲解该程序细节，相关实现细节感兴趣的读者可自行参考本书配套资源。

本例将会输出斐波那契数列第25项的值。主程序main.cpp如代码清单1.4所示。

代码清单1.4　ch001/漫长等待/main.cpp

```
#include <iostream>

extern int fib25;

int main() {
    std::cout << "斐波那契数列第25项为: " << fib25 << std::endl;
    return 0;
}
```

主程序中声明的外部变量fib25被定义在另一个源程序slow.cpp中。这个源程序就是模拟长耗时编译的源程序，由于有“黑魔法”的存在，我们暂且不去关心它的写法。

使用MSVC构建本例

```
> cd CMake-Book\src\ch001\漫长等待
> cl main.cpp slow.cpp /EHsc
> .\main.exe
斐波那契数列第25项为: 75025
```

MSVC编译器的/EHsc参数用于启用C++异常处理的展开语义，如果不指定会产生警告。其具体用途请参考其官方文档。

这个编译过程在笔者的移动工作站上运行了超过20秒！

使用GCC构建本例

GCC编译器编译该项目也需要十几秒的时间，过程如下：

```
$ cd CMake-Book/src/ch001/漫长等待
$ g++ main.cpp slow.cpp
$ ./a.out
斐波那契数列第25项为: 75025
```

1.2.3　按需编译：快速构建变更

假设需要修改主程序输出的字符串，修改后的程序如代码清单1.5所示。

代码清单1.5　ch001/按需编译/main.cpp

```
#include <iostream>

extern int fib25;
```

```
int main() {
    std::cout << "The 25th item of Fibonacci Sequence is: " << fib25
              << std::endl;
    return 0;
}
```

然后，重新构建该项目。等等！难道又是几十秒的等待吗？我们根本没有修改slow.cpp，其中计算出的斐波那契数列第25项数值并不会有任何改变。既然如此，为什么不复用上次编译的结果？

复用当然是可行的。程序构建过程并非只涉及编译，还有链接的过程。事实上，在运行编译器的时候，笔者会尽量采用最简单的方式，一步到位生成可执行文件，链接这一步就由编译器隐式地代劳了。

MSVC编译器在编译生成可执行文件的同时，在同一目录下还生成了一些.obj文件，这就是编译生成的目标文件。链接器的作用，就是把这些目标文件链接在一起，解析其中未定义的符号引用①。GCC等编译器其实也是一样的，只不过可能并没有将目标文件输出到工作目录中。

再回顾一下代码清单1.4，程序中声明了一个外部变量fib25。当编译器编译主程序main.cpp的时候，并不知道这个fib25的变量到底定义在哪里。因此，可以说对fib25的引用就是一个未定义的符号引用。这个未定义的符号引用也会存在于编译器生成的目标文件main.obj中。而编译器编译slow.cpp的时候，则会将fib25 的定义编译到目标文件slow.obj中。最后，链接器会将main.obj与slow.obj两个目标文件链接在一起，从而完成未定义符号fib25的解析。因此，按需编译的关键，就是分别编译各个源程序到目标文件。当源程序发生修改时，只需将变更的源程序重新编译到目标文件，然后重新与其他目标文件链接，如图1.2所示。

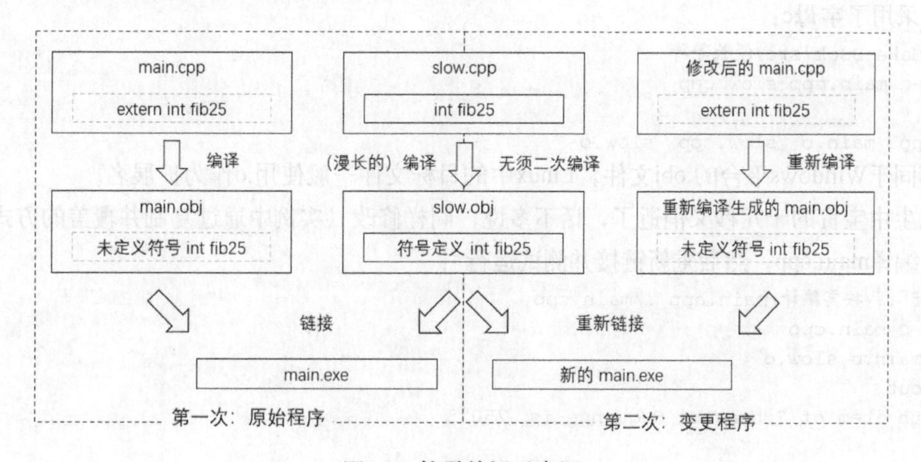

图1.2 按需编译示意图

① 符号一般指函数、变量、类等可被链接的对象的名称。

使用MSVC按需构建

MSVC编译器的/c参数，可以使编译器仅将源程序编译为目标文件，而不进行链接过程。

首先，借助该参数将原始的main.cpp和slow.cpp编译好。当然，这一步骤仍然耗时：

```
> cd CMake-Book\src\漫长等待
> cl /c main.cpp slow.cpp /EHsc
> dir
main.cpp  main.obj  slow.cpp  slow.obj
```

接着，尝试链接一下刚生成的两个目标文件，看看是否可以生成最终的可执行文件[①]：

```
> cl main.obj slow.obj
> main.exe
斐波那契数列第25项为: 75025
```

一切正常！下面修改主程序中的输出（实例中通过复制并覆盖来完成修改）并重新编译main.cpp到目标文件：

```
> copy /Y ..\按需编译\main.cpp main.cpp
> cl -c main.cpp /EHsc
```

如果读者正跟着我一起实践，应该感受到了main.cpp飞快的编译过程！最后，再次链接两个目标文件，验证我们的变更：

```
> cl main.obj slow.obj
> main.exe
The 25th item of Fibonacci Sequence is: 75025
```

变更生效了，而且第二次编译也无须漫长的等待。

使用GCC按需构建

构建原理是相通的，因此不同编译器的构建过程也都是相似的，甚至用于编译为目标文件的参数都采用了字母c：

```
$ cd CMake-Book/src/漫长等待
$ g++ -c main.cpp slow.cpp
$ ls
main.cpp  main.o  slow.cpp  slow.o
```

不同于Windows平台的.obj文件，Linux中的目标文件一般使用.o作为扩展名。

人生中宝贵的十几秒又消逝了，话不多说，同样修改（实例中通过复制并覆盖的方式修改）并重新编译main.cpp，然后重新链接并测试运行[②]：

```
$ cp -f ../按需编译/main.cpp ./main.cpp
$ g++ -c main.cpp
$ g++ main.o slow.o
$ ./a.out
The 25th item of Fibonacci Sequence is: 75025
```

① 实际上，link.exe才是MSVC的链接器，但MSVC编译器cl.exe本身支持调用链接器，因此可以直接调用cl.exe来完成链接。

② GCC使用的是GNU链接器ld。类似于MSVC编译器，GCC本身也可以调用链接器，因此这里直接通过GCC编译器完成链接过程。

1.2.4 使用Makefile简化构建

尽管我们在1.2.3节中掌握了如何避免不必要的编译，但真到了实践中却会发现很难操作。前面的实例还仅仅只有两个源程序，我们尚且能够判断修改了哪一个源程序。如果源程序更多，该怎么办呢？

GNU make（简称make）是Linux中一个常见的构建工具。Windows上也有类似的工具，称为NMake，语法与make不尽相同，也并不常用，因为大家往往更倾向于直接使用与Visual Studio集成度更高、功能更强大的MSBuild构建工具。那么不妨先重点看一下make的用法。

使用make工具

make构建工具会根据Makefile规则文件来进行构建。简言之，Makefile规则文件是由一系列面向目标的规则构成的。用于1.2.3小节实例的Makefile如代码清单1.6所示，注意Makefile中的缩进必须使用制表符（Tab键）而非空格。

代码清单1.6 ch001/Makefile/Makefile

```
main: main.o slow.o
	g++ -o main main.o slow.o

main.o: main.cpp
	g++ -c main.cpp -o main.o

slow.o: slow.cpp
	g++ -c slow.cpp -o slow.o
```

其中，冒号前面的是构建目标，冒号后面的是依赖目标。这里会建立构建目标对依赖目标的依赖关系，make能够据此安排好各个目标构建的次序。每个规则下面缩进的部分，就是构建这一目标所需要执行的命令。

另外，Makefile中对GCC/G++编译器指定的-o参数可以指定生成的目标文件的名称。

下面先使用make编译全部目标，第一次构建需要花费较长时间：

```
$ cd CMake-Book/src/ch001/Makefile
$ cp ../漫长等待/*.cpp ./
$ make
g++ -c main.cpp -o main.o
g++ -c slow.cpp -o slow.o
g++ -o main main.o slow.o
$ ./main
斐波那契数列第25项为: 75025
```

make会将当前工作目录中的名为Makefile的文件作为默认规则文件。因此，这里调用make时不必指定 Makefile的文件名。如果需要指定自定义的Makefile文件名，可以使用-f参数。

修改主程序main.cpp（通过复制并覆盖文件的方式），再次调用make命令构建项目，可以看到 make只按需编译了变更的main.cpp：

```
$ cp -f ../按需编译/main.cpp
$ make
g++ -c main.cpp -o main.o
g++ -o main main.o slow.o
$ ./main
The 25th item of Fibonacci Sequence is: 75025
```

第三次构建，make没有做任何操作，并友好地提示我们main已经是最新的了：

```
$ make
make: 'main' is up to date.
```

如果想使用Clang编译器而非GCC，也可以在调用make的时候加上参数：

```
$ make CXX=clang++
```

那么，make到底是怎么知道哪些源程序做了修改的呢？其实这里没有使用什么奇技淫巧，它只是简单地对比了一下构建目标与依赖目标的修改日期。但凡有一条构建规则中的依赖目标比构建目标更新，这一规则对应的命令就会被重新执行。

使用NMake工具

接下来简要介绍一下Windows平台中NMake的使用。首先是规则文件Makefile的书写方式，如代码清单1.7所示。

代码清单1.7 ch001/Makefile/NMakefile

```
main.exe: main.obj slow.obj
    cl /Fe"main.exe" main.obj slow.obj

main.obj: main.cpp
    cl /c main.cpp /Fo"main.obj" /EHsc

slow.obj: slow.cpp
    cl /c slow.cpp /Fo"slow.obj"
```

其与前Makefile最直观的不同还是编译器参数不同：

- /Fe指生成可执行文件的名称；
- /Fo指生成目标文件的名称；
- MSVC的目标文件扩展名一般为.obj而不是.o。

另外在后面的示例代码中，为了与make的Makefile做区分，NMake的Makefile文件均命名为NMakefile。由于NMake同样会将Makefile作为默认文件名，这里需要使用/F参数指定自定义文件名为NMakefile。

首先，使用NMake第一次构建项目，这同样需要漫长的等待：

```
> cd CMake-Book\src\ch001\Makefile
> copy ..\漫长等待\*.cpp .\
> nmake /F NMakefile
> main.exe
```

```
斐波那契数列第25项为: 75025
```

然后，修改主程序后再次构建项目。注意，这里没有使用copy命令来修改源文件，因为Windows中的copy命令会保留被复制文件的修改时间，因而NMake不会认为这个main.cpp比main.exe更新，也就不会重新编译它了。这里改用type命令和重定向输出文件来模拟对文件的修改。当然，本书是为了方便演示才通过复制文件来修改源程序。正常开发中肯定会使用编辑器直接修改源程序，也就不会存在这种问题。

```
> type ..\按需编译\main.cpp > main.cpp
> nmake /F NMakefile
> main.exe
The 25th item of Fibonacci Sequence is: 75025
```

第二次构建同样只会按需编译变更的文件，耗时很短。

make工具小结

make简约而不简单。它实在太灵活了，有时候会让人无所适从。尤其是面临跨平台需求时，其不足就很明显了。

与其说make是构建工具，倒不如说它是一个面向目标规则的命令行工具。归根结底，它只是根据规则推导出执行命令的顺序罢了，并非是一个专门针对构建某类程序的工具。换句话说，即使能够使得make在Windows操作系统上运行[①]，从而避免NMake与之语法不同的问题，我们也不能够用简单的一份Makefile 来完成跨平台的C和C++程序构建。这里最明显的问题就是MSVC编译器的参数写法和GCC/Clang并不兼容，另外还有其他更多的与平台相关的问题。很多问题也许有一些解决方法，如使用Cygwin、MinGW等，但终究受限很多。总而言之，make并不是一个适合跨平台程序构建的工具。

1.3 构建静态库

静态库（static library），也称为静态链接库（statically-linked library），可以看作最简单直接的一种复用代码的形式。静态库可以被视作一系列目标文件的集合，甚至可以被解包软件打开。在静态库中，除了目标文件，可能还有一些文本文件，它们是静态库的符号索引。下面是一个非常简单的例子，用于展示静态库的用途。

该静态库包含两个源程序，分别提供了不同的功能函数，如代码清单1.8和代码清单1.9所示。

代码清单1.8 ch001/静态库/a.c

```c
#include <stdio.h>

void a() { printf("a\n"); }
```

① GnuWin32就是make的一个Windows构建版本。另外，也可以通过WSL在Windows上使用make调用MSVC编译器，WSL是可以同时调用Windows和 Linux应用程序的。

代码清单1.9 ch001/静态库/b.c

```
#include <stdio.h>

void b() { printf("b\n"); }
```

a.c源程序提供了函数a，可以输出“a”；b.c源程序则提供了函数b，可以输出“b”。a和b这两个函数构成了静态库的全部功能。

另外，因为库总是要被其他开发者使用的，所以提供一个声明了全部功能函数的头文件十分有必要。这样，开发者只需引用提供的头文件，然后链接静态库，就可以使用该库开发好的实用功能了！头文件相当于对接口的声明，而静态库则在接口之下封装了功能的具体实现。对于本例实现的两个功能函数而言，头文件只需声明对应函数，如代码清单1.10所示。

代码清单1.10 ch001/静态库/libab.h

```
void a();
void b();
```

最后，编写主程序main.c，链接构建好的静态库，并调用上述两个函数来完成相应的功能，如代码清单1.11所示。

代码清单1.11 ch001/静态库/main.c

```
#include "libab.h"
#include <stdio.h>

int main() {
    a();
    b();
    return 0;
}
```

使用MSVC和NMake构建

鉴于我们已经了解过Makefile的书写方式，本章的后续实例将使用Makefile规则文件来整理构建过程中所需调用的命令，这样更加方便阅读和调用。本实例对应的NMake Makefile如代码清单1.12所示。

代码清单1.12 ch001/静态库/NMakefile

```
main.exe: main.obj libab.lib
    cl main.obj libab.lib /Fe"main.exe"

main.obj: main.c
    cl -c main.c /Fo"main.obj"

libab.lib: a.obj b.obj
    lib /out:libab.lib a.obj b.obj
```

```
a.obj: a.c
    cl /c a.c /Fo"a.obj"

b.obj: b.c
    cl /c b.c /Fo"b.obj"
```

我们从下往上看。最后两条规则用于生成a.c和b.c两份源程序对应的目标文件。

第三条是用于生成libab.lib静态库的规则，需要依赖目标文件a.obj和b.obj。这两个目标文件中包含了静态库所需功能函数a和b的目标代码。这条构建规则的命令部分通过调用MSVC的lib.exe来生成静态库。/out:参数后紧跟的是静态库名，然后是罗列的静态库所需的目标文件。lib.exe会对罗列的目标文件建立索引，并将索引文件与目标文件一起打包成指定名称的静态库libab.lib。当静态库被使用时，编译器就能通过索引文件高效地了解静态库提供了哪些符号。

第二条规则用于生成main.c源程序对应的目标文件。

第一条规则依赖main.obj（即主程序的目标文件）和libab.lib（即静态库）。该规则把这两个文件都作为参数输入MSVC编译器，并设置输出的可执行文件的名称，编译器会调用链接器将二者链接起来，并最终生成可执行文件。现在不妨运行一下NMake看看实际效果：

```
> cd CMake-Book\src\ch001\静态库
> nmake /F NMakefile
> main.exe
a
b
```

使用GCC和make构建

Makefile如代码清单1.13所示。

代码清单1.13　ch001/静态库/Makefile

```
main: main.o libab.a
    gcc main.o -o main -L. -lab

main.o: main.c
    gcc -c main.c -o main.o

libab.a: a.o b.o
    ar rcs libab.a a.o b.o

a.o: a.c
    gcc -c a.c -o a.o

b.o: b.c
    gcc -c b.c -o b.o
```

我们先来看第三条规则。它通过ar归档命令，将目标文件a.o和 b.o打包为静态库。这里的ar

命令有三组参数，分别是rcs、输出的静态库（归档）文件名和输入的目标文件名。其中，rcs是三个参数的开关：r代表将目标文件归档，c代表创建新归档文件时不输出警告信息，s代表要为归档创建索引。

接着看第一条链接静态库并生成主程序的规则。编译主程序时，将链接器参数设置为-L.，就可以将当前目录作为链接库的搜索路径。-lab指链接名为ab的库。此处并没有写静态库的完整文件名，因为GCC编译器会自动根据这个基本名称，加上前缀“lib”和扩展名“.a”去搜索[1]。

事实上，GCC也可以按照类似MSVC的写法来链接静态库，即gcc main.o libab.a -omain。之所以在Makefile中选择了-l参数的写法，是因为这种写法还能同时用于链接动态库。统一采用这种写法，可以不必关注用到的链接库具体以什么形式链接（动态链接会在1.4节讲到）。当然了，这种写法也能够让我们少输入几个字母（“lib”和“.a”）。

1.4　构建动态库

既然静态库已经非常简单易用了，为什么还需要动态库呢？显然，静态库有它的缺点。

- 难以维护。如果想要修复静态库中的一个错误，我们必须重新编译（链接）所有使用该静态库的程序。
- 浪费空间。因为静态库的目标文件会在编译过程中被链接到最终的程序中，所以每一个链接了静态库的程序都相当于将静态库的目标代码复制了一份。如果某个静态库相当通用而被很多程序静态链接，将是对空间的巨大浪费。这里不仅是指编译后的程序文件的体积，更重要的是指程序运行时占用的内存空间。

动态库，就是为了解决静态库的维护问题和空间利用问题而产生的。动态库（dynamic library），也称为动态链接库（Dynamically-Linked Library，DLL）或共享库（shared library）[2]。与静态库不同，动态库的目标代码是在程序装载时或运行时被动态链接的，而非在编译过程中静态链接的。这样，动态库与使用动态库的程序就在编译期做到了解耦。如果想更新动态库，那么只需分发新版动态库，并让用户替换掉旧版动态库。程序运行时自然会链接新版的动态库。同时，多个程序也可以共享一个动态库，换句话说，任何程序都能够在运行时将同一个动态库的目标代码动态链接到自己的程序中执行，而且这份动态库的代码在内存中可以只装载一份。这样，空间利用效率就大大提高了。这也是动态库也称为共享库的原因。

Windows和Linux操作系统的动态链接机制有些差异，这也导致其构建过程会有一点不同。因此，在具体实践构建过程之前，一起先来探究一下不同环境中动态链接的原理吧！

---

① 如果想指定链接库的完整名称，可以在名称前加一个冒号，如-l:libab.a。

② Windows中一般称为动态链接库，Linux中一般称为共享库。

1.4.1 Windows中动态链接的原理

当启动进程时，Windows操作系统会装载进程所需的动态链接库，并调用动态链接库的入口函数。由于64位Windows操作系统默认启用地址空间布局随机化（Address Space Layout Randomization，ASLR）特性，动态链接库被装载时，会根据特定规则随机选取一个虚拟内存地址进行装载。ASLR特性是一个计算机安全特性，主要用于防范内存被恶意破坏并利用。它的存在使得动态链接库装载的内存地址是不固定的，这就意味着其编译后的机器代码中，凡是访问内存某一绝对位置的代码，在装载时都需要被改写。这就是重定位（relocation）。

在32位Windows操作系统中，ASLR没有默认开启。此时，动态链接库将会被装载到偏好基地址（preferred base address）这里。偏好基地址是编译时指定的。不过在装载时，这个地址未必总是可用的：当多个动态链接库都设置了同一个偏好基地址（如均采用默认值），然后被同时装载到同一个进程时，就会出现冲突。这时，后装载的动态链接库就不得不改变装载的内存位置，也就同样需要重定位了。

回想之前提到动态链接库的一大优势，就是复用内存以节约空间。如果Windows操作系统对每个进程装载的动态链接库都重定位到了不同的内存地址，那么装载好的动态链接库该如何被复用呢？

事实上，Windows操作系统并没有总是对动态链接库进行重定位。一旦确定了某一动态链接库装载的虚拟内存地址，后面任何进程再用到同一个动态链接库时，都会将它装载到同一虚拟内存地址中。换句话说，Windows操作系统中的ASLR特性的“随机化”，对于动态链接库而言，只发生在计算机重启后[①]。

现在基本了解了Windows操作系统中动态链接的原理，那么我们就着手构建一个动态库吧！

使用MSVC和NMake构建

前面讲了这么多，现在如果只是演示一下构建过程就太无趣了！因此本例要构建的这个动态库不仅仅演示构建过程本身，还能够印证前面提到的部分原理。程序会输出一些变量和函数的内存地址，用于辅助验证。

首先，动态库的源程序a.c中有一个变量x，以及一个函数a，函数的功能是输出变量x的内存地址。其代码如代码清单1.14所示。

代码清单1.14 ch001/动态库/a.c

```c
#include <stdio.h>
```

① 事实上，当动态链接库不被所有进程使用后，它会被操作系统从内存中卸载；当它又被重新使用并装载时，其装载位置有可能发生变化，但操作系统并不保证这一点。所以，重启操作系统是唯一能够保证动态链接库装载地址发生随机改变的方法。

```
int x = 1;

void a() { printf("&x: %llx\n", (unsigned long long)&x); }
```

动态库的头文件liba.h只需声明函数a，如代码清单1.15所示。

代码清单1.15　ch001/动态库/liba.h

```
void a();
```

最后是主程序main.c，它会调用动态库中的函数a，同时输出函数a的内存地址。另外，主程序也有一个变量y和函数b，它们的内存地址也会被输出。因此，运行主程序后应该输出四个内存地址。主程序代码如代码清单1.16所示。

代码清单1.16　ch001/动态库/main.c

```
#include "liba.h"
#include <stdio.h>

void b() {}
int y = 3;

int main() {
    a();
    printf("&a: %llx\n", (unsigned long long)&a);
    printf("&b: %llx\n", (unsigned long long)&b);
    printf("&y: %llx\n", (unsigned long long)&y);
    getchar();
    return 0;
}
```

主程序最后还调用了getchar()函数，这是为了避免程序执行完后立刻退出，便于同时运行多个程序，以观察每一个程序输出的内存地址。当然，在运行之前需要先把动态库和主程序都构建出来。

MSVC构建动态库需要提供一个模块定义文件（扩展名为.def），用于指定导出的符号名称（函数或变量的名称）。开发者可以决定动态库暴露给用户使用的函数或变量有哪些，并隐藏其他符号，避免外部用户使用。这也是动态库的一个特点，相比静态库而言，动态库能够提供更好的封装性。

对于liba.dll动态库来说，只需导出函数a。其模块定义文件liba.def如代码清单1.17所示。

代码清单1.17　ch001/动态库/liba.def

```
EXPORTS
    a
```

有了模块定义文件，就可以构建动态库了。构建命令与构建静态库非常类似：输入参数多了一个模块定义文件，输出参数要指定动态库的文件名，然后由参数指定构建目标的类型是动态库，另外还多了一个/link参数。Makefile如代码清单1.18所示。

代码清单1.18 ch001/动态库/NMakefile（第7行、第8行）

```
liba.lib liba.dll: a.obj liba.def
    cl a.obj /link /dll /out:liba.dll /def:liba.def
```

/link参数用于分隔编译器参数和链接器参数，即/link后面的参数都将传递给链接器。与可执行文件类似，动态库也是将编译好的目标文件链接后的产物，因此/dll、/out和/def这些参数实质上是传递给链接器的，它们分别用于设置构建类型为动态库、输出的动态库文件名及输入的模块定义文件名。

Makefile中构建动态库的这一行规则，构建目标不止一个：除了liba.dll外，还有一个liba.lib。这怎么会有一个静态库呢？

其实这并非一个静态库。“.lib”文件还可以是动态库的导入库文件，也就是这里的情况。在Windows操作系统中，一个程序如果想链接一个动态库，就必须在编译时链接动态库对应的导入库[①]。我们可以简单地把“.lib”导入库看作一种接口定义，在链接时提供必要信息，而“.dll”动态库则包含运行时程序逻辑的目标代码。因此，编译链接时，只导入库提供的链接信息就够了，只有程序运行时，才需要动态库的存在。

该实例的完整Makefile如代码清单1.19所示。

代码清单1.19 ch001/动态库/NMakefile

```
main.exe: main.obj liba.lib
    cl main.obj liba.lib /Fe"main.exe"

main.obj: main.c
    cl -c main.c /Fo"main.obj"

liba.lib liba.dll: a.obj liba.def
    cl a.obj /link /dll /out:liba.dll /def:liba.def

a.obj: a.c
    cl /c a.c /Fo"a.obj"

clean:
    del /q *.obj *.dll *.lib *.exp *.ilk *.pdb main.exe
```

由于导入库文件和静态库文件的扩展名都是“.lib”，第一条主程序链接动态库的构建规则看起来和链接静态库时的规则完全一致。

Makefile最后增加了一条清理构建文件的规则。执行make clean指令，就会删除工作目录中所有的目标文件、库文件和可执行文件等。

那么，现在开始构建吧：

```
> cd CMake-Book\src\ch001\动态库
```

① 这里指在编译的链接阶段进行动态链接需要导入库。如果是运行时动态装载链接，则不需要。

```
> nmake /F NMakefile
> main.exe
&x: 7ff87abcb000
&a: 7ff678e51117
&b: 7ff678e51000
&y: 7ff678e6d000
```

为了验证前面提到的原理，不妨同时运行多个主程序实例，观察它们各自输出的内存地址：同时运行两个main.exe，它们输出的内存地址将是相同的；重启计算机后，再次运行 main.exe，它输出的内存地址就发生了变化，但此时再运行一个main.exe，它又会输出同样的内存地址。这个现象印证了Windows操作系统中动态库会被装载到同一虚拟内存地址的说法，而且重启计算机后装载地址会被重新随机计算。

当然，目前只能证明动态库被装载到了同一虚拟内存地址中。为了进一步证明它在物理内存中也是被共享的，可以借助VMMap工具查看主程序main.exe进程的虚拟内存，观察动态库liba.dll虚拟内存空间的使用情况。

如图1.3高亮选中的数据所示，liba.dll的专用工作集（private working set）只占用了的虚拟内存空间（12 KB），而共享工作集（shared working set）则占用了更多的虚拟内存空间（80 KB）。对于工作集（Working Set，WS）这个概念，本书不做过多解释，读者只需将其类比为占用的内存[①]。“专用”指只能被当前进程访问，“共享”则指能够被多个进程访问。由此可见，动态库liba.dll被装载到虚拟内存中的大部分空间，都是在物理内存中共享的。

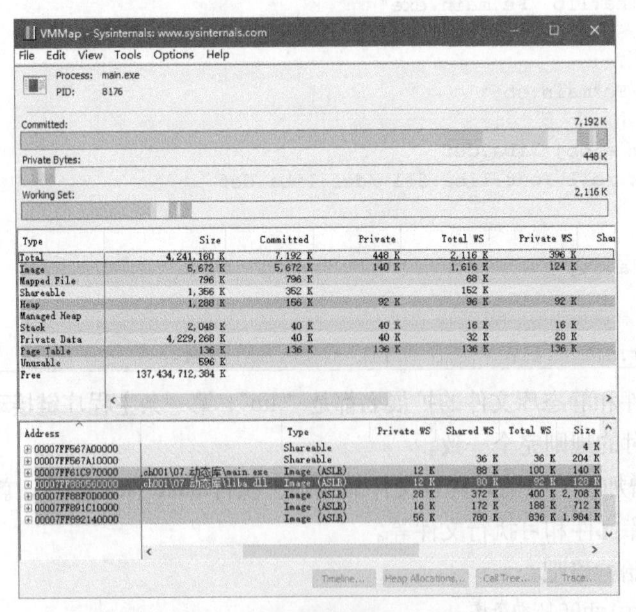

图1.3　VMMap内存分析工具

---

① 这个类比并不准确，工作集实际上指进程的那些已被加载到物理内存中的虚拟内存页。

1.4.2 Linux中动态链接的原理

Linux操作系统同样具有ASLR特性：通常情况下，每一个进程被创建时，都会将其可执行文件及其链接的动态库装载到不同的随机虚拟地址。这相比Windows操作系统更为激进，也提供了更好的安全性。

不过，如果每一个进程都对代码中访问绝对地址的部分进行重定位，由于其装载地址不同，这些绝对地址也就不同，重定位后的访存的代码就不可能一致，从而无法在物理内存中共享代码段。Linux中通常将动态库称为共享库，要是连共享都不支持，又怎么会这么称呼呢？显然，这是能做到的——不访问内存绝对地址不就可以了嘛！

地址无关代码（Position-Independent Code，PIC）就是指这种不访问内存绝对地址的代码。如果想让GCC编译器和Clang编译器生成地址无关代码，必须指定一个编译器参数-fPIC。

既然地址无关代码这么方便，编译器为什么不直接默认启用它呢？这是因为它往往是有额外代价的。当启用了地址无关代码之后，目标代码访问全局变量、调用全局函数时，都会使用全局偏移表（Global Offset Table，GOT）做一次中转。也就是说，目标代码中访问的内存地址实际上对应GOT的某个位置，这个位置记录了要访问的变量或调用的函数的实际内存地址。由于ASLR特性的存在，动态链接库会在运行时被装载到随机的内存地址中，则GOT各个表项的值只能在运行时被替换——这就是动态重定位。

可见，GOT是作为一个跳板存在的，启用地址无关代码会导致访存次数增多，指令数增多，也就在一定程度上影响性能；另外，由于多了这些记录内存地址的条目，目标代码的体积也不可避免地要大一些。

事实上，由于x64 CPU指令集支持相对当前指令地址寻址（Relative Instruction Pointer Addressing，RIP Addressing），在实现地址无关代码时，相比x86 CPU指令集可以减少很多指令。尽管如此，由于指令数和访存次数终究比直接重定位的程序要多，性能自然还是有所损失，只不过x86平台损失的会更多。因此，编译器并不会默认开启地址无关代码的编译选项。

那么，Linux操作系统为什么不直接像Windows操作系统一样直接对代码中的访存地址进行重定位，而是一定要加一个跳板呢？别忘了，Linux操作系统的ASLR特性提供了更好的安全性，每次启动进程时，动态库的装载地址都是随机的。如果直接对代码中的访存地址进行重定位，这段代码就不能被共享了。另外，Linux操作系统在进行动态重定位时，可以只修改数据段中的GOT，而且每一条目只修改对应的一处数据段的位置。这样，比起修改代码段每一处访存位置要轻松得多，同时也避免了修改代码段这种比较危险的行为。

实际上，Linux确实也支持类似Windows操作系统中通过静态重定位实现动态链接的方式，不过如果此时ASLR特性也是启用的，动态库就确实不能在物理内存中共享了。

使用GCC和make构建

同样为了验证原理，本节实例的源程序直接复用前面在Windows中编写的实例源程序。与MSVC相比，GCC构建动态库的方法可以说大同小异，最主要的区别就是刚刚在原理中提到的用于启用地址无关代码的-fPIC编译选项，以及用于表示生成动态库的-shared编译选项。Makefile如代码清单1.20所示。

代码清单1.20　ch001/动态库/Makefile0

```
main: main.o liba.so
	gcc main.o -o main -L. -la

main.o: main.c
	gcc -c main.c -o main.o

liba.so: a.o
	gcc -shared a.o -o liba.so

a.o: a.c
	gcc -fPIC -c .a.c -o a.o

clean:
	rm *.o *.so main || true
```

Makefile中也加入了一个clean目标，以便清理构建文件。使用make构建该实例并运行主程序：

```
$ cd CMake-Book/src/ch001/动态库
$ make -f Makefile0
$ ./main
./main: error while loading shared libraries: liba.so: cannot open shared object file:
 No such file or directory
$ ls *.so
liba.so
```

运行主程序会报错，提示找不到动态库liba.so，可它明明就在当前目录呀！

当运行主程序时，系统的动态链接器必须能够找到主程序所需的动态库，但它默认只会在系统配置的一些目录下搜索动态库，而不会考虑当前目录。包含搜索路径的配置文件位于/etc/ld.so.conf。当然，为了运行程序就去修改系统配置显然是不合理的。动态链接器还可以根据环境变量LD_LIBRARY_PATH的值来搜索动态库，因此可以通过设置环境变量来提示链接器：

```
$ LD_LIBRARY_PATH=. ./main
&x: 7fdce6ff1028
&a: 7fdce6df063a
&b: 7fdce740078a
&y: 7fdce7601010
```

主程序运行成功！不过，不管是修改配置文件还是修改环境变量，都需要用户来操作，这未免太不方便了。程序的作者是否有办法告诉链接器去哪里搜索动态库呢？

当然可以，程序既然有能力告诉动态链接器它需要链接哪些动态库，就也应该有本事提醒动态链接器去哪里搜索动态库。这些信息存储在程序的动态节（dynamic section）中，我们可以通过readelf 命令查看：

```
$ readelf -d ./main

Dynamic section at offset 0xda8 contains 28 entries:
  Tag        Type                         Name/Value
 0x0000000000000001 (NEEDED)             Shared library: [liba.so]
 0x0000000000000001 (NEEDED)             Shared library: [libc.so.6]
 ...
```

其中，-d参数就是指查看动态节的内容。主程序的动态节前两项是NEEDED项，记录了它所依赖的动态库的名称。那么该如何把动态库的搜索路径也存进去呢？

Linux可执行文件的动态节中有两个与动态库搜索路径相关的条目，一个是RPATH，一个是RUNPATH。二者的区别在于优先级，动态链接器会按照下面列举的顺序依次搜索：

1．动态节中的RPATH项指定的路径；
2．环境变量LD_LIBRARY_PATH指定的路径；
3．系统配置文件/etc/ld.so.conf指定的路径；
4．动态节中的RUNPATH项指定的路径。

如果程序中写死了RPATH，就相当于堵死了用户去覆盖搜索路径的可能。因此，RPATH已经被废弃，但由于它还有一定的实用性，实际上仍然很常用。例如，程序依赖某一特定版本的系统库，并将这一系统库与程序一同打包发布，希望程序使用打包提供的这一个版本的系统库，而不是去系统搜索路径中搜索系统自带的版本。此时，就可以通过设置RPATH来实现该需求。这样，就可以避免一些版本不一致造成的兼容性问题了。

当然，如果是类似现在所遇到的找不到库的情况，指定RUNPATH就是推荐的方法，因为这样可以把链接库存放位置的决定权留给用户。我们可以通过修改链接器参数向程序中写入RUNPATH，如代码清单1.21所示。

代码清单1.21　ch001/动态库/Makefile（第1行、第2行）

```
main: main.o liba.so
	gcc main.o -o main -L. '-Wl,-R$$ORIGIN' -la
```

Makefile在构建主程序时为编译器加上了参数'-Wl,-R$$ORIGIN'。逗号前的部分-Wl类似MSVC中的编译器参数/link，用于在编译器的命令行中向链接器传递参数。不过MSVC中的/link是将所有跟随其后的参数作为链接器的参数，而GCC 编译器中的-Wl会将其逗号后的一个参数当作链接器参数进行传递。所以，这里实质上是为链接器传递了一个-R参数。

Makefile中的$一般用于引用变量，当确实需要$这个字符时，可以通过两个$符号来转义。因此，这里的$$ORIGIN实际上是字面量$ORIGIN。另外，整个链接器参数是夹在单引号间的，

这样$ORIGIN就不会被当作对环境变量的引用，而是将其本身的字面量作为参数进行传递。总而言之，这就是向链接器传递了一个-R参数，其值为$ORIGIN。

链接器参数-R正是用于设置RUNPATH，$ORIGIN则是程序所在目录。之所以设置为程序所在目录$ORIGIN，而非当前工作目录“.”，是因为用户通常不会以动态库所在的目录作为当前工作目录来运行程序，但动态库通常会在可执行文件的同一目录下。当然，动态库也可以与可执行文件保持一个相对位置，这样RUNPATH也就应该设置为相对$ORIGIN的路径，如$ORIGIN/lib。

使用修改后的Makefile重新构建该实例：

```
$ make clean
rm *.o *.so main || true
$ make
...
$ ./main
&x: 7f5b97ff1028
&a: 7f5b97df063a
&b: 7f5b9840078a
&y: 7f5b98601010
```

终于可以直接运行主程序main，而不必设置任何环境变量了。除了替换RUNPATH外，我们也可以通过替换RPATH来解决问题，但不推荐采用这种方法。二者方法基本一致，只需将参数改为 '-Wl,-rpath=$$ORIGIN'。

现在不妨同时运行多个实例，回顾一下前面提到的原理。在终端中运行主程序main：

```
$ ./main
&x: 7fcf7bff1028
&a: 7fcf7bdf063a
&b: 7fcf7c40078a
&y: 7fcf7c601010
```

目前主程序停在getchar()函数中等待输入，先不要中断它。与此同时，再打开一个终端运行主程序：

```
$ ./main
&x: 7f2a883f1028
&a: 7f2a881f063a
&b: 7f2a8880078a
&y: 7f2a88a01010
```

啊哈，二者输出的地址都不一样！这确实可以反映Linux中较为激进的ASLR特性。下面再观察一下动态库是否真的在物理内存中共享。我们可以借助进程的内存使用记录表来证明这一点。再打开一个新的终端（不要关闭之前运行中的两个主程序）：

```
$ ps aux | grep main
...       15521  ...  ./main
...       15571  ...  ./main
...
$ cat /proc/15521/smaps
...
```

```
7fcf7bdf0000-7fcf7bdf1000 r-xp 00000000 00:00 1057893    .../liba.so
Pss:                   1 kB
...
7fcf7bff1000-7fcf7bff2000 rw-p 00001000 00:00 1057893    .../liba.so
Pss:                   4 kB
...

$ cat /proc/15571/smaps
...
7f2a881f0000-7f2a881f1000 r-xp 00000000 00:00 1057893    .../liba.so
Pss:                   1 kB
...
7f2a883f1000-7f2a883f2000 rw-p 00001000 00:00 1057893    .../liba.so
Pss:                   4 kB
...
```

smaps中包含程序虚拟内存空间的使用情况，其中的Pss指分摊内存（Proportional Set Size，PSS)，代表了这部分内存空间被共享进程平均分摊后的大小。或者说，用总占用内存空间除以共享这部分内存的进程的数量得出的结果。

观察程序输出的&x和&a，它们分别位于动态库的代码段和数据段中。例如，&x: 7fcf7bff1028对应的smaps表就位于最后一部分7fcf7bff1000-7fcf7bff2000中，可见这部分对应于动态库的数据段。同理，&a: 7fcf7bdf063a对应第一部分的7fcf7bdf0000-7fcf7bdf1000，属于代码段。动态库被多个进程共享的部分应是代码段，所以着重观察第一部分。

目前对于动态库的第一部分（代码段）的内存空间，在两个主程序进程中都占用了1 KB的空间。关闭一个终端中的程序，再次观察：

```
$ kill 15571
$ cat /proc/15521/smaps
...
7fcf7bdf0000-7fcf7bdf1000 r-xp 00000000 00:00 1057893    .../liba.so
Pss:                  2 kB
...
7fcf7bff1000-7fcf7bff2000 rw-p 00001000 00:00 1057893    .../liba.so
Pss:                  4 kB
...
```

果然，剩下的唯一主程序进程中，动态库所在内存空间的第一部分，也就是代码段的Pss上涨到了2 KB，而最后一部分对应的数据段的Pss则没有变化。也就是说，代码段确实在物理内存中共享。

读者如果怀疑这只是巧合，不妨亲自尝试一下启动更多进程时，分摊的内存空间是否刚好成比例变小。当然2 KB实在太小，这里只显示整数，分摊多了就会变成0。有兴趣的读者也可以向动态库的程序中多写入一些函数代码等，让代码段所需的内存空间增加一些，再来做这个实验。

1.5　引用第三方库

我们的构建之旅已经涵盖了主要的构建目标类型，也快要接近尾声了。本节会介绍引用第三方库的方法。毕竟，使用C和C++编程的一大优势就是可以利用其丰富的生态，让我们站在巨人的肩膀上。说到C++引用第三方库，想必都绕不开Boost库。本节就将以Boost库的使用为例，演示如何引用第三方库。

1.5.1　下载Boost C++库

读者可以在Boost官方网站中找到针对UNIX和Windows的下载链接。如果使用的是Linux和macOS，那么也可以通过针对UNIX平台的下载链接下载。

下载压缩包并解压后，可以找到名称以boost开头的文件夹，boost后面的数字代表版本号，如1_74_0代表1.74.0版本。下载版本不同，文件夹名称也有所不同。本书将以1.74.0版本为例进行讲解。

解压文件夹以备后续使用。本书为了避免使用的Boost库版本与读者使用的不同从而造成指定目录的麻烦，假定解压后的boost_1_74_0文件夹被重命名为boost，不再体现版本号。该文件夹在Windows操作系统中被解压到C盘根目录，即C:\boost；在Linux操作系统中则被解压到Home目录中，即~/boost。

Boost库中有一些源程序，需要被编译成动态库或静态库来使用。但我们暂时不会用到这些编译后的库文件，因此Boost库的安装构建会在后续章节介绍。

1.5.2　引用Boost C++头文件库

首先来尝试使用Boost中的头文件库。头文件库（header-only library）指只包含头文件（.h、.hpp等）的程序库。使用这种库非常方便，只需在程序中引用它的头文件，无须对库本身进行额外的编译。源程序引用头文件，相当于复制了头文件的内容，这样头文件库实际上也就成为了引用它的程序的一部分。所以使用头文件库只需编译引用它的程序，头文件库代码会自动被编译。

除了用起来简单，头文件库在性能方面也更具有优势。这是因为它能够直接被程序以源代码的形式引用，编译器能够更好地进行代码优化，如实现更多的函数内联，有助于提升程序的整体性能。

但其缺点也很明显，那就是影响编译时间。因为头文件库本身没有源程序，无法独立编译成目标文件，再被链接到使用它的程序中，这就不可避免地需要反复编译头文件中的程序。另外，分发头文件库也意味着开源是必需的了，毕竟需要用户来编译。这反映了头文件库的封装性相对较差。

总而言之，对于较为常用且简单的库，尤其是追求极致性能的库，使用头文件库的形式非常合适。最典型的例子可能就是C++的标准模板库（Standard Template Library，STL）了。

Boost中也有很多头文件库，本小节将使用Boost字符串算法库（Boost string algorithms library）来编写例程。主程序main.cpp如代码清单1.22所示。

代码清单1.22 ch001/头文件库/main.cpp

```
#include <boost/algorithm/string.hpp>
#include <iostream>

using namespace std;
using namespace boost;

int main() {
    string str = "  hello world!";
    cout << str << endl;

    to_upper(str);
    cout << str << endl;

    trim(str);
    cout << str << endl;

    return 0;
}
```

引用boost/algorithm/string.hpp头文件即可使用Boost字符串算法库。它提供了很多方便操作字符串的函数。主程序中使用to_upper函数将str转换为大写，使用trim函数去除str首尾的空白字符。

使用MSVC/NMake构建本例

Makefile如代码清单1.23所示。

代码清单1.23 ch001/头文件库/NMakefile

```
main.exe: main.cpp
    cl main.cpp /I "C:\boost" /EHsc /Fe"main.exe"

clean:
    del *.obj *.exe
```

这里为编译器提供了参数/I "C:\boost"，表示将C:\boost添加到编译器的头文件搜索目录中，以便找到Boost头文件。

使用GCC/make构建本例

Makefile如代码清单1.24所示。

代码清单1.24　ch001/头文件库/Makefile

```
main: main.cpp
    g++ main.cpp -I ~/boost -o main

clean:
    rm main
```

GCC设定头文件搜索目录的参数是-I，其他设置与NMake Makefile几乎一样。

1.5.3　安装Boost C++库

刚刚我们简单尝试了Boost的头文件库，这并不需要对Boost库本身进行编译。而后面的小节将链接 Boost的静态库，需要提前准备已经编译好的Boost库文件。我们可以自行构建Boost库，或者下载安装预编译的二进制文件。

在Windows中构建Boost库

打开Visual Studio的命令行工具，执行下列命令即可完成Boost库的构建：

```
> cd C:\boost
> bootstrap
> .\b2
```

构建过程较为耗时，请耐心等待。构建完成后，可以在C:\boost\stage\lib目录中看到所有构建好的Boost静态库。另外，在b2命令后追加参数link=shared,static即可同时构建动态库。此时，C:\boost\stage\lib目录中会同时存在静态库、动态库和导入库。由于静态库和导入库的扩展名都是.lib，Boost通过文件名前缀来辨别二者：lib开头的.lib文件是静态库，而那些与动态库文件名完全匹配的则是动态库的导入库。

在Linux中构建Boost库

在Linux中，构建Boost库的步骤几乎与Windows中一致，打开终端执行以下命令：

```
$ cd ~/boost
$ ./bootstrap.sh
$ ./b2
```

喝一杯茶再回来，应该就能在~/boost/stage/lib目录中看到所有构建好的Boost动态库及静态库了！

在Windows中安装预编译的Boost库

由于C++标准不保证编译后的应用程序二进制接口（Application Binary Interface，ABI）稳定性，不同版本的编译器编译出的程序无法保证相互引用而不出错。所以，我们必须根据微软C++工具集（Microsoft C++ Toolset）的版本号来决定安装哪个版本的预编译Boost库。读者如果不确定正在使用哪个版本的工具集，可以打开Visual Studio命令行工具，输出环境变量VCToolsVersion：

```
> echo %VCToolsVersion%
14.27.29016
```

其中，主版本号14和次版本号的第一个数字2唯一决定其ABI稳定性。也就是说，如果Boost库是通过14.2*版本的工具集构建的，就能被上述“14.27.29016”版本的工具集引用。网络上有很多针对各个版本的工具集预编译好的Boost库二进制文件，下载时，一定要注意挑选匹配的版本，还要区分一下32位和64位的版本。

因为笔者用的是14.27.29016版本的工具集，所以下载的安装包是boost_1_74_0-msvc-14.2-64.exe。下载完成后，运行安装程序将其安装到某一目录即可。本书假定预编译Boost库的安装根目录为C:\boost_prebuilt（注意区分自行构建的Boost库根目录C:\boost，后面会分别演示）。

在Ubuntu中安装预编译的Boost库

在Ubuntu发行版中可以直接通过包管理器直接安装预编译的Boost库：

```
$ sudo apt install libboost-all-dev
```

不过这样安装的只有头文件和动态库，分别位于/usr/include和/lib/x86_64- linux-gnu目录中。由于这些都是系统目录，即使不向编译器提供-I或-L参数，编译器也会默认在这里搜索头文件和库，非常方便。实际上，自行构建Boost库时，也可以通过./b2 install将Boost库安装到系统目录中。

在CentOS中安装预编译的Boost库

在CentOS发行版中同样可以通过包管理器安装预编译的Boost动态库：

```
$ sudo dnf install boost-devel
```

此时，安装好的头文件和动态库分别位于/usr/include和/usr/lib64系统目录中。

1.5.4 链接Boost C++库

无论是自己构建库，还是下载安装预编译的库，我们现在总算已经安装好了Boost静态库或动态库的二进制文件。接下来将借助它们完成更复杂的功能！本小节将使用Boost Regex库提取一段文本中出现的所有URL。

使用Boost Regex库提取URL

主程序main.cpp如代码清单1.25所示。

代码清单1.25 ch001/链接Boost/main.cpp

```
#include <boost/regex.hpp>
#include <iostream>
#include <string>

using namespace std;
using namespace boost;
```

```
int main() {
    string s = R"(
Search Engines: http://baidu.com https://google.com
About Me: https://xuhongxu.com/about/
    )";
    regex e(R"(([a-zA-Z]*)://[a-zA-Z0-9./]+)");

    for (sregex_iterator m(s.begin(), s.end(), e), end; m != end; ++m) {
        cout << "URL: " << (*m)[0].str() << endl;
        cout << "Scheme: " << (*m)[1].str() << endl;
        cout << endl;
    }

    return 0;
}
```

其中，首先引用了头文件boost/regex.hpp，然后在主程序中初始化了一个boost::Regex类型的变量，即用于提取URL的正则表达式：

```
([a-zA-Z]*)://[a-zA-Z0-9./]+
```

注意：由于该表达式仅用于演示，刻意写得较为简短，并不能准确提取URL。

for循环起始条件中，初始化了sregex_iterator迭代器m，用于遍历字符串中匹配到的全部结果；还有一个空迭代器end，用于指示迭代器的终止位置。迭代器的值，也就是匹配结果，采用类似数组的形式，可以通过索引访问。第0项为完全匹配的结果，后续索引项则依次是各个捕获组的结果。

使用MSVC/NMake构建本例

这里将构建两次主程序main.cpp，分别演示对Boost库的静态链接和动态链接。其中，静态链接Boost库的可执行文件名为static_boost.exe，动态链接Boost库的可执行文件名为shared_boost.exe。Makefile如代码清单1.26所示。

代码清单1.26　ch001/链接Boost/NMakefile

```
# 自行构建的Boost库

BOOST_DIR=C:\boost
BOOST_LIB_DIR=$(BOOST_DIR)\stage\lib

# 下载安装的预编译Boost库

# BOOST_DIR=C:\boost_prebuilt
# BOOST_LIB_DIR=$(BOOST_DIR)\lib64-msvc-14.2

CXXFLAGS=/I $(BOOST_DIR) /MD /EHsc
LINKFLAGS=/LIBPATH:$(BOOST_LIB_DIR)

all: static_boost.exe shared_boost.exe
```

```
static_boost.exe: main.cpp
    cl libboost_regex-vc142-mt-x64-1_74.lib \
        main.cpp $(CXXFLAGS) /Fe"static_boost.exe" /link $(LINKFLAGS)

shared_boost.exe: main.cpp
    cl boost_regex-vc142-mt-x64-1_74.lib /DBOOST_ALL_NO_LIB \
        main.cpp $(CXXFLAGS) /Fe"shared_boost.exe" /link $(LINKFLAGS)
clean:
    del *.obj *.exe
```

其中定义了BOOST_DIR和BOOST_LIB_DIR两个变量，分别代表Boost的根目录和库文件所在的目录。这里有两组变量的定义，其中第二组被注释掉了。第一组的目录是自行构建的Boost库所在的目录，第二组则是预编译库的安装目录。读者可以自行切换，构建结果是相同的。

CXXFLAGS变量用于向编译器传递公共参数。/I用于指定头文件搜索目录，这里直接设置为Boost的根目录即可。/MD参数代表程序将会动态链接C++运行时库，与之相对地，MSVC还有一个/MT参数，表示程序将会静态链接C++运行时库。由于Boost库的构建过程会默认指定/MD，这里引用Boost库的主程序也应该使用匹配的方式。

LINKFLAGS变量定义了向链接器传递的公共参数LIBPATH，即链接库的搜索目录。

下面是构建目标规则。由于本例将构建两个可执行文件，所以第一条规则将构建目标写为all，同时依赖这两个可执行文件。这样，执行nmake all可以同时构建二者。另外，Makefile 的第一条规则是默认规则，当不提供目标参数执行nmake时会默认执行，因此执行nmake就相当于执行nmake all（不过对于本例来说，记得指定/F NMakefile参数）。

静态链接Boost库的主程序static_boost.exe的构建规则中，除了将CXXFLAGS和LINKFLAGS变量中定义的参数传递给编译器和链接器外，还向编译器传递了Boost Regex静态库的文件名。这与之前在代码清单1.12中静态链接自己编写的静态库几乎是一样的，仅仅是增加了指定搜索目录的参数。

动态链接Boost库的主程序shared_boost.exe的构建规则稍微复杂。与静态库相似但不同的是它所链接的.lib库是动态库对应的导入库。另外还多了一个宏的定义：BOOST_ALL_NO_LIB。这个宏用于指示Boost库不要试图寻找静态库进行链接，当动态链接Boost库时，都应该定义这个宏。

执行NMake构建该项目：

```
> cd CMake-Book\src\ch001\链接Boost
> nmake /F Makefile
> static_boost
URL: http://baidu.com
Scheme: http

URL: https://google.com
Scheme: https
```

```
URL: https://xuhongxu.com/about/
Scheme: https

> shared_boost # 无法启动
```

静态链接Boost库的主程序一切正常！但是，动态链接Boost库的主程序在运行时会抱怨找不到Boost的动态库。这也是意料之中的事情，毕竟Boost的动态库与主程序并不在同一目录，而且Windows中也没有RUNPATH和RPATH，我们需要先复制动态库boost_regex-vc142-mt-x64-1_74.dll再运行。

使用GCC/GNU make构建本例

为了更好地对比，在Linux操作系统中，这里仍然以静态和动态两种链接Boost库的形式来构建本例。Makefile如代码清单1.27所示。

代码清单1.27 ch001/链接Boost/Makefile

```makefile
# 自行构建的Boost库

BOOST_DIR = $${HOME}/boost
BOOST_LIB_DIR = ${BOOST_DIR}/stage/lib

CXXFLAGS = -I $(BOOST_DIR)
LDFLAGS = -L $(BOOST_LIB_DIR) -Wl,-R$(BOOST_LIB_DIR)

# 将以上几行全部注释，即可使用安装的预编译Boost库

all: static_boost shared_boost

static_boost: main.cpp
	g++ main.cpp $(CXXFLAGS) $(LDFLAGS) -l:libboost_regex.a -o static_boost

shared_boost: main.cpp
	g++ main.cpp $(CXXFLAGS) $(LDFLAGS) -lboost_regex -o shared_boost

clean:
	rm * boost
```

首先定义与Boost库目录相关的变量。BOOST_DIR是自行构建的Boost库所在的根目录，也就是~/boost；但由于RUNPATH需要使用绝对路径，我们将它写作$${HOME}。两个$代表$的转义，因此这里实际上引用了${HOME}，它是代表Home目录绝对路径的环境变量。BOOST_LIB_DIR变量，与Windows中一样，定义了Boost库的库文件目录。

不过这里为什么不像NMake Makefile中一样，提供预编译库的路径变量呢？答案很简单，因为GCC会主动搜索系统的头文件目录和库文件目录，而系统包管理器安装的Boost预编译库正是安装在系统目录中。如果想让构建的程序直接链接它们，只需将Makefile中前面这四个变量的定义注释掉，让GCC自动去默认的目录搜索头文件和库文件。

CXXFLAGS和LDFLAGS变量分别代表公共的编译和链接参数。编译参数-I指定了头文件库搜索目录，链接参数-L指定了链接库文件搜索目录，链接参数-Wl,-R 指定了RUNPATH的值。

最后，构建主程序的规则：无论是静态链接Boost库，还是动态链接Boost库，调用GCC的方式都是一样的，区别仅仅在于链接库的名称。由于链接库时，-l参数默认接受的是库的名称，而非文件名。所以，链接静态库libboost_regex.a或动态库libboost_regex.so时，应该指定参数-lboost_regex，这就冲突了，此时 GCC会优先链接动态库。为了能够实现对Boost静态库的链接，这里需要使用-l:加静态库文件全名的参数形式。

执行make构建该项目：

```
$ cd CMake-Book/src/ch001/链接Boost
$ make
$ ./static_boost
...
$ ./shared_boost
...
```

Linux 中的程序可以指定RUNPATH，因此无须复制Boost动态库文件就可以运行shared_boost。

1.6 旅行笔记

我们的旅途伴随了不同的开发环境，经历了不同的构建目标类型，书写了不同的命令参数，构建了二进制不同的程序。放眼望去，处处不同。然而，即便是环境不同，类型不同，命令不同，二进制不同，只要代码相同，运行结果就相同。多么不可思议呀！

这就是可移植代码的魅力，它让构建跨平台程序成为可能：一次编写，到处编译。

可移植代码的“一次编写”其实未必很难：只需尽量使用标准库和成熟的可移植性强的跨平台第三方库，尽量避免直接调用平台相关的API，转而采用条件编译等技巧。然而，“到处编译”听起来就是一件麻烦的事情，这也是本书的焦点所在。

在这段旅行接近尾声的时候，不妨一起来整理一下“到处编译”的共同需求，总结出共通之处，形成通用的构建模型。

1.6.1 构建的基本单元：源程序

如果不把头文件当作源程序，则可以说，源程序就是会被编译器编译成目标文件的文件。源程序可以看作构建过程中最基本的组成单元。构建时，应当根据源程序所采用的编程语言，使用对应的编译器；同时，还要根据一些特殊的构建要求，确定编译时传递的参数，例如：

- 头文件搜索目录；
- 链接库文件搜索目录；
- 宏定义；

- 其他编译链接参数等（如编译优化选项等）。

这些可以称为源程序的属性。构建系统会根据源程序的属性设定参数并调用编译器，从而正确生成目标文件。

1.6.2 核心的抽象概念：构建目标

目标文件虽然名叫“目标”，但终究不是我们最终想要的目标。因此有构建目标（target，简称目标）这个概念。构建目标是建立在源程序之上的更高层抽象。当我们将一系列源程序组织成一个构建目标，就相当于为这些源程序指定了一些共同的编译和链接参数。

一般来说，我们会将一些目标文件打包或链接成库文件或可执行文件，这样这些库文件和可执行文件就可以称作构建目标了。当然，具体一点的话，它们是二进制构建目标（binary target）——多了个“二进制”的前缀。一是因为构建产生的库文件和可执行文件都是二进制文件，二是为了区分不产生二进制文件的构建目标，也就是后面会提到的伪构建目标（pseudo-target）。

二进制构建目标

二进制构建目标基本上包括以下类型：

- 可执行文件；
- 一般库（包含静态库和动态库）；
- 目标文件库。

目标文件库（object library）是个新概念，但非常好理解——它就是目标文件的集合。它类似静态库，只不过省去了索引和打包的步骤。因此，构建目标文件库并不会产生一个库文件，而只是将其包含的源程序编译成目标文件。

我们引入这样一个概念同样是为了实现更灵活的代码复用。例如，当我们想复用源程序，但不愿产生额外的静态库文件时，就可以使用目标文件库。可以说，目标文件库并非是一个传统意义上的库，它更像是一个逻辑上的概念。但它毕竟包含一系列源程序，并指导编译器将它们编译为目标文件。也就是说，它终究还是产生了一系列二进制文件，所以我们仍将其看作二进制构建目标中的一种类型。

伪构建目标

在介绍构建目标时说过，伪构建目标不会产生二进制文件。那么，我们为什么还需要它呢？

还记得头文件库吗？头文件库本身不需要编译或链接，那么如果将它当作一个构建目标的话，不正是一种不会产生二进制文件的构建目标嘛！可是既然不需要构建，为什么还把它当作一个构建目标呢？这是一个好问题。目前为止，我们在理解构建目标时，总想着它是如何被构建的，但实际上构建目标这个抽象概念还有另一大作用，那就是声明它应当如何被使用。

以头文件库为例。如果利用构建目标抽象表示一个头文件库，那么其他程序在使用头文件库时，只需引用这个构建目标，并不需要知道头文件库具体的存储位置。可见，这个构建目标本身隐含了对使用者的要求：请在编译参数中指定头文件搜索目录为本目标代表的头文件库所在的目录。

将头文件库这种伪构建目标推广一下：自身不需要编译，但对使用者有一定要求的构建目标。这个推广后的伪构建目标称作接口库（interface library）。

当然，伪构建目标不止接口库这一种类型，它包含以下三种类型：

- 接口库；
- 导入目标；
- 别名目标。

导入目标（imported target）一般用于抽象第三方库中的构建目标。第三方库要么是我们自己提前构建好的，要么是直接安装的预编译库，总之无须在使用它的时候再来构建。因此，导入目标尽管可能代表了某些二进制文件，但并不需要构建产生二进制文件，当然也是伪构建目标中的一种。与接口库类似，它自身无须编译，但对使用者提供了编译和链接的要求。

别名目标（alias target）就更加抽象了。顾名思义，它就是另一个构建目标的别名。既然是别名，也就没有必要再构建一次了，所以它同样是一种伪构建目标。别名目标通常用于隐藏实现细节。假设现在有一个自行构建的Boost库目标“boost”，一个预编译Boost库的导入目标“boost_prebuilt”，还有很多程序会链接Boost库。我们这时希望有一个开关能够切换这些程序是链接“boost”还是“boost_prebuilt”目标，那么可以创建一个别名目标“boost_alias”，根据设定作为“boost”或“boost_prebuilt”的别名。其他程序则无须关心设定，直接链接到“boost_alias”别名目标即可。

1.6.3 目标属性

前面提到源程序的属性可以用于确定调用的编译器及传递的参数，构建目标也应当拥有一些属性。对于伪构建目标而言，属性主要用于表示它应该被如何使用，即确定使用者的编译和链接参数；对于二进制构建目标来说，属性不仅用于表示它应该被如何使用，还用于确定自身源程序编译和链接时所需的参数。

构建要求和使用要求

与构建目标自身源程序相关的属性，确定了构建目标的构建要求（build specification），而与其使用者相关的属性，则决定了构建目标的使用要求（usage requirements）。目标的使用要求，实际上会被传递到该目标使用者的构建要求中。正是这两种需求赋予了构建目标这个概念丰富的内涵，使其称为最核心的抽象概念。

构建要求和使用要求的区别在于要求所作用的对象，其要求本身并无区别——这也很好理解，毕竟这要求最终体现在源程序的编译和链接上，不论作用于谁，这一点都不会有变化。因此，常见的要求也就是之前提到的那些：

- 头文件搜索目录；
- 链接库文件搜索目录；
- 宏定义；
- 其他编译链接参数等。

下面以构建动态库为例，带领大家大致感受一下构建要求和使用要求，二者之间又有何种联系。

Windows中动态库构建目标的要求

回顾代码清单1.19的Makefile中构建动态库的具体命令。其中，最后两条规则是与构建动态库相关的规则，构建要求自然也应该在这里体现，如代码清单1.28所示。

代码清单1.28 ch001/动态库/NMakefile（第7行～第11行）

```
liba.lib liba.dll: a.obj liba.def
    cl a.obj /link /dll /out:liba.dll /def:liba.def

a.obj: a.c
    cl /c a.c /Fo"a.obj"
```

编译构建目标的源程序a.c到目标文件a.obj，并通过/link、/dll、/out:liba.dll和/def:liba.def等参数链接当前构建目标所对应的目标文件a.obj——这就是liba.dll这个动态库构建目标的构建要求。

使用要求自然应该在使用动态库的主程序的构建规则中体现，如代码清单1.29所示。

代码清单1.29 ch001/动态库/NMakefile（第1行～第5行）

```
main.exe: main.obj liba.lib
    cl main.obj liba.lib /Fe"main.exe"

main.obj: main.c
    cl -c main.c /Fo"main.obj"
```

指定liba.lib导入库文件名作为链接参数，就是liba.dll动态库构建目标的使用要求。main.exe作为一个该动态库的使用者，会将liba.lib与主程序编译后的目标文件main.obj一同链接。这里也体现了动态库构建目标的使用要求会被传递给主程序，作为主程序构建要求的一部分。图1.4应该能够更直观地展示这一点。

这种构建要求和使用要求的模型能够将各部分的构建解耦。编写主程序时无须操心它所链接的各个库应当如何被构建和使用，各个库会主动告知这一切。

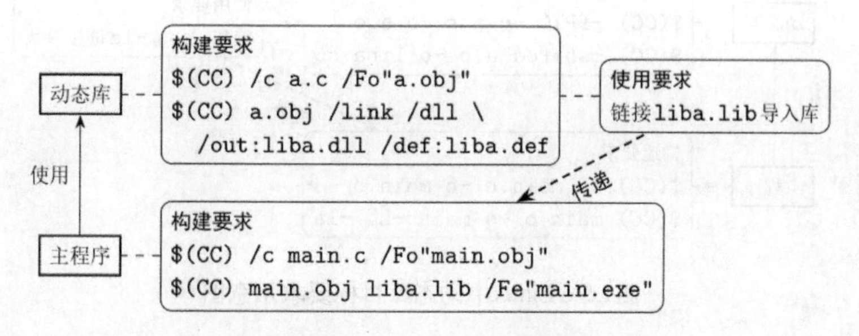

图1.4 Windows中动态库目标要求示意图

Linux中动态库构建目标的要求

在Linux中构建动态库的Makefile参见代码清单1.20。这里关注最后两条规则，如代码清单1.30所示。

代码清单1.30 ch001/动态库/Makefile0（第7行～第11行）

```
liba.so: a.o
    gcc -shared a.o -o liba.so

a.o: a.c
    gcc -fPIC -c .a.c -o a.o
```

这两条规则实际上声明了动态库liba.so这个构建目标的构建要求：使用-fPIC参数编译构建目标的源程序a.c到目标文件a.o，使用-shared参数将目标文件链接成最终的动态库。

再来看第一条构建主程序的规则，如代码清单1.31所示。

代码清单1.31 ch001/动态库/Makefile0（第1行～第5行）

```
main: main.o liba.so
    gcc main.o -o main -L. -la

main.o: main.c
    gcc -c main.c -o main.o
```

主程序的构建要求包括在链接过程中通过-L.参数指定链接库搜索目录，并通过-la参数指定链接库的名称。这同时也是动态库构建目标的使用要求。正如图1.5所示，动态库的使用要求会传递到主程序的构建要求中。

我们通过重温动态库在不同平台的构建和使用过程，了解了动态库在对应平台的构建要求和使用要求。其他二进制构建目标类型（如静态库、可执行文件）与之类似，但伪构建目标会有些不同，因为它们不需要被构建，自然也就不存在对应的构建要求，而只存在使用要求。

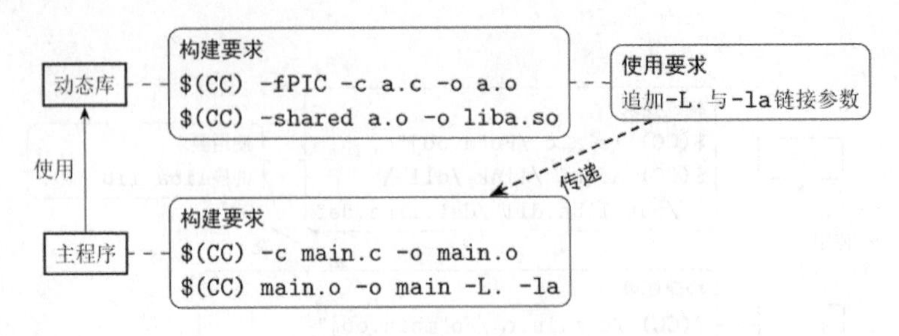

图1.5　Linux中动态库目标要求示意图

1.6.4　使用要求的传递性

1.6.3小节说明了构建要求和使用要求之间存在一定的传递性，从而使得构建目标这个抽象概念变得十分实用。本小节将继续深入探索有关传递性的问题。首先请思考以下问题。

如图1.6所示，如果一个库A被另一个库B链接，那么很显然，库A的使用要求应当传递到库B的构建要求中；如果库B又被可执行文件main链接，那么同样地，库B的使用要求也应当传递到main的构建要求中。以上陈述都没有什么问题，那么问题来了：库A的使用要求是否也应传递到main的构建要求中呢？

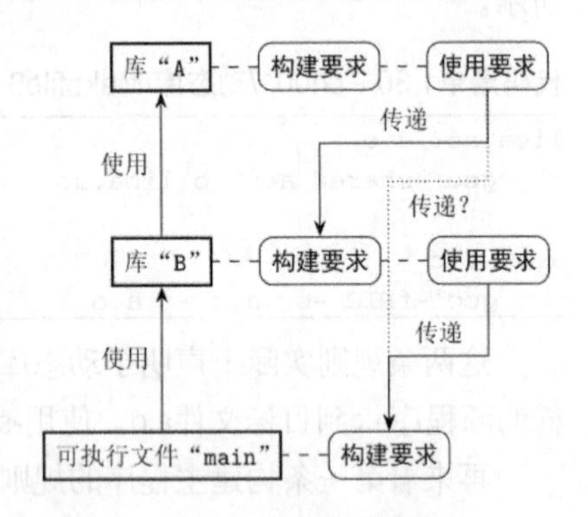

图1.6　传递性问题

对于这个问题，我们先建立一个共识：如果可执行文件main本身使用了库A，那么库A的使用要求肯定应该传递给main的构建要求。这样一来，问题就变成了：main怎样才算使用了库A？一定是引用了库所对应的头文件，并调用了其中的函数或类吗？

当然未必。比如库B中的某个函数可能会返回一个在库A中定义的类型，main又调用了库B中的该函数，这就意味着main间接使用了库A。具体来说，main一定是引用了库B的某个头文件才能调用其中的函数，而这个库B的头文件又一定直接或间接地引用了库A中的头文件，否则它返回的库A中定义的类型就是未定义类型了。

既然main间接地引用了库A的头文件，也就意味着main应该根据库A的使用要求来链接它。这种情形称作"递归传递"。然而，如果库B不会在接口处暴露库A中定义的符号，而且main本身也不存在对库A的直接引用，那么，库A的使用要求自然也就不必递归传递给main了。

下面一起来看一下这两种情况的具体例程。

无须递归传递的例程

为了更好地演示构建要求和使用要求的传递性，这里会将库A和库B分别放在不同的子目录中。这样在编译时就必须指定头文件搜索目录，也就是形成了一个强制的要求。另外，为了方便起见，我们会将库A和库B作为静态库来构建。

库A的头文件和源文件分别如代码清单1.32和代码清单1.33所示。其中，定义了一个类A，提供对其私有整型成员变量的取值和写值函数。

代码清单1.32 ch001/无须传递/liba/a.h

```
struct A {
    void set(int val);
    int get();

  private:
    int f;
};
```

代码清单1.33 ch001/无须传递/liba/a.cpp

```
#include "a.h"

void A::set(int val) { f = val; }

int A::get() { return f; }
```

库B的头文件和源文件如代码清单1.34和代码清单1.35所示。其中，定义了一个函数f，用于操作库A中的类A并输出取值结果。

代码清单1.34 ch001/无须传递/libb/b.h

```
void f();
```

代码清单1.35 ch001/无须传递/libb/b.cpp

```
#include "b.h"
#include <a.h>
#include <cstdio>

void f() {
    A a;
    a.set(10);
    printf("%d\n", a.get());
}
```

主程序的代码则直接调用库B中的函数f，如代码清单1.36所示。

代码清单1.36 ch001/无须传递/main.cpp

```
#include <b.h>

int main() {
    f();
    return 0;
}
```

各个构建目标的构建要求和使用要求及其关系如图1.7所示。需要注意的是，在构建静态库时没有链接这一步，因此静态库A有关链接的使用要求需要传递到静态库B的使用要求中，从而保证最终链接为可执行文件时能够同时链接这两个静态库。

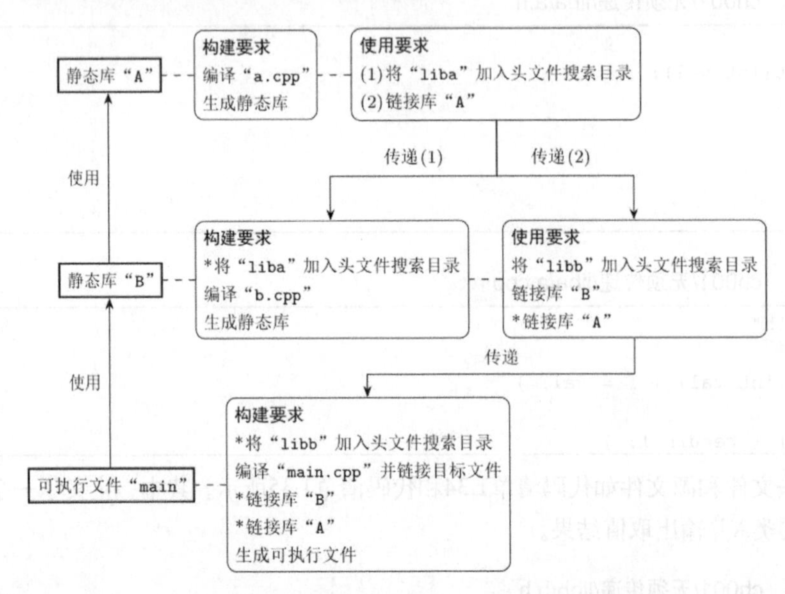

图1.7 “无须传递”例程的目标要求示意图（*标记的要求为传递的要求）

在“传递（2）”过程中，静态库直到构建最终的可执行文件或动态库时才会被链接，因此构建静态库B时无须链接静态库A，“链接库A”这个使用要求将会传递到B的使用要求中。

另外，不同于在前面分别为Windows和Linux平台绘制了不同的目标要求示意图，这里绘制的是一个“平台无关”的示意图。在构建要求和使用要求的描述中，我们没有使用任何具体的命令和参数。可以说，这样一个示意图所展示的结构，是一个跨平台构建系统应该能够处理的构建拓扑。就像编译器处理“抽象语法树”或“中间表示”一样，跨平台构建系统有责任将这个构建拓扑的“表示”翻译成所需平台环境中支持的构建命令和参数。这也是后面介绍的CMake能够完成的工作。

现在，先来手动完成这项翻译任务吧。

使用MSVC和NMake构建

NMake Makefile如代码清单1.37所示。

代码清单1.37 ch001/无须传递/NMakefile

```
main.exe: main.obj a.lib b.lib
    cl main.obj a.lib b.lib /Fe"main.exe"
```

```
a.lib: a.obj
    lib /out:a.lib a.obj

b.lib: b.obj
    lib /out:b.lib b.obj

a.obj: liba/a.cpp
    cl /c liba/a.cpp /Fo"a.obj"

b.obj: libb/b.cpp
    cl /c libb/b.cpp /I liba /Fo"b.obj"

main.obj: main.cpp
    cl /c main.cpp /I libb /Fo"main.obj"

clean:
    del *.obj *.lib *.exe
```

使用GCC和make构建

Makefile如代码清单1.38所示。

代码清单1.38　ch001/无须传递/Makefile

```
main: main.o liba.a libb.a
    g++ main.o -o main -L. -la -lb

liba.a: a.o
    ar rcs liba.a a.o

libb.a: b.o
    ar rcs libb.a b.o

a.o: liba/a.cpp
    g++ -c liba/a.cpp -o a.o

b.o: libb/b.cpp
    g++ -Iliba -c libb/b.cpp -o b.o

main.o: main.cpp
    g++ -Iliba -Ilibb -c main.cpp -o main.o

clean:
    rm *.o *.a *.so main
```

尝试执行make，发现有错误产生：

```
$ cd CMake-Book/src/ch001/无须传递
$ make
...
g++ main.o -o main -L. -la -lb
```

```
./libb.a(b.o): In function `f()':
b.cpp:(.text+0x24): undefined reference to `A::set(int)'
b.cpp:(.text+0x30): undefined reference to `A::get()'
collect2: error: ld returned 1 exit status
Makefile0:2: recipe for target 'main' failed
make: *** [main] Error 1
```

在最后的链接过程中，链接器无法解析libb.a，也就是静态库B的函数f中引用的两个符号：A::set(int)和A::get()。这两个符号应该在静态库A中定义过了，链接器却没有找到，这是为什么呢？

对于GCC来说，提供的链接库的参数-la和-lb的顺序对链接过程存在重要影响。链接器会根据参数指定的链接库顺序依次解析之前遇到过的未定义的符号，不走回头路。也就是说，静态库B中未定义的符号，链接器不会再回到A中去检索了。

为了避免这个问题，我们应当根据依赖关系，先链接有依赖的库，再链接被依赖的库。这样，有依赖的库中遇到的未定义的符号，总能被链接器从被依赖的库中找到。因此，对于该例程而言，Makefile的第二行命令应当做一点修改，即调换参数-la和-lb的顺序。

MSVC中不存在这个问题，因为MSVC链接器会尝试在所有参数指定的链接库中检索并解析未定义的符号。不过，当多个库中同时定义了一个相同的符号（符号重名）时，MSVC链接器也会根据参数指定的顺序来决定到底将符号解析为哪一个库中的定义。

存在间接引用的例程

接下来看一下另一种情况的例程——存在间接引用，也就是需要将使用要求递归传递到最终的可执行文件的构建要求中。本例基本上会复用前面的例程代码，只对库B的代码做一些修改，其修改后的头文件和源文件如代码清单1.39和代码清单1.40所示。

代码清单1.39 ch001/间接引用/libb/b.h

```
#include <a.h>

A f();
```

代码清单1.40 ch001/间接引用/libb/b.cpp

```
#include "b.h"
#include <cstdio>

A f() {
    A a;
    a.set(10);
    return a;
}
```

这里将库B中的函数f的返回值类型从void 改为了类A。类A是定义在库A中的类型，所以库B的头文件b.h中也必须先引用库A的头文件a.h。可执行文件代码 main.cpp中引用了头文件b.h，这也就意味着间接引用了库A。

对于本例来说，库A的头文件搜索目录这个使用要求，会被传递到库B同时作为其构建要求和使用要求，如图1.8所示。当库B的使用要求传递到可执行文件main时，库A所要求的头文件搜索目录会一同传递到可执行文件的构建要求中。当然，在编写Makefile时，需要为main目标的构建规则增加设定头文件搜索目录的编译器选项。

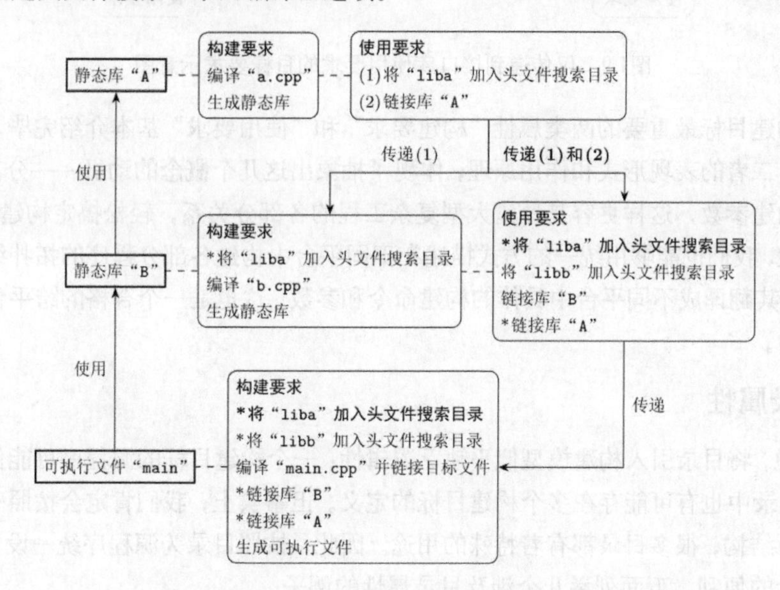

图1.8 “间接引用”例程的目标要求示意图（*标记的要求为传递的要求，突出显示了不同之处）

传递方式总结

结合前两个例程能够发现，使用要求在被传递时存在多种可能性：

1．传递到使用者的构建要求；

2．传递到使用者的使用要求；

3．同时传递到使用者的构建要求和使用要求。

前面两个例程分别对应第一种情况和第三种情况。第二种情况一般在当头文件（接口）使用了某个库，而源程序（实现）中并没有使用这个库时才会用到，多见于伪构建目标。

举个另类但还算实用的例子：当希望引用一个接口库就可以自动链接多个库时，实际上就是要将多个链接库的使用要求传递给这个接口库的使用要求。接口库是伪构建目标，不需要编译，也就不存在构建要求。因此，这正是仅传递给使用者的使用要求的情形。如图1.9所示，这里的接口库AB就相当于库A和库B的集合的别名。

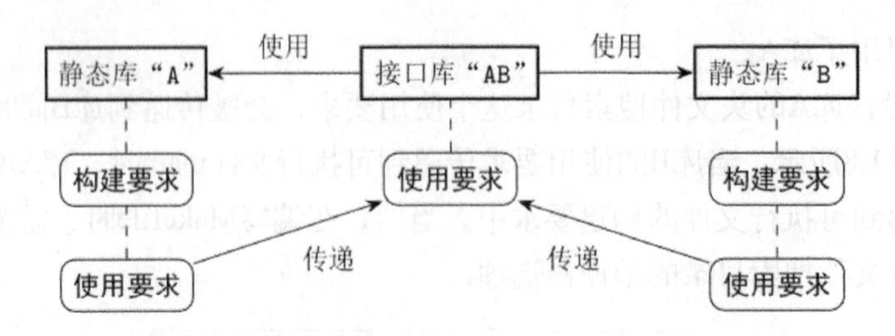

图1.9　仅传递到接口库使用要求的目标要求示意图

至此，构建目标最重要的两类属性“构建要求”和“使用要求”基本介绍完毕。笔者通过多个实例展示了二者的表现形式和作用原理，体现了抽象出这几个概念的动机——分离关注点，面向目标解耦构建参数，这样更容易厘清大型复杂工程的各部分关系，轻松搞定构建过程。另外，通过这些属性，我们也能够用统一的方式描述在不同平台中构建各部分程序的拓扑结构和具体要求，并最终将其翻译成不同平台中具体的构建命令和参数。这也是一个合格的跨平台构建系统应当具备的能力。

1.6.5　目录属性

严格来说，将目录引入构建模型似乎缺乏逻辑性：一个构建目标的源程序可能位于多个目录中，而一个目录中也有可能存在多个构建目标的定义。但事实上，我们肯定会按照一定的逻辑组织程序的目录结构，很多目录都有着特殊的用途。因此，按照目录为源程序统一设置属性，往往能够带来极大的便利。下面列举几个涉及目录属性的例子。

- 对整个代码仓库设置“将警告作为错误”编译选项。
- 需要构建的第三方库代码一般会放到thirdparty目录中，而这些“别人写的代码”可能在构建过程中产生大量的警告信息，我们需要对thirdparty目录中的代码禁用“将警告作为错误”这个编译选项。
- 某些库的源程序分别位于不同目录，但头文件都在include目录中。我们希望能够为它们统一设定头文件搜索目录。

针对第一个例子，可以对整个代码仓库的顶层目录设置编译选项相关的属性；针对第二个例子，则只需对thirdparty这个目录进行相关设置；针对第三个例子，同样只需对这些库的源程序所在目录的父目录设置头文件搜索目录的属性，就可使其子目录中的每一个库都统一使用该属性。

1.6.6　自定义构建规则

本章中可能并没有太多需要自定义构建规则的情况，但清理构建文件的clean可以算作其一。自定义构建规则是构建过程中的一个非常常见的需求，例如：

- 在构建完成后，复制一些数据文件到构建好的二进制目录中，以便调试运行可执行文件时在相对目录中加载这些数据文件；

- 通过一些命令执行外部脚本（如Python脚本），完成一些构建前的准备工作或构建后的扫尾工作；
- 清理构建文件等。

任何一个构建工具都应该支持执行自定义构建规则中的一系列命令。如果使用Makefile，实现自定义构建规则非常简单：只需在Makefile中定义新的构建目标，并将所要执行的命令罗列在其构建规则中。

另外，很多自定义构建规则都与特定的某个构建目标相关，如复制数据文件的例子就与加载这个数据文件的可执行文件构建目标相关。所以，自定义构建规则往往与构建目标绑定在一起。除此之外，绑定的自定义构建规则还应有不同的执行时机，如构建前和构建后。

1.6.7 尾声

实际上，本节的内容正是基于CMake构建系统的概念编排的。不过，笔者反而不希望读者关注这一点。最理想的情况，应当是能够通过构建之旅顺理成章地总结抽象出本节介绍的概念。这样，我们就能够在将来自然地明白CMake为何是那样的设计，也会感受到CMake果然是解决“到处编译”这个问题的利器。

应该说，有了构建模型之后，我们就不必再专注于不同平台的编译器的差异，而是将重心放在如何组织项目中的不同组件的依赖关系、构建要求和使用要求等。这种抽象模型大大降低了构建项目时的心智负担。只有在真正实施构建时，我们才需要将该概念模型的拓扑结构翻译成对应平台的编译链接命令，而这一步骤完全可以由CMake代劳。

充满冒险的构建之旅就要结束了，但我们的CMake之旅即将启程，敬请期待吧！

第2章 CMake简介

CMake官网给出了如下的定义：CMake是一个跨平台开源工具家族，用于构建、测试和打包软件。CMake通过简单的平台无关且编译器无关的配置文件来控制软件的编译流程，并能够生成原生的Makefile和工作空间，以便用于用户所选择的编译环境。为了满足开源项目对强大的跨平台构建工具的需求，Kitware公司创建了CMake工具套装。

定义中，“跨平台”和“开源”这两个特性不必多说，要注意的是“工具家族”这个说法。狭义的CMake一般特指用于构建项目的CMake工具及其使用的CMake脚本语言，而广义的CMake指的是一系列工具的组合，包括用于构建的狭义的CMake、用于测试的CTest、用于打包的CPack等，它们都属于CMake家族。本书的主要内容仅涉及狭义的CMake。

“平台无关且编译器无关的配置文件”指的是类似Makefile的配置文件。但CMake的配置文件是平台无关且编译器无关的，能够做到一次编写，到处编译。

“能够生成原生的Makefile和工作空间”是在说CMake本身并不实际调用编译器和链接器等，而是根据配置生成Makefile或者其他构建工具的配置文件，通过它们来实际调用各种命令完成构建。工作空间指与IDE相关的构建工具的配置，如Visual Studio中基于MSBuild的解决方案和项目工程文件，以及Xcode、CodeBlocks等其他IDE的项目工程文件。可见，将CMake称为构建工具不够准确，它更像是一个“元构建工具”，或者说是“构建工具的构建工具”。毕竟，它自己不会构建程序，而是指导其他构建工具来构建程序。这样的好处也很明显，就是“以便用于用户所选择的编译环境”。即便IDE不支持打开使用CMake 组织的项目，但总可以打开通过CMake生成的IDE原生项目。

简单介绍一下Kitware公司。这是一家软件研发公司，专注于计算机视觉、数据分析、科学计算、医学计算、软件开发流程等领域。Kitware采用开源的商业模型，提供定制解决方案、技术支持和培训等商业服务。针对CMake，Kitware公司提供了“迁移到CMake”“CMake现场培训”“CMake技术支持”“CMake定制开发”等多项商业服务。希望本书能够帮助读者或企业节约上述业务的开销。

2.1 为什么使用CMake

从CMake的定义中，已经多多少少能够看出CMake的优势。先来看看其官网的说法。

- CMake是高效的。
  - CMake帮助开发者花更多的时间在写代码上，花更少的时间在搞定构建系统上。
  - CMake是开源的，可自由用于任何项目。
- CMake是强大的。
  - CMake支持在同一个项目中使用多种开发环境和编译器，如Visual Studio、QtCreator、JetBrains、Vim、Emacs、GCC、MSVC、Clang、Intel等。
  - CMake支持多种编程语言，如C、C++、CUDA、Fortran、Python等，还支持在构建过程中执行任意的自定义命令。
  - CMake支持持续集成，通过CTest可在Jenkins、Travis、CircleCI、GitlabCI等几乎任意持续集成系统中完成测试。测试结果可以在CDash中展示。
  - CMake支持将第三方库集成到个人项目中。
- CMake是研发团队的首选。
  - CMake几乎已经成为构建C和C++项目的业界标准工具。
  - 很多C++项目都开始使用CMake构建。根据2018 Octoverse报告，CMake脚本语言在GitHub上的增长速度排在第六位。
  - CMake成熟且经过良好测试，拥有广泛的开发者社区。它从2000年开始不断被改进。

CMake的优势很多，甚至可以说有不少都是独一无二的优势，如生态活跃。这也是为什么即便CMake功能复杂、学习成本高，大家仍然选择使用它。另外，CMake在很多方面都与C++语言很类似：

- 具有庞大的用户群体；
- 稳定地向后兼容；
- 强大的功能特性，支持多范式，较为复杂。

下面从几个方面具体总结一下CMake的优势。

2.1.1 平台无关和编译器无关

向别人推荐CMake时，总会有人问，为什么不用Makefile或者Autoconf等工具。

编译器不同，很多命令参数也不同。Makefile和Autoconf对命令参数的抽象几乎不存在，这就导致一份Makefile或Autoconf配置文件常常只能用于命令参数所兼容的编译器。当不仅需要跨编译器，还需要跨操作系统时，这个弊端就更为凸显了。首先，GCC和MSVC的编译参数差距很大；其次，如果构建配置中还涉及调用其他一些命令，也很难保证这些命令在各个操作系统平台中是通用的。

使用一个平台无关和编译器无关的构建工具对于构建跨平台程序而言至关重要，CMake当然在此列。除此之外，CMake还支持交叉编译，可以满足更多样的构建需求。

2.1.2　开源自由和优秀的社区生态

若想一个产品被广泛接纳，将其开源作为自由软件是一个很好的办法。谁都不希望支撑着自己成千上万行程序代码的构建工具突然某一天就停止支持了。而开源意味着项目在理论上获得"永生"，最不济也可以自己接盘维护嘛！另外，CMake作为自由软件没有对商业用途设限，这进一步促进了来自社区的青睐。

一旦产品被社区广泛采纳，就意味着它的生态建立起来了。当有一个定制需求时，社区中很可能有人已经通过CMake实现了它，那么又有什么理由不直接用它呢？更重要的是，很多第三方库已经在使用CMake来构建它，若想在自己的程序中使用它们，同样使用CMake自然是最方便的。

另外，现在也有很多C和C++包管理工具支持CMake，甚至直接使用CMake来管理包的构建和安装流程。如果使用CMake，这些包管理工具所支持的第三方软件包基本上能够做到一键安装，这又何乐而不为呢？

最后，开源社区的共同维护能够提高软件缺陷的发现和修复速度，提高整个工具的鲁棒性。这对于CMake 这类构建流程中的核心基础设施尤为重要。

2.1.3　强大通用的脚本语言

CMake的脚本语言经常因为其古板的语法被人诟病，但其功能的强大是毋庸置疑的。它的脚本语言可以对标Shell脚本，提供了很多方便操作字符串、文件等的命令。同时，CMake脚本语言是领域特定语言（Domain Specific Language，DSL），即专注于某个应用程序领域的计算机语言。对于CMake来说，它所专注的便是构建这个领域，自然也提供了很多用于构建过程的命令，如下载并构建外部的项目、生成配置文件等。

CMake脚本语言既然是能够对标Shell脚本的图灵完备的语言，当然不仅限于描述构建过程。也可以用于编写测试脚本，甚至编写持续集成的整个流程。

第3章会详细讲解CMake脚本语言的具体用法，但不涉及任何构建过程。另外，本书的第一个实践项目将使用CMake脚本语言实现快速排序算法，这充分体现了CMake脚本语言的通用性。

2.1.4　稳定地向后兼容

CMake相当重视向后兼容。毕竟，使用C和C++构建的项目往往偏底层，会存在并被使用很长时间。经过漫长的时间，可能早已无人更新维护它了。因此，必须保证数年前的代码在今天依然能够被正常构建。在这一点上，CMake与C和C++很相似。

CMake提出了策略机制以保证稳定的向后兼容。一方面，保证原有配置的可用性；另一方面，为过时的配置提出警告和建议。这极大地方便了对古老的代码库遗产的维护和升级。

2.1.5 持续不断地改进和推出新特性

得益于CMake的策略机制，CMake可以在提供相当稳定的兼容性的前提下不断更新。CMake也确实在持续不断地改进中。

实际上，CMake曾有很多不便之处，CMake 3.0版本的推出改善了这一缺陷。因此人们也常把此后版本的CMake称为"现代CMake"。CMake 2时代采用过程式脚本程序描述构建过程，封装性较差，很难厘清项目结构。而现代CMake为开发者提供了面向构建目标的构建配置，很多构建要求或使用要求通过绑定在构建目标上的属性来实现。这一改变为项目各组件的解耦提供了极大的便利。

截至本书写作之时，CMake 3已经相继推出了二十多个版本，每个版本都伴随相当多的问题修正和功能更新等，"新陈代谢"速度极快。本书将以CMake 3.20版本为例，介绍现代CMake与构建相关的方方面面。对于其早期版本，这里不做介绍。毕竟，CMake 2是早于C++11的产物。

2.2 安装CMake

安装CMake非常容易。访问其官方网站的下载页面，即可找到针对各个平台的安装文件的下载链接。

2.2.1 在Windows中安装CMake

针对Windows x64平台，有两个安装文件可供下载[①]：

- Installer（安装器），运行后如图2.1所示；
- Zip压缩包，打开后如图2.2所示。

安装器可以双击运行，按照说明一步步完成安装过程；压缩包则需要手动解压到某一目录，同时相关的系统配置也需要人工完成（如设置PATH系统环境变量等）。读者可以根据实际需要选择。

① 如无特别说明，本书的讲解默认使用64位操作系统。

图2.1　Windows中的CMake安装器

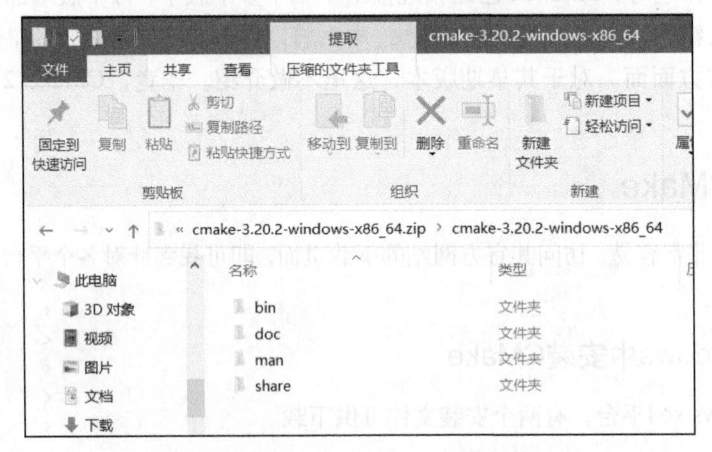

图2.2　Windows中的CMake安装压缩包

2.2.2　在Linux中安装CMake

针对"Linux x86_x64"平台，也有两个安装文件可供下载：

- sh自解压脚本；
- tar.gz压缩包，用户可以自行解压到任意目录并配置环境变量等。

这里仅演示自解压脚本的安装过程：

```
$ ./cmake-3.20.0-Linux-x86_64.sh
CMake Installer Version: 3.20.0, Copyright (c) Kitware
This is a self-extracting archive.
The archive will be extracted to: ~/
```

```
...（此处省略了操作说明和许可协议等文本）

Do you accept the license? [yn]:
y
By default the CMake will be installed in:
  "~/cmake-3.20.0-Linux-x86_64"
Do you want to include the subdirectory cmake-3.20.0-Linux-x86_64?
Saying no will install in: "~" [Yn]:
y

...
```

直接执行自解压脚本会默认将CMake文件解压到当前目录中。如果需要定制安装过程，可以通过调用自解压脚本命令的--help参数查看可配置的选项①：

```
$ ./cmake-3.20.0-Linux-x86_64.sh  --help
Usage: ./cmake-3.20.0-Linux-x86_64.sh [options]
Options: [defaults in brackets after descriptions]
  --help             print this message
                     打印帮助
  --version          print cmake installer version
                     打印安装脚本的版本号
  --prefix=dir       directory in which to install
                     设定安装目录
  --include-subdir   include the cmake-3.20.0-Linux-x86_64 subdirectory
                     解压到cmake-3.20.0-Linux-x86_64子目录
  --exclude-subdir   exclude the cmake-3.20.0-Linux-x86_64 subdirectory
                     不要解压到上述子目录
  --skip-license     accept license
                     默认接受许可协议
```

另外，也可以使用Linux发行版自带的包管理器安装CMake，这里不再赘述。

2.2.3 在macOS中安装CMake

针对macOS，也有两个安装文件可供下载：

- dmg安装包，这是常规的macOS安装方式，即拖动CMake应用程序到系统应用程序目录中；
- tar.gz压缩包，这与Linux中的压缩包类似。

在这里仅介绍第一种安装方法。拖动CMake应用程序到应用程序目录后，就可以在启动台中找到CMake应用程序图标了。通过启动台启动CMake实际上打开的是CMake GUI，即CMake的可视化界面。如果想在命令行中能够调用cmake等命令，可以在“Tools”菜单中找到“How to Install For Command Line Use”选项，如图2.3所示。

① 中文部分不属于终端输出内容。

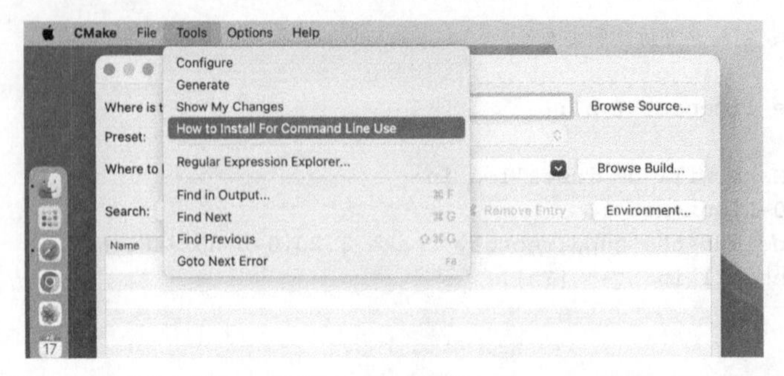

图2.3　macOS中CMake的How to Install For Command Line Use菜单项

选择该菜单项，会弹出一个对话框，提示如何安装CMake命令行工具。一般来说，只需执行下面这段命令：

```
sudo "/Applications/CMake.app/Contents/bin/cmake-gui" --install
```

该命令将会在“usr/local/bin”中生成一系列指向CMake命令行工具等的符号链接。

另外，除了从官网下载安装包外，还可以使用Homebrew包管理器在macOS中安装CMake：

```
brew install cmake
```

2.3　您好，CMake!

终于来到了CMake版本的“您好，世界”程序，如代码清单2.1所示。

代码清单2.1　ch002/您好CMake.cmake

```
message(您好，CMake! )
```

就像C语言中的printf命令一样，使用CMake中的message命令即可输出一行文本。该CMake脚本程序的运行过程如下：

```
> cd CMake-Book/src/ch002
> cmake -P 您好CMake.cmake
您好，CMake!
```

CMake默认是用于构建任务的，如果想让它像脚本语言一样执行需要指定-P参数。另外，运行CMake脚本程序时不再区分不同的操作系统，毕竟CMake是跨平台的嘛！需要注意的是，对于跨平台的命令行中的目录分隔符，统一采用“/”。在Windows操作系统中，推荐使用PowerShell运行上述命令。命令提示符（cmd）当然也可以，只不过它只支持“\”作为目录分隔符①。

至此，我们成功运行了第一个CMake程序。在后续章节中，我们会继续领略CMake的强大本领。

① 本书对不同平台下的提示符和输入指令中的目录分隔符采用不同的方式展示，对于Linux的Shell，分别以$和/展示；对于Windows的PowerShell，分别以>和\展示；对于不强调平台的跨平台操作，分别以>和/展示。

第3章 基础语法

使用CMake工具构建项目的第一步是编写CMake目录程序，目录程序主要用于描述项目的结构，包括对构建目标的定义及其相互依赖关系的定义等。同时，在CMake目录程序中还可以检测系统环境来配置项目的编译条件、生成源文件等。CMake目录程序需要使用CMake脚本语言来编写，因此熟练掌握CMake脚本语言的语法是学习CMake工具过程中基础而重要的一步。

尽管CMake脚本语言最主要的用途是编写组织项目构建的CMake目录程序，但它其实是一个图灵完备的脚本语言，也可以用于编写通用的功能脚本。在使用CMake工具构建项目时，时常会在目录程序中调用使用CMake脚本语言编写的脚本程序或模块程序来完成一些复杂的功能。

很多人批评CMake脚本语言的语法“蹩脚”，令人望而却步。但最令初学者感到痛苦的往往不是其语法本身，而是很多混杂在这不太常规的语法中的与构建相关的概念。本书将拆解CMake脚本语言部分与其构建相关部分，先将所谓“蹩脚”的语法讲透，再实际应用到构建中。相信通过该过程，读者会发现CMake的语法其实相当简单，并没有那么“蹩脚”。

本章将对CMake脚本语言的基础语法进行介绍，几乎不涉及与构建相关的概念。另外，第4章将介绍CMake脚本语言中常用的命令，第5章则是一个综合应用CMake脚本语言的实例。如果读者已经掌握了CMake脚本语言，想立刻了解与构建相关的概念，可以直接从第6章开始阅读。

那么，从现在开始，想象自己在学习一门新的编程语言吧！

3.1 CMake程序

CMake程序根据文件名，可分为以下两种类型：

- 名为CMakeLists.txt的文件；
- 扩展名为.cmake的程序。

CMakeLists.txt文件用于组织构建项目源程序的目录结构，与构建过程息息相关；扩展名为.cmake的程序又分为脚本程序和模块程序两种类型。

3.1.1　目录（CMakeLists.txt）

当CMake被用于构建时，显然需要处理项目的源程序。处理的入口，就是项目顶层目录下的CMakeLists.txt。这与Makefile相似。另外，在CMakeLists.txt中，可能还会通过add_subdirectory命令将一些子目录追加到构建目录中。当然，这要求子目录中也有一个CMakeLists.txt。

CMakeLists.txt构成了源程序逻辑上的目录结构，CMake还会根据这个源文件目录的逻辑结构生成用于构建的目录结构，作为构建对应源程序时的工作目录和二进制输出目录。

为了将脚本语言和构建过程分开讲解，本章很少出现CMakeLists.txt的应用。

3.1.2　脚本（<script>.cmake）

指定-P参数运行CMake命令行工具可以执行脚本类型的CMake程序。这种CMake程序不会配置生成任何构建系统，因此一些与构建相关的CMake命令是不允许出现在脚本中的。本章内容基本围绕脚本程序展开。

3.1.3　模块（<module>.cmake）

CMake的目录程序和脚本程序均可以通过include等命令引用CMake模块程序。CMake提供了很多预制模块供用户使用，多数与环境检测、搜索使用第三方库有关。CMake模块是一种主要的代码复用单元。

3.2　注释

CMake程序中的注释有两种形式：单行注释和方括号注释。它们有个共同特点，那就是都需要由#开头。

3.2.1　单行注释

顾名思义，单行注释（line comment）就是只有一行文本的注释。类似但不同于C语言中由//开头的单行注释，CMake中的单行注释由#开头。

```
# 这是一行注释
message("a" # 这是一行注释
        "b") # 这是一行注释
```

如果#位于引号参数或括号参数之中，或是被\转义，则其引领的文本就不再被当作注释文本。相关概念请参阅3.4节。

3.2.2　括号注释

括号注释（bracket comment）常用于多行注释，也可以用于在程序中间插入一段注释，类似C语言中由/*和*/组成的注释。但CMake的多行注释标记比较特别。先看一个例子：

```
#[[ 这是一个括号注释
```

```
它可以由多行文本组成，直到遇到两个终止方括号]]
message("a" #[=[程序中间也可以插入一段注释]=] "b")
```

括号注释依然由#开头，紧接着依次是左方括号[、若干等号=（也可以不加等号）、左方括号[。括号注释的终止标记与起始标记对称，但不含#，即依次由右方括号]、若干等号=、右方括号]构成，其中等号的数量需要与起始标记相同。例如，#[[、#[=[和#[===[都是有效的括号注释的起始标记，对应的终止标记依次为]]、]=]和]===]。在括号注释的起始括号和终止括号之间的内容，就是注释文本。

括号注释其实是“#”与括号参数的组合，括号参数相关内容请参见3.4.5节。

与单行注释一样，在引号参数和括号参数中，或#被转义时，上述形式的代码并不能算作注释文本。

3.3 命令调用

CMake程序几乎完全由命令调用构成。之所以说“几乎”，是因为除此之外，也就只剩下注释和空白符了。CMake程序中的if条件分支、for循环等程序结构统一采用命令调用形式。这也是CMake程序语法有点“怪”的原因之一。不过好处也很明显，语法结构单一，理解起来相对简单。

CMake的命令调用类似于其他编程语言中的函数调用，但语法有些不同。先书写命令名称，其后跟括号括起来的命令参数。CMake的命令名称不区分大小写，一般使用小写，如代码清单3.1所示。

代码清单3.1 ch003/命令调用.cmake

```
message(a b c) # 输出“abc”
```

如果有多个参数，不同于其他编程语言常用逗号分隔参数，在CMake中应当使用空格或换行符等空白符将它们分隔开。像上述实例中调用message时，实际上传递了三个参数，分别是a、b和c。而空格仅用于分隔每一个参数，并不是参数内容，因此最终输出的消息是“abc”，并不包含空格。3.4节将会探索不同类型的命令参数，相信届时读者就会知道该如何输出“a b c”了。

3.4 命令参数

命令参数在命令调用的括号中书写。命令参数一共有以下三种类型：

- 引号参数（quoted argument）；
- 非引号参数（unquoted argument）；
- 括号参数（bracket argument）。

3.4.1 引号参数

顾名思义，引号参数是用引号包裹在内的参数，而且CMake规定它必须使用双引号。引号参数会作为一个整体传递给命令，引号中间的空白符都会作为这个整体中的一部分。也就是说，引号参数中不仅能够包含空格，还可以包含换行符。因此如代码清单3.2所示的这段程序是合法的。

代码清单3.2　ch003/命令参数/引号参数.cmake

```
message("CMake
你好！")
```

它会输出：

```
CMake
您好!
```

在引号参数中，代码行末的反斜杠\可以避免参数内容中出现换行。换句话说，反斜杠后的换行符将被忽略。如代码清单3.3所示。

代码清单3.3　ch003/命令参数/引号参数（避免换行）.cmake

```
message("\
CMake\
您好！\
")
```

这段程序会输出：

```
CMake您好!
```

另外，引号参数还支持变量引用和转义字符，接下来的小节会对此进行详细介绍。

3.4.2　非引号参数

非引号参数自然指未被引号包裹的参数。这种参数中不能包含任何空白符，也不能包含圆括号、#符号、双引号和反斜杠，除非经过转义。非引号参数也支持变量引用和转义字符。

非引号参数不总是作为一个整体传递给命令，它有可能被拆分成若干参数传递。实际上，非引号参数在被传递前，会被当作CMake列表来处理，而列表中的每一个元素都会作为一个单独的参数传递给命令。CMake列表会在3.6节详细介绍，这里先对它简单做个不够准确的定义：CMake列表是一种特殊的字符串，由分号分隔各个元素。

非引号参数的实例如代码清单3.4所示。

代码清单3.4　ch003/命令参数/非引号参数.cmake

```
message("x;y;z") # 引号参数
message(x y z) # 多个非引号参数
message(x;y;z) # 非引号参数
```

其结果如下：

```
> cd CMake-Book/src/ch003/命令参数
> cmake -P 非引号参数.cmake
x;y;z
xyz
xyz
```

可见，对于非引号参数x;y;z来说，虽然它在语法上是一个非引号参数，但在实际传递给命令时，由于列表语法的存在，其中的每个元素都会作为独立的参数来传递。因此，第三个message和第二个message的输出结果完全一样，而第一个message由于接受的是作为整体传递的引号参数，并不会将其内容拆分后输出。

3.4.3 变量引用

变量引用（variable reference）类似于很多编程语言提供的字符串插值（string interpolation）语法，可以在参数内容中插入一个变量的值。

CMake变量引用形式为${变量}，即在$符号后面使用一对花括号包裹变量名。CMake变量引用可用在引号参数和非引号参数中，CMake会将其替换为对应变量的值。若变量名未定义，CMake并不会报错，而是将其替换为空字符串。另外，变量引用还支持嵌套的递归引用，如代码清单3.5所示。

代码清单3.5 ch003/命令参数/变量引用.cmake

```
set(var_a 您好)
set(var_b a)

message(${var_${var_b}})
```

程序中的set命令用于为变量赋值，后面会详细介绍。该程序的输出结果是“您好”，也就是变量var_a的值。

此处嵌套引用的解析流程如下：首先将内层的${var_b}替换为变量var_b的值，也就是a；这样整个变量引用就转化为了${var_a}，它又会被替换为变量var_a的值，也就是最终要输出的“您好”。

后面还会介绍其他一些变量类型，包括缓存变量和环境变量。对这两种变量的引用需要使用稍微不同的语法：

```
$CACHE{缓存变量}
$ENV{环境变量}
```

其中，缓存变量既可以通过上述特定语法来引用，又可以通过普通变量的引用语法来引用，而环境变量只能通过上述特定语法来引用。不过，当存在同名的普通变量和缓存变量时，普通变量的引用语法会优先匹配到普通变量，无法匹配到缓存变量。

3.4.4 转义字符

一个反斜杠和紧跟其后的一个字符构成一个转义字符，它基本分为以下四种情况。

- 如果其后跟随的字符不是字母、数字或分号，转义的结果就是该字符本身。例如，“\?”就是“?”。
- “\t”“\r”和“\n”分别会转义成Tab符、回车符和换行符。

- "\;"的转义又分为以下情况。
  - 如果它被用于变量引用或非引号参数中，则转义为分号";"。但在非引号参数，转义后分号不用于分隔列表元素，即其前后相邻文本包括分号本身会作为一个整体。
  - 其他情况，则不进行转义，即反斜杠保留，仍为\;。
- 其他情况则是错误的转义。

转义字符实例如代码清单3.6所示。

代码清单3.6 ch003/命令参数/转义字符.cmake

```
cmake_minimum_required(VERSION 3.20)

set("a?b" "变量a?b")

# \? 转义为 ?
message(${a\?b})
message(今天是几号\?)

# \n 转义为换行符，\t 转义为制表符，\! 转义为 !
message(回答: \n\t今天是1号\!)

set("a;b" "变量a;b")

# 非引号参数中 \; 转义为 ;，且不分隔变量
message(x;y\;z)
# 引号参数中 \; 不转义
message("x;y\;z")
# 变量引用中 \; 转义为 ;
message("${a\;b}")
```

本例程序中的cmake_minimum_required命令与CMake策略相关，详见第10章。为了方便读者理解，这里简单解释一下：由于历史原因，CMake的转义行为在不同版本中会有所不同，需要指定该CMake程序要求的最低版本，以保证CMake能够采取该版本中明确的转义行为，避免CMake版本升级带来的兼容性问题。

本例执行的结果如下：

```
> cd CMake-Book/src/ch003/命令参数
> cmake -P 转义字符.cmake
变量a?b
今天是几号?
回答:
	今天是1号!
xy;z
x;y\;z
变量a;b
```

3.4.5 括号参数

与引号参数一样，CMake的括号参数也会作为一个整体传递给命令。括号参数类似C++11中的原始字符串字面量（raw string literal），通过自定义的特殊括号将原始文本包括在其中。它不处理文本中的任何特殊字符（包括转义字符）或变量引用语法，直接保留原始文本。

括号参数的语法结构与括号注释十分相近，唯一的区别就是括号参数的起始标记没有#，其具体的语法结构参见3.2.2小节。代码清单3.7中是一些实例。

代码清单3.7 ch003/命令参数/括号参数.cmake

```
message([===[
abc
def
]===])

message([===[abc
def
]===])

message([===[
随便写终止方括号并不会导致文本结束，
因此右边这两个括号]]也会包括在原始文本中。
下一行中最后的括号也是原始文本的一部分，
因为等号的数量与起始括号不匹配。]==]
]===])
```

其运行结果如下：

```
> cd CMake-Book/src/ch003/命令参数
> cmake -P 括号参数.cmake
abc
def

abc
def

随便写终止方括号并不会导致文本结束，
因此右边这两个括号]]也会包括在原始文本中。
下一行中最后的括号也是原始文本的一部分，
因为等号的数量与起始括号不匹配。]==]
```

如果第一个换行符紧随起始括号之后，则该换行符会被忽略。这主要是为了让第一行内容不必跟随括号参数的起始括号书写，显得更加整齐。例如，代码清单3.7所示实例程序中前两个message命令中的参数是等价的，但显然第一个写法更为整齐。

3.5 变量

同大多数编程语言一样，CMake中的变量也是存储数据的基本单元，但CMake变量有些与众不同：其数据类型总是文本型的，只不过在使用时，文本型的变量可能被一些命令解释成数值、列表等，以实现更加丰富的功能。

变量的分类

尽管CMake变量的数据类型只有一种，但CMake却有三种变量分类。

- 普通变量。大多数变量都是普通变量，它们具有特定的作用域。
- 缓存变量。顾名思义，它就是能够被缓存起来的变量，会被持久化到缓存文件CMakeCache.txt。CMake程序每次被执行时，都会从被持久化的缓存文件中读取缓存变量的值。这可以用于避免每次都执行一些耗时的过程来获得数据。例如，当使用CMake构建项目时，它第一次配置时会检测编译器路径，然后将其作为缓存变量持久化，这样可以避免每次执行都重新进行检测。缓存变量主要用于构建过程，cmake -P执行脚本程序时不会对缓存变量进行修改。缓存变量具有全局作用域。
- 环境变量。即操作系统中的环境变量，因此它对于CMake进程而言具有全局的作用域。

变量的作用域

普通变量会绑定到某个作用域中。作用域分为两种。

- 函数作用域。在用户自定义的函数命令中会有一个独立的作用域。默认情况下，函数内定义的变量只在函数内部或函数中调用的其他函数中可见。
- 目录作用域。对于CMake的目录程序而言，每一个目录层级，都有它的一个作用域。子目录的程序被执行前，会先将父目录作用域中的所有变量复制一份到子目录的作用域中。因此，子目录的程序可以访问但无法修改父目录作用域中的变量。对于CMake脚本程序而言，目录作用域相当于只有一层。

保留标识符

CMake会将以下3种形式的名称作为保留标识符，自定义变量或命令时应当注意避开它们：

- 以“CMAKE_”开头的名称（不区分大小写）；
- 以“_CMAKE_”开头的名称（不区分大小写）；
- 下画线“_”加上CMake中任意一个预定义命令的名称，如“_message”。

3.5.1 预定义变量

CMake中有很多预定义的普通变量和环境变量，它们一般以“CMAKE_”开头，即属于保留标识符。预定义变量往往与系统配置、运行环境、构建行为、编译工具链、编程语言等信息相关。

CMake中的预定义变量全部可以在其官方文档中找到，本书也会陆续涉及很多常用的预定义变量。在此先简单看一些预定义变量的例子。

- CMAKE_ARGC 表示CMake脚本程序在被cmake -P命令行调用执行时，命令行传递的参数个数。
- CMAKE_ARGV0、CMAKE_ARGV1表示CMake脚本程序在被命令行调用执行时，命令行传递的第一个、第二个参数。如果有更多参数，可以以此类推增加变量名称末尾的数值来获得。
- CMAKE_COMMAND 表示CMake命令行程序所在的路径。
- CMAKE_HOST_SYSTEM_NAME 表示宿主机操作系统（运行CMake的操作系统）名称。
- CMAKE_SYSTEM_NAME 表示CMake构建的目标操作系统名称。默认与宿主机操作系统一致，一般用于交叉编译时，由开发者显式设置。
- CMAKE_CURRENT_LIST_FILE 表示当前运行中的CMake程序对应文件的绝对路径。
- CMAKE_CURRENT_LIST_DIR 表示当前运行中的CMake程序所在目录的绝对路径。
- MSVC 表示在构建时CMake当前使用的编译器是否为MSVC。
- WIN32表示当前目标操作系统是否为Windows。
- APPLE表示当前目标操作系统是否为苹果操作系统（包括macOS、iOS、tvOS、watchOS等）。
- UNIX表示当前目标操作系统是否为UNIX或类UNIX平台（包括Linux、苹果操作系统及Cygwin平台）。

代码清单3.8所示是一个预定义变量的例程，用于输出CMake命令行程序的路径，以及宿主机操作系统的名称。

代码清单3.8 ch003/变量/预定义变量.cmake

```
message("CMake命令行: ${CMAKE_COMMAND}")
message("OS: ${CMAKE_HOST_SYSTEM_NAME}")
```

它在Windows操作系统中的执行结果如下：

```
> cd CMake-Book\src\ch003\变量
> cmake -P 预定义变量.cmake
CMake命令行: C:/Program Files/CMake/bin/cmake.exe
OS: Windows
```

3.5.2 定义变量

set命令可以用于定义或赋值一个普通变量、缓存变量或环境变量。这里为了严谨，采用“定义或赋值”的说法，因为CMake并不强制要求变量在定义后才能读取。在CMake中，读取未定义变量的值不会产生错误，而是会读取到空字符串，因此“定义”和“赋值”往往不必特别区分。

定义普通变量

```
set(<变量> <值>... [PARENT_SCOPE])
```

定义普通变量非常直接，第一个参数写变量名，紧接着写变量的值即可。变量的值可以由若干参数来提供，这些参数会被分号分隔连接成一个列表的形式，作为最终的变量值。值参数也可以被省略，此时，该变量会从当前作用域中移除，相当于对该变量调用了unset命令。

最后，还可以通过可选参数PARENT_SCOPE将变量定义到父级作用域中。对于目录而言，就是将变量定义到父目录作用域中；对于函数而言，就是将变量定义到函数调用者所在的作用域中。代码清单3.9中展示了一些实例。

代码清单3.9　ch003/变量/定义普通变量.cmake

```
function(f)
    set(a "我是修改后的a")
    set(b "我是b")
    set(c "我是c" PARENT_SCOPE)
endfunction()

set(a "我是a")
f()

message("a: ${a}")
message("b: ${b}")
message("c: ${c}")
```

其中涉及一对新命令function和endfunction，它们主要用于演示PARENT_SCOPE参数的作用，读者现在只需知道它们用于定义一个函数命令。

那么3个变量的值最终能够成功输出吗？不妨来运行一下。

```
> cd CMake-Book/src/ch003/变量
> cmake -P 定义普通变量.cmake
a: 我是a
b:
c: 我是c
```

显而易见，变量a能够被成功输出，因为它的定义与message命令的调用在同一作用域；然而其值仍然是原始值，而非修改后的值。这是因为函数内部并非修改了外部作用域的变量a，而是创建了一个函数内部作用域的变量a，外部作用域的变量a的值不会被修改。

变量b和c均位于函数内部，与message命令调用处于不同的作用域。因此，只有在定义时指定了PARENT_SCOPE参数的变量c才能够在上层调用方的作用域中访问到。

定义缓存变量

```
set(<变量> <值>... CACHE <变量类型> <变量描述> [FORCE])
```

定义缓存变量的命令比定义普通变量的命令多了CACHE和FORCE参数，以及一些与变量相关的元信息——类型和描述。当然，因为缓存变量具有全局的作用域，也就不需要PARENT_SCOPE参数了。这里的“值”也可以是由若干参数组成的列表，与定义普通变量并无分别。

缓存变量一般应用于目录程序中，便于对构建过程的一些配置进行持久化。CMake也提供了一个拥有可视化界面的CMake GUI程序（cmake-gui），可以方便地对缓存变量的值进行设置。如图3.1所示，path_to_notepad是一个文件路径（FILEPATH）类型的缓存变量，在CMake GUI程序中可以通过“打开文件对话框”对文件进行选择，并设置缓存变量的值。

变量对应的文本框最右侧有一个“...”按钮，点击该按钮会弹出“打开文件对话框”。

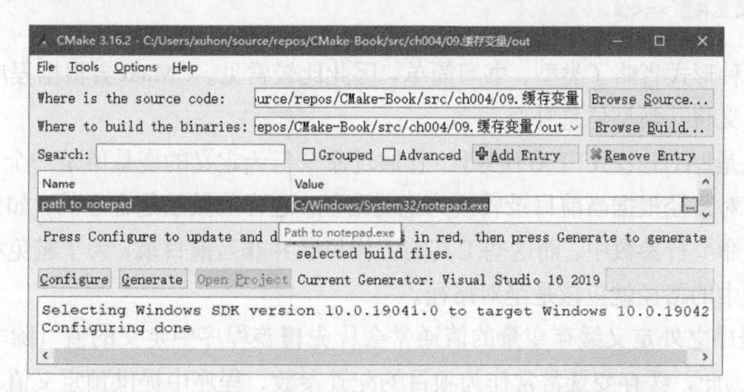

图3.1　在CMake GUI程序中配置FILEPATH类型的缓存变量path_to_notepad

<变量类型>有5种取值，它们在CMake GUI程序中也会对应不同的配置方式，参见表3.1。其中，STRING类型的缓存变量可以通过缓存变量属性STRINGS枚举一系列可供选择的字符串，此时它在CMake GUI中会以下拉选择框的形式配置，这种用法会在讲解属性时具体介绍。

表3.1　缓存变量在CMake GUI中的配置方式

类型参数	描述	CMake GUI中的配置方式
BOOL	布尔型	选择框（checkbox）
FILEPATH	文件路径类型	打开文件对话框
PATH	目录路径类型	打开目录对话框
STRING	文本型	文本框或下拉选择框
INTERNAL	内部使用（隐含设置FORCE参数）	不显示

<变量描述>参数用于给出这个缓存变量的详细说明。CMake GUI程序中，当鼠标悬停于变量之上时，就会有一个写着说明文字的提示框显现。图3.1中有一个提示框写着“Path to

notepad.exe”，这就是path_to_notepad缓存变量的变量描述。

FORCE可选参数用于强制覆盖缓存变量的值。默认情况下，如果缓存变量已经被定义，CMake会忽略后续对该缓存变量的set赋值命令，除非这个set命令中指定了 FORCE参数。换句话说，仅当set命令定义的缓存变量不存在或命令参数中包含FORCE时，set命令才会真正定义缓存变量为指定的值。

布尔型缓存变量还可以使用option命令定义：

```
option(<变量> <变量描述> [<ON|OFF>])
```

option命令的参数形式要简化很多，非常适合定义一些用作开关配置的缓存变量。

缓存变量除了可以通过在程序中使用set命令和option命令定义外，还可以通过直接修改持久化缓存文件CMakeCache.txt的方式来定义或覆盖其值。另外，CMake命令行工具的-D 参数也可以用于定义或覆盖缓存变量的值，而且有以下两种定义形式：

```
-D <变量>:<缓存变量类型>=<值>
-D <变量>=<值>
```

其中，第二种形式省略了类型，书写简单，因此比较常见。CMake会根据程序中set命令中对该缓存变量的定义将其类型信息补全。

当缓存变量是PATH或FILEPATH类型，且通过命令行为定义的变量值是一个相对路径时，set命令会将这个相对路径根据当前目录转换为绝对路径。这样的做法是合理的：如果该缓存变量出现在某些工具的命令行参数中，而这些工具的工作目录并非当前目录，为了避免相对路径带来的歧义，缓存变量中的路径就应该是绝对路径。

另外，在程序之外定义缓存变量的值通常会优先覆盖程序中定义的值（除非程序中指定了FORCE参数）。因此，缓存变量常常作为项目的配置参数，程序中提供预定义值，而用户可以通过命令行参数等方式设置自定义值。这也是为什么CMake还提供了GUI来修改缓存变量。

图3.1对应的目录程序如代码清单3.10所示。

代码清单3.10 ch003/变量/缓存变量/CMakeLists.txt

```
cmake_minimum_required(VERSION 3.20)
project(Notepad)

set(path_to_notepad "" CACHE FILEPATH "Path to notepad.exe")

# 下面的命令将会用记事本打开同一目录中的in.txt
execute_process(COMMAND "cmd" "/c"
    ${path_to_notepad} ${CMAKE_CURRENT_LIST_DIR}/in.txt)
```

在前面讲解变量引用时提到过，引用缓存变量有一种特殊语法$CACHE{...}。代码清单3.11所示例程展示了不同的变量引用语法的匹配差异。

代码清单3.11 ch003/变量/缓存变量/匹配/CMakeLists.txt

```
cmake_minimum_required(VERSION 3.20)
```

```
project(MatchOrder)

set(a 缓存变量 CACHE STRING "")
set(a 普通变量)

message("\${a}: ${a}")
message("\$CACHE{a}: $CACHE{a}")
```

运行这个例程需要使用CMake命令行的构建模式。读者如果还不熟悉CMake的构建模式和CMake目录程序，此处可以先大概浏览。其运行过程如下：

```
> cd CMake-Book/src/ch003/变量/缓存变量/匹配
> mkdir build
> cd build
> cmake ..
-- ...
${a}: 普通变量
$CACHE{a}: 缓存变量
-- Configuring done
-- Generating done
-- ...
```

可见，同名的普通变量和缓存变量同时存在时，普通变量引用语法优先匹配普通变量。

定义环境变量

```
set(ENV{<环境变量>} [<值>])
```

环境变量具有全局作用域，不支持使用参数列表来定义值，也没有其他元信息，因此定义环境变量的命令形式是最简单的。另外，通过CMake的set命令定义的环境变量只会影响当前的CMake进程，不会影响到父进程或系统的环境变量配置。

命令中的值参数虽然不能是多个参数构成的列表，但仍然是可选的。如果不填写值参数，CMake 则会将对应环境变量的值清空。

在代码清单3.12所示的例程中，我们首先将PATH环境变量定义为了“path”文本，并在修改前后输出了环境变量的值，后面又通过execute_process命令调用另一个CMake脚本程序setenv.cmake。该脚本程序如代码清单3.13所示，它会将PATH环境变量的值清空，同时输出清空前后的值。

回到代码清单3.12中的主程序，execute_process会捕获子进程的标准输出，默认不输出到终端中，因此需要借助OUTPUT_VARIABLE参数获取捕获的标准输出。代码清单3.12所示例程中就将标准输出获取到了out变量中并输出到终端。最后，主程序会再次输出PATH环境变量的值。

代码清单3.12　ch003/变量/环境变量/main.cmake

```
message("main \$ENV{PATH}: $ENV{PATH}")
set(ENV{PATH} "path")
message("main \$ENV{PATH}: $ENV{PATH}")
```

```
execute_process(
    COMMAND ${CMAKE_COMMAND} -P setenv.cmake
    OUTPUT_VARIABLE out
)
message("${out}")

message("main \$ENV{PATH}: $ENV{PATH}")
```

代码清单3.13 ch003/变量/环境变量/setenv.cmake

```
message("before setenv \$ENV{PATH}: $ENV{PATH}")
set(ENV{PATH}) # 清空
message("after setenv \$ENV{PATH}: $ENV{PATH}")
```

读者可以猜猜看这里到底会输出什么，谜底就在下面的运行过程中（其中省略号略去了部分环境变量PATH的输出）：

```
> cd CMake-Book/src/ch003/变量/环境变量
> cmake -P main.cmake
main $ENV{PATH}:
main $ENV{PATH}: C:\Program Files\...
main $ENV{PATH}: path
before setenv $ENV{PATH}: path
after setenv $ENV{PATH}:

main $ENV{PATH}: path
```

CMake的set命令定义的环境变量仅对当前CMake进程有效，CMake子进程将PATH环境变量的值清空并不影响CMake父进程中的PATH环境变量，因此最终的输出仍是path。

3.6 列表

前面在介绍非引号参数时已经见识过了CMake中的列表——用分号隔开的字符串。

定义列表变量

既然列表也是字符串，那么定义列表变量并不会有什么特别的。利用前面介绍的set命令就可以定义列表变量。

首先，可以利用引号参数直接定义一个包含分号的字符串，这就是一个列表。其次，set命令还支持指定多个作为变量值的参数，这样引号参数和非引号参数都可以使用。代码清单3.14所示例程中分别定义了三个列表变量，其中后两个列表变量的定义方式其实是等价的，都是通过向set命令传递多个参数来实现的。

代码清单3.14 ch003/列表/定义列表.cmake

```
include(print_list.cmake)

set(a "a;b;c")
```

```
set(b a;b;c)
set(c a b c)

print_list(a) # 输出: a | b | c
print_list(b) # 输出: a | b | c
print_list(c) # 输出: a | b | c
```

该程序还通过include命令引用了另一个程序print_list.cmake，其中包含一个用于输出列表元素的函数print_list，它会将指定列表的每一个元素用空格和竖线分隔开并输出。这里暂不关注其具体实现。

可见，例程中的3种定义方式殊途同归，定义了3个表示相同列表的变量。实际上，以上几种定义方式还可以混合使用：

```
set(a a "b;c") # 等价于 set(a "a;b;c")
```

特殊的分号

列表的每一个元素都是被分号隔开的，但不是每一个分号都用于分隔元素。当分号前面有一个用于转义的反斜杠时，这个分号不会用作分隔符。另外，如果一个分号前面存在未闭合的方括号时，该分号也不会被当作元素的分隔符。例如，“[;”“[;]”“[[];”中的分号都无法分隔列表元素，而“[[]];”中的分号是元素的分隔符，因为它前面所有的方括号都已经被闭合。

为什么要多此一举呢？实际上，方括号在某些场景中有特殊的含义，而且在这些场景中，分号也承担着不同的功能，所以将这种情况区分开来是必需的。这个特殊的场景就是Windows操作系统中的注册表项，如指定get_filename_component命令的参数为注册表项：

```
get_filename_component(
    SDK_ROOT_PATH
    "[HKEY_LOCAL_MACHINE\\SOFTWARE\\PACKAGE;Install_Dir]"
    ABSOLUTE CACHE)
```

这表示注册表项为[HKEY_LOCAL_MACHINE\SOFTWARE\PACKAGE;Install_Dir]。分号前为注册表项所在的目录（主键），分号后则是要取值的注册表项（子键）。尽管注册表语法仅在get_filename_component、find_library、find_path、 find_program和find_file命令中会被解析为对应注册表项的值，但方括号中的分号在任何命令的参数中都不会被当作列表的分隔符。

最后不妨看一些实例熟悉一下这些特殊情况，如代码清单3.15所示。

代码清单3.15　ch003/列表/特殊的分号.cmake

```
include(print_list.cmake)

set(a "a;b\;c")
set(b "a[;]b;c")
set(c "a[[[;]]]b;c")
set(d "a[;b;c")
set(e "a[];b")
```

```
print_list(a) # 输出: a | b;c
print_list(b) # 输出: a[;]b | c
print_list(c) # 输出: a[[[;]]]b | c
print_list(d) # 输出: a[;b;c
print_list(e) # 输出: a[] | b
```

逐条分析一下。

对于"a;b\;c"，很明显这里是被转义的分号，因此最终的列表包含两个元素，其中第二个元素中包含一个分号作为其值的一部分。

对于"a[;]b;c"和"a[[[;]]]b;c"，第一个分号都位于方括号内容之中，自然也不会被当作分隔符；而第二个分号都位于已经闭合的方括号之后，所以它是列表的分隔符。因此，最终列表都包含两个元素。

对于"a[;b;c"，由于方括号从未闭合，因此它后面的所有分号都不能被视作列表的分隔符，最终的列表也就只有一个元素，就是这个字符串本身。

对于"a[];b"，唯一的分号位于已闭合的方括号之后，因此是列表的分隔符，最终列表包含两个元素。

3.7 控制结构

还记得上文说过CMake中几乎一切都是命令吗？这绝不是信口开河。当时就提到if、for这些结构在CMake中统统都是命令的形式。那么它们到底如何使用呢？本节将介绍这些控制结构。

CMake的控制结构与我们平常所熟知的控制结构别无二致，可能更接近Basic、Pascal等语言，使用“end”一类的代码来结束一段控制结构，而非使用花括号来标记一段结构。

3.7.1 if条件分支

当条件成立或不成立时，程序会分别走向两条不同的分支，因此这样的控制结构称作条件分支结构。CMake中提供了if条件分支结构，与C语言中的if语句几乎相同。其最简单的形式如下：

```
if(<条件>)
    <命令>...
endif()
```

CMake中的控制结构都是通过命令来组织的，if也不例外，因此需要通过成对的if和endif命令来构造一个条件分支结构。二者之间就是条件成立时会被执行的命令序列。<条件>的语法将在后面详细介绍。当然，CMake的条件分支也支持else结构和elseif结构：

```
if(<条件>)
    <命令>...
elseif(<条件>)
    <命令>...
else()
    <命令>...
endif()
```

其中，else和elseif都是可选的，elseif可以连续存在多个。这与常见的编程语言中的条件分支结构如出一辙：当if中的条件不成立时，会依次判断后面每一个elseif中的条件。如果某个条件成立，就会进入对应的程序块中执行命令，不再进行后续的判断；如果条件均不成立，则会进入最后的else对应的程序块（如果存在）中执行命令。

3.7.2 while判断循环

```
while(<条件>)
    <命令>...
endwhile()
```

与其他编程语言中的while循环一样，当条件成立时，while和endwhile之间的命令会被重复执行，直到条件不成立时终止。这里的“条件”和if中的“条件”具有相同的语法，将在3.8节详细介绍。

3.7.3 foreach遍历循环

遍历循环常用于对列表中的元素分别执行一系列相同的命令，它共有四种形式：简单列表遍历、区间遍历、高级列表遍历和打包遍历。

简单列表遍历

```
foreach(<循环变量> <循环项的列表>)
    <命令>...
endforeach()
```

<循环项的列表>是一个CMake列表，列表中的元素由分号或空白符分隔。这个循环体的循环次数就是由<循环项的列表>中元素的个数决定的，<循环变量>会被依次赋值为当前遍历到的列表元素。因此，在循环体内部的命令中，可以通过对<循环变量> 的变量引用依次访问列表中的每一个元素，如代码清单3.16所示。

代码清单3.16　ch003/遍历循环/简单列表遍历.cmake

```cmake
foreach(x A;B;C D E F)
   message("x: ${x}")
endforeach()

message("---")

set(list X;Y;Z)
foreach(x ${list})
   message("x: ${x}")
endforeach()
```

其执行结果如下：

```
> cd CMake-Book/src/ch003/遍历循环
> cmake -P 简单列表遍历.cmake
x: A
x: B
```

```
x: C
x: D
x: E
x: F
---
x: X
x: Y
x: Z
```

区间遍历

```
foreach(<循环变量> RANGE [<起始值>] <终止值> [<步进>])
```

区间遍历与C语言中传统的for循环结构很类似，或者说更像Python中的 for ... in range(...)循环结构。<循环变量>会先被赋值为<初始值>，然后每一次循环都会给其增加<步进>指定的大小；当<循环变量>的值大于 <终止值>时，循环终止，且本次循环体不会被执行。

<起始值>被省略时，默认为0。<步进>被省略时，默认为1。

CMake要求<起始值>、<终止值>和<步进>这三个参数都是非负整数，且 <终止值>必须大于等于<起始值>。也就是说，在CMake中区间遍历的 <循环变量>只能递增。这个要求相对其他编程语言来说较为严格。

代码清单3.17所示例程展示了区间遍历的用法。

代码清单3.17　ch003/遍历循环/区间遍历.cmake

```
foreach(x RANGE 2 11 2)
    message("x: ${x}")
endforeach()
```

其执行结果如下：

```
> cd CMake-Book/src/ch003/遍历循环
> cmake -P 区间遍历.cmake
x: 2
x: 4
x: 6
x: 8
x: 10
```

高级列表遍历

```
foreach(<循环变量> IN [LISTS [<列表变量名的列表>]] [ITEMS [<循环项的列表>]])
```

“高级列表遍历”是“简单列表循环”的超集：如果上述循环的参数中省略LISTS部分，仅保留ITEMS部分，那么它与“简单列表遍历”是等价的。即下面两种写法等价：

```
foreach(<循环变量> IN ITEMS <循环项的列表>)
foreach(<循环变量> <循环项的列表>)
```

因此这里不再赘述ITEMS部分的参数写法和用途。回到LISTS 部分中的<列表变量名的列表>。它是一个变量名称列表，也就是说，它的每一个元素都是一个变量名称，由分号和空白符分隔。

每一个对应的变量又被视为列表变量，foreach循环结构会依次遍历这些列表变量中的每一个元素。代码清单3.18所示的例程展示了高级列表遍历的用法。

代码清单3.18 ch003/遍历循环/高级列表遍历.cmake

```
set(a A;B)
set(b C D)
set(c "E F")
set(d G;H I)
set(e "")

foreach(x IN LISTS a b c;d;e ITEMS a b c;d;e)
    message("x: ${x}")
endforeach()
```

其输出结果如下：

```
> cd CMake-Book/src/ch003/遍历循环
> cmake -P 高级列表遍历.cmake
x: A
x: B
x: C
x: D
x: E F
x: G
x: H
x: I
x: a
x: b
x: c
x: d
x: e
```

简言之，LISTS后面跟着的是一个个变量名，代表不同的列表；ITEMS后面跟着的则是一个个列表元素。记住这一点就很容易理解了。

打包遍历

```
foreach(<循环变量>... IN ZIP_LISTS <列表变量名的列表>)
```

打包遍历中的<列表变量名的列表>也是一个变量名称列表。打包遍历会对每一个列表变量同时进行遍历，并把各个列表当次遍历到的的元素赋值给不同的循环变量。它类似Python语言中的zip函数。其具体执行规则如下：

- 如果只指定了一个<循环变量>，那么当前遍历到的每一个列表变量的元素会依次赋值给"<循环变量>_<*N*>"（其中"*N*"对应列表变量的次序）；
- 如果指定了多个<循环变量>，<循环变量>的个数应当与<列表变量名的列表>中的元素个数一致；
- 遍历循环次数以最长的列表变量元素个数为准。如果<列表变量名的列表>中某个列表变量的元素个数比其他列表少，则遍历到后面时会将其对应元素的值视为空字符串。

代码清单3.19所示的例程展示了打包遍历的用法。

代码清单3.19　ch003/遍历循环/打包遍历.cmake

```
set(a A;B;C)
set(b 0;1;2)
set(c X;Y)

foreach(x IN ZIP_LISTS a;b c)
    message("x_0: ${x_0}, x_1: ${x_1}, x_2: ${x_2}")
endforeach()

foreach(x y z IN ZIP_LISTS a b;c)
    message("x:   ${x}, y:   ${y}, z:   ${z}")
endforeach()

foreach(x y IN ZIP_LISTS a b c) # 报错
endforeach()
```

其执行结果如下：

```
> cd CMake-Book/src/ch003/遍历循环
> cmake -P 打包遍历.cmake
x_0: A, x_1: 0, x_2: X
x_0: B, x_1: 1, x_2: Y
x_0: C, x_1: 2, x_2:
x:   A, y:   0, z:   X
x:   B, y:   1, z:   Y
x:   C, y:   2, z:
CMake Error at 4.打包遍历.cmake:13 (foreach):
  Expected 2 list variables, but given 3
```

前两个打包遍历循环分别体现了两种不同循环变量写法的行为，验证了第一条执行规则；第三个打包遍历循环则因为循环变量个数与列表变量的个数不匹配而报错，验证了第二条执行规则；最后一条执行规则可以通过输出结果中最后的空元素来得到验证。

3.7.4　跳出和跳过循环：break和continue

跳出循环

```
while(...)
    ...
    break()
    ...
endwhile()
```

break命令会使循环终止，跳出其所在的最内层循环体。在循环体中，break命令之后的命令都不会再被执行，也不会再次进行条件判断或遍历进入后续循环。该命令同时适用于判断循环结构和遍历循环结构。

跳过本次循环

```
while(...)
    ...
    continue()
    ...
endwhile()
```

continue命令用于“继续”到下次循环，即跳过本次循环的后续命令，直接进入下次循环的开头。当然，如果根据条件或遍历位置判断后不存在下次循环，则循环即结束。与break类似，该命令同样适用于判断循环结构和遍历循环结构。

3.8 条件语法

尽管已经了解了if和while的写法，读者可能仍然不能写出一个正确的条件分支或判断循环结构，因为还不知道如何指定需要判断的“条件”。本节将介绍CMake中关于条件的语法。

在一般的编程语言中，条件就是表达式，遵照条件表达式（布尔表达式）的语法来写即可。但CMake中几乎一切都是命令，哪有表达式语法呀！条件语法名义上是“语法”，但充其量是命令中的某种特定的参数形式罢了。

3.8.1 常量、变量和字符串条件

常量、变量和字符串条件3种条件在形式上完全一致，需要根据上下文及量的值来判断具体是哪一种条件。

常量条件

常量条件仅由一个常量组成，常量分为真值常量（true constant）和假值常量（false constant），如表3.2所示。在if命令中使用常量条件的形式如下：

```
if(<常量>)
```

表3.2 真值常量和假值常量

常量类型	常量值	条件结果
真值常量	1、ON、YES、TRUE、Y，或非零数值（不区分大小写）	真
假值常量	0、OFF、NO、FALSE、N、IGNORE、空字符串、NOTFOUND，或以-NOTFOUND结尾的字符串（不区分大小写）	假

如果<常量>取值不在表3.2中提到的常量值范围内，则不认为它是常量，应当将其按照变量或字符串条件处理。

变量和字符串条件

如果条件中仅包含一个字符串，且这个字符串不是真值常量或假值常量，那么它还有可能是一个变量的名称。如果以这个字符串为名的变量确实存在，则它是一个变量条件，否则是一个字

符串条件。它们的形式如下：

```
if(<字符串|变量>)
```

- 如果条件中的字符串是一个变量的名称，且这个变量的值不是一个假值常量，那么条件为真。
- 在其他情况下（如指定变量的值为假值常量或变量未定义时），条件为假。

代码清单3.20所示的例程充分展示了上述各种情形。

代码清单3.20 ch003/条件语法/变量或字符串.cmake

```
if(ABC)
else()
    message("ABC不是一个已定义的变量，因此条件为假")
endif()

set(a "XYZ")
set(b "0")
set(c "a-NOTFOUND")

if(a)
    message("a是一个变量，其值非假值常量，因此条件为真")
endif()

if(b)
else()
    message("b是一个变量，其值为假值常量，因此条件为假")
endif()

if(c)
else()
    message("c是一个变量，其值为假值常量，因此条件为假")
endif()
```

另外，这里还有一个有趣的例程，它定义了一个名为on的奇怪变量，如代码清单3.21所示。

代码清单3.21 ch003/条件语法/奇怪的变量.cmake

```
cmake_minimum_required(VERSION 3.20)

set(on "OFF")

if(on)
    message("ON")
else()
    message("OFF")
endif()

if(${on})
    message("ON")
else()
```

```
    message("OFF")
endif()
```

之所以说它奇怪，是因为这个变量名本身是一个真值常量，而其定义的值又是一个假值常量。那么，如果将它放到条件中会发生什么呢？此处揭晓一下答案，但具体的原因留待读者自行分析：

```
> cd CMake-Book/src/ch003/条件语法
> cmake -P 奇怪的变量.cmake
ON
OFF
```

3.8.2 逻辑运算

条件语法中可以包含与（AND）、或（OR）、非（NOT）三种逻辑运算，参与运算的也是符合条件语法的参数：

```
if(<条件1> AND <条件2>)
if(<条件1> OR <条件2>)
if(NOT <条件>)
```

- AND两侧的条件都为真时，整个条件为真，否则为假。
- OR两侧的条件有一个为真时，整个条件为真，否则为假。
- NOT后面的条件为假时，整个条件为真，否则为假。

代码清单3.22中是一些实例。

代码清单3.22　ch003/条件语法/逻辑运算.cmake

```
cmake_minimum_required(VERSION 3.20)

if(NOT OFF)
    message("NOT OFF为真")
endif()

if(ON AND YES)
    message("ON AND YES为真")
endif()

if(TRUE AND NOTFOUND)
else()
    message("TRUE AND NOTFOUND为假")
endif()

if(A-NOTFOUND OR YES)
    message("A-NOTFOUND OR YES为真")
endif()
```

3.8.3 单参数条件

单参数条件，即根据单个参数进行判断的条件，一般用于存在性判断和类型判断。CMake

中支持的单参数条件如表3.3所示。

表3.3 单参数条件

条件语法	条件判断类型	描述
if(COMMAND <命令名称>)	命令判断	当<命令名称>指代一个可被调用的命令、宏或函数时，条件为真，否则为假
if(POLICY <策略名称>)	策略判断	当<策略名称>指代一个已定义的策略时，条件为真，否则为假
if(TARGET <目标名称>)	目标判断	当<目标名称>指代一个在任意目录用add_executable、add_library或add_custom_target命令创建的目标时，条件为真，否则为假
if(TEST <测试名称>)	测试判断	当<测试名称>指代一个用add_test命令创建的测试时，条件为真，否则为假
if(DEFINED <变量名称>)	变量定义判断	当<变量名称>指代一个变量时，条件为真，否则为假
if(CACHE{<缓存变量名称>})	缓存变量定义判断	当<缓存变量名称>指代一个缓存变量时，条件为真，否则为假
if(ENV{<环境变量名称>})	环境变量定义判断	当<环境变量名称>指代一个环境变量时，条件为真，否则为假
if(EXISTS <文件或目录路径>)	文件或目录存在判断	当指定的<文件或目录路径>确实存在时，条件为真，否则为假。该条件要求路径为绝对路径。另外，如果路径指向一个符号链接，那么仅当符号链接对应的文件或目录存在时，条件为真
if(IS_DIRECTORY <目录路径>)	目录判断	当指定的<目录路径>确实存在且是一个目录时，条件为真，否则为假。该条件要求路径为绝对路径
if(IS_SYMLINK <文件路径>)	符号链接判断	当指定的<文件路径>确实存在且是一个符号链接时，条件为真，否则为假。该条件要求路径为绝对路径
if(IS_ABSOLUTE <路径>)	绝对路径判断	当指定的<路径>是一个绝对路径时，条件为真，否则为假

实例：单参数条件

单参数条件例程如代码清单3.23所示。

代码清单3.23 ch003/条件语法/单参数条件.cmake

```
set(a 1)

if(DEFINED a)
    message("DEFINED a为真")
endif()

if(CACHE{b})
else()
    message("CACHE{b}为假")
endif()

if(COMMAND set)
    message("COMMAND set为真")
endif()
```

```
if(EXISTS "${CMAKE_CURRENT_LIST_DIR}/逻辑运算.cmake")
    message("EXISTS \"${CMAKE_CURRENT_LIST_DIR}/逻辑运算.cmake\"为真")
endif()
```

3.8.4 双参数条件

双参数条件通过两个参数的取值来决定条件是否为真，一般用于比较关系的判断。

数值比较

下面是一组数值比较双参数条件，从上到下分别用于判断“小于”“大于”“等于”“小于或等于”“大于或等于”这5种比较关系。当关系成立时，条件为真，否则为假：

```
if(<字符串|变量> LESS <字符串|变量>) # 小于
if(<字符串|变量> GREATER <字符串|变量>) # 大于
if(<字符串|变量> EQUAL <字符串|变量>) # 等于
if(<字符串|变量> LESS_EQUAL <字符串|变量>) # 小于或等于
if(<字符串|变量> GREATER_EQUAL <字符串|变量>) # 大于或等于
```

对于<字符串>或<变量>的取值规则，与前面介绍的“变量或字符串条件”中的规则类似：如果它是一个存在的变量名，则取变量的值，否则取字符串本身作为用于比较的值。由于这一组条件仅用于数值比较，取值会被转换为数值类型后再进行比较。

字符串比较

下面一组双参数条件则用于字符串比较，同样也有5种比较关系，只不过比较时会根据字典序决定两个字符串取值的大小：

```
if(<字符串|变量> STRLESS <字符串|变量>) # 小于
if(<字符串|变量> STRGREATER <字符串|变量>) # 大于
if(<字符串|变量> STREQUAL <字符串|变量>) # 等于
if(<字符串|变量> STRLESS_EQUAL <字符串|变量>) # 小于或等于
if(<字符串|变量> STRGREATER_EQUAL <字符串|变量>) # 大于或等于
```

字符串匹配

下面是字符串特有的一个条件语法，可以用于判断字符串是否匹配指定的<正则表达式>，仅当匹配成功时，条件为真，否则为假：

```
if(<字符串|变量> MATCHES <正则表达式>)
```

正则表达式的语法会在4.2.2小节中具体讲解。

版本号比较

下面一组双参数条件很有意思，是用于比较版本号的双参数条件：

```
if(<字符串|变量> VERSION_LESS <字符串|变量>) # 小于
if(<字符串|变量> VERSION_GREATER <字符串|变量>) # 大于
if(<字符串|变量> VERSION_EQUAL <字符串|变量>) # 等于
if(<字符串|变量> VERSION_LESS_EQUAL <字符串|变量>) # 小于或等于
if(<字符串|变量> VERSION_GREATER_EQUAL <字符串|变量>) # 大于或等于
```

版本号的格式如下：

```
主版本号[.次版本号[.补丁版本号[.修订版本号]]]
```

版本号的每一个部分都是一个整数，被省略的部分会被当作0来处理。对于版本号的比较，则是从主版本号开始，依次比较每一部分。

列表元素判断

下面这个条件语法用于判断列表中的元素是否存在。当第二个参数<列表变量>的元素中存在第一个参数的取值时，条件为真，否则为假：

```
if(<字符串|变量> IN_LIST <列表变量>)
```

实例：双参数条件

代码清单3.24所示的例程展示了一些双参数条件的应用。

代码清单3.24　ch003/条件语法/双参数条件.cmake

```
cmake_minimum_required(VERSION 3.20)

set(a 10)
set(b "abc")
set(list 1;10;100)

if(11 GREATER a)
    message("11 GREATER a为真")
endif()

if(1 LESS 2)
    message("1 LESS 2为真")
endif()

if(b STRLESS "b")
    message("b LESS \"b\"为真")
endif()

if(1.2.3 VERSION_LESS 1.10.1)
    message("1.2.3 LESS 1.10.1为真")
endif()

if(abc MATCHES a..)
    message("abc MATCHES a..为真")
endif()

if(ab MATCHES a..)
else()
    message("ab MATCHES a..为假")
endif()
```

```
if(a IN_LIST list)
   message("a IN_LIST list为真")
endif()
```

3.8.5 括号和条件优先级

这里给出两个示例来讲解：

```
if(NOT <条件1> AND <条件2> OR <条件3>)
if(NOT ((<条件1>) AND (<条件2> OR <条件3>)))
```

不同的条件语法具有不同的优先级，因此会导致求值顺序的不同，结果的真假也就不同。内层括号中的条件会被优先求值，因此上面两种写法的条件具有完全不同的含义。CMake中条件语法求值的优先级由高到低依次为：

- 当前最内层括号中的条件；
- 单参数条件；
- 双参数条件；
- 逻辑运算条件NOT；
- 逻辑运算条件AND；
- 逻辑运算条件OR。

再来分析一下上面两个示例中的第一个。由于NOT的优先级高于AND，AND的优先级又高于OR，则第一个条件也就相当于这样的表达：

```
if(((NOT <条件1>) AND <条件2>) OR <条件3>)
```

代码清单3.25所示的例程真实反映了这一点。

代码清单3.25　ch003/条件语法/优先级.cmake

```
cmake_minimum_required(VERSION 3.20)

if(NOT TRUE AND FALSE OR TRUE)
   message("NOT FALSE AND TRUE OR FALSE为真")
endif()

if(NOT (TRUE AND (FALSE OR TRUE)))
else()
   message("NOT FALSE AND TRUE OR FALSE为假")
endif()
```

3.8.6 变量展开

在条件语法中，可以直接通过变量名而不是变量引用语法来访问变量的值，并对其进行条件判断。这是为什么呢？

一般将条件语法中直接访问变量值的这种行为称作变量展开（variable expansion）。它类似于变量引用功能，但仅适用于条件语法中，且与变量引用语法显然不同，需要加以区分。

其实，如果没有变量展开这种特性，统一使用变量引用语法，反而更简洁清晰，还能够避免一些容易产生歧义的情况。但CMake没有选择这样做，或者说，它没有办法选择这样做。因为历史原因，if命令的诞生早于变量引用语法，条件语法中的变量展开特性也随之产生。事到如今，虽然有了变量引用语法，但条件语法也不能轻易做出不兼容的修改了。

判断一个可能未被定义的变量是否为真值时，使用变量展开可能更加方便，直接用if(A)就可以了。如果使用变量引用的语法if(${A})，那么当变量A未被定义或为空值时，CMake反而会认为没有向if传递任何参数而报错。

对于命令而言，在参数中使用的变量引用语法它是完全感知不到的。这是因为变量引用在被求值替换以后才会被作为参数传入命令中。这其实有可能产生一些容易误会的场景，如代码清单3.26所示。

代码清单3.26　ch003/条件语法/变量引用的展开.cmake

```
cmake_minimum_required(VERSION 3.20)

set(A FALSE)
set(B "A")

if(B)
    message("B为真")
endif()

if(${B})
else()
    message("\${B}为假")
endif()

while(NOT ${B})
    message("NOT \${B}为真")
    break()
endwhile()
```

其执行结果如下：

```
> cd CMake-Book/src/ch003/条件语法
> cmake -P 变量引用的展开.cmake
B为真
${B}为假
NOT ${B}为真
```

解释如下。

- 在第一个if命令中，条件为B。这属于变量条件，变量B的值为A，不是假值常量，因此该条件为真。
- 在第二个if命令中，条件为${B}，这是一个变量引用，会在该参数被真正传递给if命令之前替换为变量B的值。因此，if命令实际上接收到的条件为A。这也是变量条件，变量A的值为FALSE，是假值常量，因此该条件为假。

- 在while命令中同理，变量引用仍然是最先执行的，因此最终while命令接收到的条件为NOT A，由于变量A的值是假值常量，该条件在对其取反后为真。

在条件语法中，凡是涉及<字符串|变量名称>参数形式的地方，只要条件确实是一个变量的名称，都会进行变量展开。

展开的时机

观察如代码清单3.27所示的例程，在第一个if命令的条件中，变量引用将 ${B}替换为了A，而A又会被作为变量展开为NOT A，因此最终条件不成立；但在第二个if命令中，条件竟变为真。

代码清单3.27 ch003/条件语法/变量引用展开时机.cmake

```
cmake_minimum_required(VERSION 3.20)

set(A "NOT A")
set(B "A")

if(${B} STREQUAL "A")
else()
    message("\${B} STREQUAL \"A\"为假")
endif()

if("${B}" STREQUAL "A")
    message("\"\${B}\" STREQUAL \"A\"为真")
endif()
```

二者唯一的区别在于字符串比较的第一个参数是否是引号参数，这说明了什么呢？

事实上，在CMake条件语法中，引号参数和括号参数中的变量都不会被展开。这很实用：有时候我们不得不使用引号参数或括号参数的写法，以避免与某些变量的名称产生歧义，从而做出不正确的比较。就像该例程，如果确实想与字符串A作比较，而不是与名为A的变量值作比较，那么引号参数或括号参数就是必需的了。

另外，变量展开只适用于普通变量，缓存变量和环境变量的值在条件语法中只能通过其特定变量引用语法$CACHE{...}和$ENV{...}来访问。

3.9 命令定义

我们现在已经了解如何传递参数、调用命令，也见识过很多命令。它们有的可以定义变量，有的可以构成控制结构……那么，是时候尝试实现一个CMake命令了！在本节中，读者会了解到两种不同的CMake命令的定义方式，可以根据需要自由选择。

另外，本节还会花相当多的篇幅介绍如何处理调用方传递的命令参数。这是因为CMake对参数的处理相比其他编程语言来说别具一格。毕竟CMake中“一切皆命令”：命令的定义也是通过命令来完成的。也就是说，命令的形式参数，同时也是定义这个命令时传递的实际参数。

3.9.1　宏定义

```
macro(<宏名> [<参数1>...])
    <命令>...
endmacro()
```

macro命令可以将其与endmacro命令之间的命令序列定义为一个名为<宏名> 的宏（macro）。宏所包含的命令序列仅在宏被调用时执行，且执行时不会产生额外的作用域。对于宏的行为，有一个更为形象的理解：宏就是把它所包含的命令序列直接复制到它被调用的地方来执行，因此宏本身不会拥有一个作用域，而是与调用上下文共享作用域。

在CMake中，命令的名称不区分大小写，宏作为一种命令，其名称也不例外。不过，建议调用时书写的宏名与定义时的宏名保持一致。另外，CMake中的命令习惯上使用全小写、加下画线的命名法。代码清单3.28是一个包含宏的定义和调用的例程。

代码清单3.28　ch003/命令定义/宏定义.cmake

```
macro(my_macro a b)
    set(result "参数a: ${a}, 参数b: ${b}")
endmacro()

my_macro(x y)
message("${result}") # 输出: 参数a: x, 参数b: y

MY_macro(A;B)
message("${result}") # 输出: 参数a: A, 参数b: B

MY_MACRO(你 好)
message("${result}") # 输出: 参数a: 你, 参数b: 好
```

由于宏名不区分大小写，例程中的my_macro、MY_macro和MY_MACRO都会调用最开始定义的my_macro宏。宏定义中通过set命令定义的result变量，确实在宏之外也能访问到。这证实了宏不会产生作用域这一点。

另外，调用宏时传递的实际参数会依次赋值给宏定义中的形式参数，于是宏内部的命令就可以通过形式参数访问到实际参数的值了。

3.9.2　函数定义

```
function(<函数名> [<参数1>...])
    <命令>...
endfunction()
```

function命令将其与endfunction命令之间的命令序列定义为一个名为<函数名> 的函数。函数会产生一个新的作用域，因此函数内部直接使用set命令定义的变量是不能被外部访问的。为了实现这个目的，必须为set命令指定PARENT_SCOPE参数，使得变量定义到外部作用域。函数定义

的例程如代码清单3.29所示。

代码清单3.29　ch003/命令定义/函数定义.cmake

```
function(my_func a b)
    set(result "参数a: ${a}, 参数b: ${b}" PARENT_SCOPE)
endfunction()

my_func(x y)
message("${result}") # 输出：参数a: x, 参数b: y

MY_func(A;B)
message("${result}") # 输出：参数a: A, 参数b: B

MY_FUNC(你 好)
message("${result}") # 输出：参数a: 你, 参数b: 好
```

函数也是命令，其名称自然也不区分大小写。

3.9.3　参数的访问

引用形式参数

形式参数（formal parameter）就是在宏或函数定义时指定的参数。在宏或函数定义的内部命令序列中，可以通过变量引用的语法引用形式参数的名称，从而获得调用时传递过来的实际参数的值。在代码清单3.28和代码清单3.29这两个例程中，${a}和${b}引用了形式参数。

列表或索引访问参数

除了直接引用形式参数外，CMake的宏和函数还都支持使用列表或索引来访问某一个参数：

- ${ARGC}表示参数的个数；
- ${ARGV}表示完整的实际参数列表，其元素为用户传递的每一个参数；
- ${ARGN}表示无对应形式参数的实际参数列表，其元素为从第(N+1)个用户传递的参数开始的每一个参数，N为函数或宏定义中形式参数的个数；
- ${ARGV0}、${ARGV1}、${ARGV2}依次表示第1个、第2个、第3个实际参数的值，以此类推。

下面举例演示了上述语法，注意例程中宏和函数的定义中都包含一个形式参数“p”。例程代码如代码清单3.30所示。

代码清单3.30　ch003/命令定义/列表或索引访问参数.cmake

```
macro(my_macro p)
    message("ARGC: ${ARGC}")
    message("ARGV: ${ARGV}")
    message("ARGN: ${ARGN}")
    message("ARGV0: ${ARGV0}, ARGV1: ${ARGV1}")
```

```
endmacro()

function(my_func p)
    message("ARGC: ${ARGC}")
    message("ARGV: ${ARGV}")
    message("ARGN: ${ARGN}")
    message("ARGV0: ${ARGV0}, ARGV1: ${ARGV1}")
endfunction()

my_macro(x y z)
my_func(x y z)
```

其输出结果如下，注意观察ARGV与ARGN的不同：

```
> cd CMake-Book/src/ch003/命令定义
> cmake -P 03.列表或索引访问参数.cmake
ARGC: 3
ARGV: x;y;z
ARGN: y;z
ARGV0: x, ARGV1: y
ARGC: 3
ARGV: x;y;z
ARGN: y;z
ARGV0: x, ARGV1: y
```

这些访问参数的方法在宏和函数中都适用，因此输出结果一致。

3.9.4 参数的设计与解析

在前面几个例程中，引用函数或宏的参数还是非常简单直接的。实际上，设计一个用户友好的命令并不简单。我们往往会陷入思维定势，按照其他编程语言设计函数接口的思路来设计CMake的命令，而这样的设计多半不够友好。

在CMake中，命令的设计有一些约定俗成的规范，而且CMake也提供了一个简单实用的命令cmake_parse_arguments，可以按照这个规范来解析用户传递的命令参数。我们首先来了解一下CMake命令参数的设计规范。

使用其他编程语言时，通常可以借助强大的IDE等工具，在代码导航、智能感知等功能的辅助下，轻松地了解调用的函数在什么位置定义，这个函数需要传递哪些参数，参数的类型和名称……CMake暂时没法提供这么好的“待遇”——不仅仅是因为支持CMake的工具本来就不多也不够强大，还因为CMake的命令参数过于动态和灵活，难以被静态分析。因此，对于命令的使用者来说，常常需要对照说明文档来调用CMake命令。对于程序维护者而言，阅读这样的命令调用也很令人头疼。

参数的设计规范

CMake的命令参数往往由两部分组成：一部分是用户提供的参数值；另一部分则是一些关键字，用于构成参数的结构。这些关键字的名称往往由全大写的字母组成。另外，这些关键字可以分为如下三种类型。

- 开关选项（option）：调用者可以通过指定该参数来启用某个选项。开关选项参数可以理解为一种表示布尔值的参数。
- 单值参数关键字（one-value keyword）：它的后面会且仅会跟随一个参数值，相当于键值映射，一个关键字对应一个实际参数值。
- 多值参数关键字（multi-value keyword）：它的后面可以跟随多个参数值，相当于一个接受列表的参数。这类似其他编程语言中的可变数组型参数。

cmake_parse_arguments的通用形式

cmake_parse_arguments命令正是用于解析符合这个规范的参数。该命令有两种形式：一种是在函数或宏中均可使用的通用形式，但它无法解析一些包含特殊符号的单值参数；另一种形式则不存在这一缺陷，但只支持在函数中使用。首先来了解一下它的通用形式：

```
cmake_parse_arguments(
    <结果变量前缀名>
    <开关选项关键字列表> <单值参数关键字列表> <多值参数关键字列表>
    <将被解析的参数>...
)
```

其通用形式既能在函数中使用，又能在宏中使用。它通过指定的三种关键字的列表解析传递给它的<将被解析的参数>，并将每一种关键字对应的参数值存放到一些结果变量中。这些结果变量的名称以<结果变量前缀名>加一个下画线“_”作为前缀，后面则是对应关键字的名称。例如，我们定义一个命令abc_f，将其参数解析到前缀名为abc的结果变量中，如代码清单3.31所示。

代码清单3.31　ch003/命令定义/解析结果命令前缀.cmake

```
function(abc_f)
    cmake_parse_arguments(abc "ENABLE" "VALUE" "" ${ARGN})
    message("abc_ENABLE: ${abc_ENABLE}")
    message("abc_VALUE: ${abc_VALUE}")
endfunction()

abc_f(VALUE a ENABLE)
```

其执行结果如下：

```
> cd CMake-Book/src/ch003/命令定义
> cmake -P 解析结果命令前缀.cmake
abc_ENABLE: TRUE
abc_VALUE: a
```

可见，ENABLE开关选项的实际参数值被存入了结果变量abc_ENABLE中，VALUE单值参数的实际参数值存入了结果变量abc_VALUE中。

另外需要注意的是，三个<关键字列表>参数是三个代表列表类型的字符串参数。因此，如果有多个关键字属于同一个类型，应当使用分号将它们隔开，并通过引号参数或括号参数来指定它们，如代码清单3.32所示。

代码清单3.32　ch003/命令定义/解析参数的关键字列表.cmake

```
function(abc_f)
    cmake_parse_arguments(abc "A0;A1" "B0;B1" [=[C0;C1]=] ${ARGN})

    # 下面是错误的示范
    # cmake_parse_arguments(abc A0 A1 B0 B1 C0 C1 ${ARGN})
    # cmake_parse_arguments(abc A0;A1 B0;B1 C0;C1 ${ARGN})

    message("A0: ${abc_A0}\nA1: ${abc_A1}")
    message("B0: ${abc_B0}\nB1: ${abc_B1}")
    message("C0: ${abc_C0}\nC1: ${abc_C1}")
endfunction()

abc_f(A0 A1 B0 a B1 b C0 x y C1 c d)
```

其执行结果如下：

```
> cd CMake-Book/src/ch003/命令定义
> cmake -P 解析参数的关键字列表.cmake
A0: TRUE
A1: TRUE
B0: a
B1: b
C0: x;y
C1: c;d
```

但如果使用注释掉的两种错误写法之一替换原先的正确写法，执行结果会变为

```
A0: TRUE
A1:
B0: a;B1;b;C0;x;y;C1;c;d
B1: b
C0: x;y
C1: c;d
```

显然，cmake_parse_arguments无从知晓三种关键字的分界，只会将第一个关键字A0作为开关选项关键字列表的唯一元素，将第二个关键字A1作为单值参数关键字列表的唯一元素，而把后面的全部关键字作为多值参数关键字的列表元素。

cmake_parse_arguments针对函数优化的形式

由于cmake_parse_arguments命令的通用形式存在一些缺陷，它还提供了如下针对函数优化的形式，可以解析包含特殊字符的参数：

```
cmake_parse_arguments(PARSE_ARGV
    <N>
    <结果变量前缀名>
    <开关选项关键字列表> <单值参数关键字列表> <多值参数关键字列表>
)
```

该命令形式只能在函数中使用，不支持在宏中使用。它直接对每一个函数参数进行解析，因此无须通过列表的形式传递函数参数。<*N*>是一个从0开始的整数，表示从函数的第几个实际参数开始解析参数，换句话说，前*N*个参数都是不需要关键字、需要调用者直接依次传参的参数。该形式中的其他参数与通用形式中的对应参数含义完全一致。

两个特殊的结果变量

cmake_parse_arguments除了将解析的参数存放到对应关键字的结果变量中，还会将一些未能解析的参数、没有提供值的关键字等信息存放到另外两个特殊的结果变量中：

- <结果变量前缀名>_UNPARSED_ARGUMENTS存放所有未能解析到某一关键字中的实际参数值；
- <结果变量前缀名>_KEYWORDS_MISSING_VALUES存放所有未提供实际参数值的关键字名称。

这两个结果变量存放的值可能有多个，因此均为列表类型。代码清单3.33演示了二者的作用。

代码清单3.33 ch003/命令定义/两个特殊的结果变量.cmake

```
function(my_copy_func)
    set(options OVERWRITE MOVE)
    set(oneValueArgs DESTINATION)
    set(multiValueArgs PATHS)

    cmake_parse_arguments(
        PARSE_ARGV 0
        my
        "${options}" "${oneValueArgs}" "${multiValueArgs}"
    )

    message("my_UNPARSED_ARGUMENTS: ${my_UNPARSED_ARGUMENTS}")
    message("my_KEYWORDS_MISSING_VALUES: ${my_KEYWORDS_MISSING_VALUES}")

endfunction()

my_copy_func(COPY "../dir" DESTINATION PATHS)
```

其执行结果如下：

```
> cd CMake-Book/src/ch003/命令定义
> cmake -P 两个特殊的结果变量.cmake
my_UNPARSED_ARGUMENTS: COPY;../dir
my_KEYWORDS_MISSING_VALUES: DESTINATION;PATHS
```

实例：复制文件命令

本例将设计一个用于复制或移动文件的命令：它可以直接将几个路径参数指定的文件复制或移动到另一个路径参数指定的目录中。这个设计需求恰好可以覆盖三种参数类型，参数如下：

- ❑ OVERWRITE开关选项，用于确定是否要覆盖已存在的文件；
- ❑ MOVE开关选项，用于确定是否要移动文件（默认为复制）；
- ❑ DESTINATION单值参数，用于指定复制或移动的目标目录的路径；
- ❑ PATHS多值参数，用于指定多个要被复制或移动的文件的路径。

由于我们目前还不了解CMake中的文件操作命令，本例暂不实现它的功能，而是先来定义命令并解析这个命令的参数，如代码清单3.34所示。

代码清单3.34　ch003/命令定义/解析参数实例.cmake

```
function(my_copy_func)
    message("ARGN: ${ARGN}")

    set(options OVERWRITE MOVE)
    set(oneValueArgs DESTINATION)
    set(multiValueArgs PATHS)

    cmake_parse_arguments(
        my
        "${options}" "${oneValueArgs}" "${multiValueArgs}"
        ${ARGN}
    )

    message("OVERWRITE:\t${my_OVERWRITE}")
    message("MOVE:\t\t${my_MOVE}")
    message("DESTINATION:\t${my_DESTINATION}")
    message("PATHS: \t\t${my_PATHS}")
    message("---")
endfunction()

my_copy_func(DESTINATION ".." PATHS "1.txt" "2.txt" OVERWRITE)
my_copy_func(MOVE DESTINATION "../.." PATHS "3.txt" "4.txt")
my_copy_func(DESTINATION "../folder;name" PATHS 1.txt;2.txt)
```

本例中，将第一个参数<结果变量前缀名>设置为my，因此在后面的message命令中访问参数值时，都是通过前缀为my_的变量获取的。

另外，本例将三个关键字列表分别定义为三个变量，在cmake_parse_arguments中通过引号参数引用这些变量来指定参数关键字。推荐采用这种方法，这样不必在引号参数中用分号分隔，以免显得拥挤。

最后一个参数是<将被解析的参数>，在这里指定为函数的参数列表${ARGN}，以解析其全部参数。

执行该例程验证一下结果：

```
> cd CMake-Book/src/ch003/命令定义
> cmake -P 解析参数实例.cmake
```

```
OVERWRITE:      TRUE
MOVE:           FALSE
DESTINATION:    ..
PATHS:          1.txt;2.txt
---
OVERWRITE:      FALSE
MOVE:           TRUE
DESTINATION:    ../..
PATHS:          3.txt;4.txt
---
OVERWRITE:      FALSE
MOVE:           FALSE
DESTINATION:    ../folder
PATHS:          1.txt;2.txt
---
```

开关选项类型的参数取值为TRUE或FALSE；单值参数的取值则为用户传递的实际参数值；多值参数的取值是一个列表，其元素为用户传递的每一个参数，且顺序保持一致。

不过，在第三次调用的输出结果中，DESTINATION单值参数的值似乎少了一部分，这是为什么？

cmake_parse_arguments命令的通用形式通过最后一个参数接受宏或函数的参数列表，从而完成解析。这个机制存在一个缺陷，那就是包含分号的参数值不能被正确解析。这是因为CMake的列表本质上只是字符串，并不支持列表嵌套。

拿前例中的第三个调用来说，${ARGN}的值实际上是

```
DESTINATION;../folder;name;PATHS;1.txt;2.txt
```

原本应当整体作为一个参数值的../folder;name，此时成为了${ARGN}中的两个元素../folder和name。cmake_parse_arguments命令并不知道这一细节，自然只能把它当作两个参数来解析了。由于DESTINATION关键字后面应当仅跟随一个单值参数值，第二个元素name就被忽略了。

然而，不论是在Windows还是Linux操作系统中，分号都是目录或者文件名中允许存在的符号。也就是说，支持解析存在分号的参数值应当是非常合理的需求。使用cmake_parse_arguments命令针对函数优化的形式可以解决这个问题，如代码清单3.35所示。

代码清单3.35 ch003/命令定义/仅支持函数的解析形式.cmake

```
function(my_copy_func)
    set(options OVERWRITE MOVE)
    set(oneValueArgs DESTINATION)
    set(multiValueArgs PATHS)

    cmake_parse_arguments(
        PARSE_ARGV 0
        my
        "${options}" "${oneValueArgs}" "${multiValueArgs}"
```

```
)

    message("OVERWRITE:\t${my_OVERWRITE}")
    message("MOVE:\t\t${my_MOVE}")
    message("DESTINATION:\t${my_DESTINATION}")
    message("PATHS: \t\t${my_PATHS}")
    message("---")
endfunction()

my_copy_func(DESTINATION "../folder;name" PATHS 1.txt;2.txt)
```

其执行结果如下：

```
> cd CMake-Book/src/ch003/命令定义
> cmake -P 仅支持函数的解析形式.cmake
OVERWRITE:          FALSE
MOVE:               FALSE
DESTINATION:        ../folder;name
PATHS:              1.txt;2.txt
---
```

可见DESTINATION单值参数值确实被正确地解析为../folder;name了。

3.9.5　宏和函数的区别

通过前面的讲解，相信读者已经发现宏和函数的一些区别了。本小节将对这些区别进行总结，并讲解这些区别可能带来的问题。

执行上下文和作用域

宏和函数最明显的区别就是作用域。宏会与调用上下文共享作用域，因此它的执行上下文就是调用上下文。宏相当于将其定义的命令序列直接复制到调用上下文中去执行，这一过程可以称为“宏展开”。

函数拥有独立的作用域，也就会拥有独立的执行上下文。当函数被执行时，控制流会从调用上下文中转移到函数体内部。

CMake提供了一个命令return，可用于结束当前函数、当前CMake目录或文件的执行。如果在宏中调用return，并不只是宏的执行被中断，宏所在的函数、CMake目录或文件也会被中断。因此，在宏中一定要避免使用return等影响父作用域的命令。

定义外部可见的变量

定义变量的区别正是作用域的区别导致的。在宏中，可以直接通过set命令最简单的形式定义宏之外可以访问的变量，而在函数内就必须为set命令指定PARENT_SCOPE参数了。

CMake命令没有返回值这一概念，定义外部可见的变量其实是CMake函数“返回值”的形式。CMake中的return命令并不负责返回值，仅用于结束当前执行上下文。

函数的独立作用域使得与“返回值”无关的非结果变量得以隐藏，提升了封装性，避免了变量名称的全局污染，因此更被推荐使用。一般来说，能用函数时就不要使用宏。

预定义变量

函数体中可以通过访问CMake预定义的变量，获取关于当前执行中的函数的一些信息：

- CMAKE_CURRENT_FUNCTION，值为当前函数名称；
- CMAKE_CURRENT_FUNCTION_LIST_DIR，值为定义当前函数的CMake程序文件所在的目录；
- CMAKE_CURRENT_FUNCTION_LIST_FILE，值为定义当前函数的CMake程序文件的完整路径；
- CMAKE_CURRENT_FUNCTION_LIST_LINE，值为当前函数在CMake程序文件中定义时对应的代码行行号。

参数访问

宏和函数均可通过引用形式参数、参数列表或索引等方式来访问实际参数。虽然二者表面上几乎完全一样，但实际上却大有不同。在函数中，包括形式参数、ARGC、ARGV、ARGN等都是真正的CMake变量，且定义在当前函数的作用域内。

但在宏中，由于没有独立的作用域，这些用于访问参数的符号并非真正的变量，否则会污染调用上下文。CMake在展开宏时，会对宏的命令序列进行预处理，对引用这些符号的地方直接进行文本替换。这就带来一些问题：在宏中，不能直接将这些访问参数的符号作为变量条件用于条件语法，也不能利用变量嵌套引用语法访问这些符号。代码清单3.36所示的例程演示了这两种情况下宏和函数的区别。

代码清单3.36　ch003/命令定义/宏与函数参数的区别.cmake

```
macro(my_macro p)
    message("-- my_macro --")

    if(p)
        message("p为真")
    endif()

    set(i 1)
    message("ARGV i: ${ARGV${i}}")
endmacro()

function(my_func p)
    message("-- my_func --")

    if(p)
```

```
        message("p为真")
    endif()

    set(i 1)
    message("ARGV i: ${ARGV${i}}")
endfunction(my_func)

my_macro(ON x)
my_func(ON x)
```

其执行结果如下：

```
> cd CMake-Book/src/ch003/命令定义
> cmake -P 宏与函数参数的区别.cmake
-- my_macro --
ARGV i:
-- my_func --
p为真
ARGV i: x
```

在调用宏后，程序并不能正确输出用户想要的结果，而函数则没有任何问题。

3.10 小结

本章首先介绍了三种CMake程序：目录程序、脚本程序、模块程序。它们分别用于组织项目构建、编写通用脚本逻辑，以及实现代码复用。然后，本章介绍了CMake的基础语法，包括注释、命令调用、命令参数、变量、控制结构、自定义命令等各种语法结构。

掌握语法是编写出正确的CMake程序的前提，这就像学会了怎样去搭积木。但这还不够，总要有最基本的积木单元，才能搭建出精美的作品。第4章将带领大家认识CMake提供的常用命令，这样就可以了解CMake中有哪些五花八门的“积木”可供使用了。

另外，由于本章仍有极少数内容涉及了与构建相关的概念，建议读者在读完第6章后，再回顾一下本章内容。

第 4 章

常用命令

学习完CMake基础语法，读者应该会感受到命令在CMake程序中的重要作用了。除了注释和空白符，CMake程序中就只剩下命令调用了。本章会为大家介绍CMake提供的常用命令，它们能够帮助我们在CMake程序中实现各种功能，包括对数值、字符串、列表、文件、路径的操作，生成文件、输出日志、执行命令行程序、引用模块、实现元编程、辅助调试等。

本章篇幅较长，建议用作参考，随时查阅，不必仔细通读。不过目录还是值得浏览一遍的，因为这样就可以知道CMake到底提供了哪些命令、这些命令能够完成怎样的任务。这样日后如有相关需求，便能及时想起查阅本章了。

本章内容相比CMake官方文档，提供了更加合理的结构设计和详实的例程，理解起来更轻松。不过，书中的内容终究是静态的，而官方文档是动态更新的，因此建议时常去官方文档逛一逛，也许能收获更多！

4.1 数值操作命令：math

由于CMake脚本语言几乎完全由命令构成，不存在数学表达式这种编程语言中常见的语法结构。那么如何在CMake中完成数值运算等操作呢？当然还是依靠命令。

CMake提供了math命令用于计算数学表达式。尽管这不如表达式语法那样简单直接，但鉴于构建过程中涉及数值计算的需求少之又少，使用math命令也算是在保持CMake语法单一性的前提下较为简单实用的一种方式了。math命令的参数构成如下：

```
math(EXPR <结果变量> "<表达式字符串>" [OUTPUT_FORMAT <格式选项>])
```

该命令会计算<表达式字符串>参数中的数学表达式的结果，并将计算结果按照一定格式存放到<结果变量>中，其结果格式可以通过可选参数<格式选项> 指定。它有以下两种取值：

- HEXADECIMAL，即采用类似C语言中的十六进制表示形式，以0x开头；
- DECIMAL，即十进制表示形式，是默认选项。

表达式支持的数值字面量包括十进制数值和十六进制数值，其中十六进制数值必须以0x开头。表达式支持的运算符如下所示，它们的计算方式与C语言中对应的运算符相同：

```
加: +
```

```
减：-
乘：*
除：/
求余：%
位或：|
位与：&
位异或：^
位取反：~
左移：<<
右移：>>
括号：(...)
```

math命令要求表达式中的数值和计算结果都必须是一个64位有符号整数能够表示的。对于表达式中超出表示范围的数值，CMake会报错；对于计算结果超出表示范围的，CMake会在结果变量中存放溢出的结果。

代码清单4.1所示例程中演示了有关输出格式的参数设置，以及刚刚提到的整型大小的问题。

代码清单4.1　ch004/math.cmake

```
math(EXPR a 10*10 OUTPUT_FORMAT DECIMAL) # a = 100
math(EXPR b "0x7FFFFFFFFFFFFFFF + 0x7FFFFFFFFFFFFFFF") # b = -2
math(EXPR c "16" OUTPUT_FORMAT HEXADECIMAL) # c = 0x10
math(EXPR d "~16" OUTPUT_FORMAT HEXADECIMAL) # d = 0xffffffffffffffef
# math(EXPR err "0xFFFFFFFFFFFFFFFF")
```

若将程序中第5行的注释取消，再次运行，CMake就会报告如下错误，提示数值超出了允许的范围：

```
CMake Error at 11.math.cmake:5 (math):
math cannot evaluate the expression: "0xFFFFFFFFFFFFFFFF": a numeric value
is out of range.
```

4.2　字符串操作命令：string

字符串操作命令，以及本章后面还会介绍的列表、文件操作命令等，都采用了类似一般编程语言中函数调用的形式：提供一个操作名称，再提供操作的参数，就可以获得一个结果。

本书在特指命令的某个具体操作时，会将同一个命令的不同操作名称对应的命令形式称为子命令，例如，string(FIND)子命令即string命令首个参数为FIND时对应的操作。

4.2.1　搜索和替换

搜索字符串

```
string(FIND <字符串> <子字符串> <结果变量> [REVERSE])
```

该命令会在<字符串>中搜索<子字符串>，并将其第一次出现的位置存放到 <结果变量>中。当指定了REVERSE时，搜索从后向前进行，即搜索<子字符串>最后一次出现的位置。如果

<子字符串>不存在，结果变量的值将为-1。代码清单4.2中是一些实例。

代码清单4.2 ch004/string/搜索字符串.cmake

```
string(FIND aba a res)
message("${res}") # 输出: 0

string(FIND aba a res REVERSE)
message("${res}") # 输出: 2

string(FIND aba c res)
message("${res}") # 输出: -1
```

该命令将字符串视为ASCII编码，搜索过程实际上是逐字节进行的，结果变量中的位置索引就是字节索引。因此，对多字节编码的字符串进行搜索可能无法得到正确的结果。

由于CMake程序文件需要采用兼容ASCII的编码保存，一般是UTF-8编码，而UTF-8编码是自同步（self-synchronizing）的，因此字符串搜索可正常实现。如果CMake程序文件采用GBK编码保存，字符串搜索就有可能出现问题。例如，string(FIND 猗 @ res)中，由于“@”的GBK编码为“40”，“猗”的GBK编码为“AA40”，CMake在进行逐字节搜索时，就会将“@”当作“猗”的子字符串。因此结果变量res的值为1。总而言之，为了避免这类问题，请务必使用UTF-8编码保存CMake程序文件。

替换字符串

```
string(REPLACE <匹配字符串> <替换字符串>
       <结果变量>
       <输入字符串> [<输入字符串>...])
```

该命令会将若干<输入字符串>连接在一起，将其中出现的所有<匹配字符串>替换为<替换字符串>，并将最终结果存入<结果变量>。代码清单4.3中是一些实例。

代码清单4.3 ch004/string/替换字符串.cmake

```
string(REPLACE a b res aba)
message("${res}") # 输出: bbb

string(REPLACE a b res abc cab)
message("${res}") # 输出: bbccbb
```

4.2.2 正则匹配和替换

正则表达式语法

CMake所支持的正则表达式（regular expression）没有采用标准的语法，而是使用CMake自定义的一套简单语法，支持的特性并不丰富，但也足够日常使用。CMake正则表达式支持的语法结构如表4.1所示。

表4.1　CMake正则表达式支持的语法结构

语法结构	描述
^	匹配输入的起始点
$	匹配输入的终止点
.	匹配任意单个字符
\<字符>	匹配指定的<字符>，一般用于转义正则中的特殊字符。例如，\.可用于匹配.，\\可用于匹配\。其他非特殊字符也可以使用这种语法，但并无必要。例如，\a可用于匹配a，它等价于直接写a
[]	匹配方括号中的任意某个字符
[^]	匹配任意某个不在方括号中的字符
-	在方括号中表示字符区间。例如，[a-c]等价于[abc]。如果想在方括号中包含“-”字符本身用于匹配或不匹配它，应当将“-”放在方括号的开头或结尾，使其不可能表示一个区间
*	匹配其前面的模式零次或多次
+	匹配其前面的模式一次或多次
?	匹配其前面的模式零次或一次
|	匹配其两侧的模式之一
()	用于声明一个子表达式，可以在字符串的正则替换命令中引用。正则匹配后，可以通过变量CMAKE_MATCH_<*n*>获取各个子表达式的匹配结果，即捕获组

相比每一个模式之间的串联而言，*、+和?这些紧跟某个模式之后的符号具有更高的优先级，而|这个用于分隔模式的符号具有更低的优先级。如^ab+c$这个正则表达式中重复的模式是b而非ab，因此它可以匹配abbc，但不能匹配ababc；^(ab|cd)$这个正则表达式中二选一的两个模式分别是ab和cd，而非b和c，因此它可以匹配ab或cd，但不能匹配abd或acd。

\<字符>不同于CMake的转义字符。\<字符>是正则的一种模式，而转义字符是传递CMake参数值时可能用到的语法。例如，通过下列程序定义一个匹配空白符的正则表达式：

```
set(regex "[ \t\n\r]")
```

其中的\t、\n和\r都是转义字符，实际的正则表达式中并没有“\”这个符号。正则表达式支持匹配这些转义后的字符，因此上述正则表达式可以匹配字符串中的各类空白符。

如果想匹配字符串中的反斜杠，有以下两种定义正则表达式的方式：

```
set(regex "[\\]")
set(regex "\\\\")
```

第一种方式实际的正则表达式为[\]，该方式通过匹配方括号中的字符来实现对反斜杠的匹配；第二种方式的正则表达式则是\\，则利用\<字符>模式来匹配反斜杠。

为了避免转义使用的反斜杠和正则模式使用的反斜杠互相混淆，可以使用括号参数传递正则表达式，这样就无须转义了。例如，定义一个匹配字符串“(a+b)”的正则表达式，有以下两种等价的写法：

```
set(regex [[\(\a\+\b\)]])
set(regex "\\(\\a\\+b\\)")
```

显而易见，使用括号参数可以更清晰地书写正则表达式。

单次正则匹配

```
string(REGEX MATCH <正则表达式>
       <结果变量>
       <输入字符串> [<输入字符串>...])
```

该命令会将若干<输入字符串>连接在一起，在其中匹配指定的<正则表达式>一次，并将最终匹配结果存入<结果变量>中。代码清单4.4中是一些实例。

代码清单4.4 ch004/string/单次正则匹配.cmake

```
set(regex "[abc]+")

string(REGEX MATCH ${regex} res aaa)
message("${res}") # 输出: aaa

string(REGEX MATCH ${regex} res aaa bbb ccc abc)
message("${res}") # 输出: aaabbbcccabc

string(REGEX MATCH ${regex} res aaad)
message("${res}") # 输出: aaa

string(REGEX MATCH ${regex} res bcd aaa)
message("${res}") # 输出: bc

set(regex ^[abc]+$)

string(REGEX MATCH ${regex} res aaa)
message("${res}") # 输出: aaa

string(REGEX MATCH ${regex} res aaa bbb ccc abc)
message("${res}") # 输出: aaabbbcccabc

string(REGEX MATCH ${regex} res aaad)
message("${res}") # 输出空

string(REGEX MATCH ${regex} res bcd aaa)
message("${res}") # 输出空
```

全部正则匹配

```
string(REGEX MATCHALL <正则表达式>
       <结果变量>
       <输入字符串> [<输入字符串>...])
```

该命令会将若干<输入字符串>连接在一起，在其中匹配指定的<正则表达式>尽可能多的次数（即全部匹配），并将最终匹配结果以列表的形式存入<结果变量>中。代码清单4.5中是一个实例。

代码清单4.5 ch004/string/全部正则匹配.cmake

```
set(regex "([abc]+)")

string(REGEX MATCHALL ${regex} res adb dcd abcdcba)
message("${res}") # 输出: a;b;c;abc;cba
```

正则替换

```
string(REGEX REPLACE <正则表达式>
       <替换表达式> <结果变量>
       <输入字符串> [<输入字符串>...])
```

该命令会将若干<输入字符串>连接在一起，在其中匹配指定的<正则表达式> 尽可能多的次数，并将匹配的部分根据<替换表达式>进行替换，保存结果至<结果变量> 中。

<替换表达式>之所以被称为“表达式”，是因为可以引用正则匹配的子表达式。在正则表达式的语法中介绍过：括号用于声明一个子表达式。在<替换表达式>中，可以通过\1～\9分别引用第1个～第9个子表达式的匹配结果。另外，\0表示匹配到的完整字符串。代码清单4.6中是一些实例。

代码清单4.6 ch004/string/正则替换.cmake

```
# 将a、b、c组成的部分替换为-
string(REGEX REPLACE "[abc]+" "-" res adabc dccc)
message("${res}") # 输出: -d-d-

# 将由a、b、c组成的部分用括号括起
string(REGEX REPLACE "[abc]+" "(\\0)" res adabc dccc)
message("${res}") # 输出: (a)d(abc)d(ccc)

# 将长度至少为2的由a、b、c组成的部分的第1个字母用括号括起
string(REGEX REPLACE "([abc])([abc]+)" [[(\1)\2]] res adabcdccc)
message("${res}") # 输出: ad(a)bcd(c)cc
```

捕获组变量

捕获组（capture group）即正则表达式中子表达式匹配的结果。捕获组可以在正则替换的替换表达式中通过反斜杠语法来访问。除此之外，捕获组还可以在正则匹配后通过CMake的预定义变量来访问。相关的预定义变量如下：

- CMAKE_MATCH_COUNT，其值为捕获组的数量；
- CMAKE_MATCH_<*n*>，其值为第*n*个捕获组的匹配内容。当*n*为0时，其值为正则匹配的完整结果而非子表达式匹配的结果。

这些变量会在正则匹配后被CMake赋值，这包括：

- 单次正则匹配后；

- ❑ 全部正则匹配后（对应最后一次正则匹配的捕获组）；
- ❑ 正则替换后（对应最后一次正则匹配的捕获组）；
- ❑ 字符串匹配条件判断（即if(<字符串变量> MATCHES <正则表达式>)）后。

代码清单4.7中展示了一些实例。

代码清单4.7　ch004/string/捕获组.cmake

```
function(print_matches)
    message("CMAKE_MATCH_COUNT: ${CMAKE_MATCH_COUNT}")
    message("CMAKE_MATCH_0: ${CMAKE_MATCH_0}")
    message("CMAKE_MATCH_1: ${CMAKE_MATCH_1}")
    message("CMAKE_MATCH_2: ${CMAKE_MATCH_2}")
    message("---")
endfunction()

set(regex "([abc])([abc]+)")

# 单次正则匹配
string(REGEX MATCH ${regex} res aaa d abc)
print_matches()
# 输出:
# CMAKE_MATCH_COUNT: 2
# CMAKE_MATCH_0: aaa
# CMAKE_MATCH_1: a
# CMAKE_MATCH_2: aa
# ---

# 全部正则匹配
string(REGEX MATCHALL ${regex} res aaa d abc)
print_matches()
# 输出:
# CMAKE_MATCH_COUNT: 2
# CMAKE_MATCH_0: abc
# CMAKE_MATCH_1: a
# CMAKE_MATCH_2: bc
# ---

# 正则替换
string(REGEX REPLACE ${regex} [[(\1)\2]] res aaa d abc)
print_matches()
# 输出:
# CMAKE_MATCH_COUNT: 2
# CMAKE_MATCH_0: abc
# CMAKE_MATCH_1: a
# CMAKE_MATCH_2: bc
# ---
```

```
# 字符串匹配条件判断
if("aaadabc" MATCHES ${regex})
    print_matches()
    # 输出:
    # CMAKE_MATCH_COUNT: 2
    # CMAKE_MATCH_0: aaa
    # CMAKE_MATCH_1: a
    # CMAKE_MATCH_2: aa
    # ---
endif()
```

4.2.3 取字符串长度

```
string(LENGTH <输入字符串> <结果变量>)
```

该命令将<输入字符串>的长度存入<结果变量>中。

4.2.4 字符串变换

追加字符串

```
string(APPEND <字符串变量> [<输入字符串>...])
```

该命令将全部<输入字符串>依次追加到<字符串变量>末尾。

前插字符串

```
string(PREPEND <字符串变量> [<输入字符串>...])
```

该命令会将<输入字符串>连接为一个整体，直接插入到<字符串变量>开头。

连接字符串

```
string(CONCAT <结果变量> [<输入字符串>...])
```

该命令将全部<输入字符串>连接在一起，并存入<结果变量>中。代码清单4.8中是一些实例。

代码清单4.8 ch004/string/连接字符串.cmake

```
set(res "原值")
string(CONCAT res a b c)
message("${res}") # 输出: abc
```

该命令与字符串追加命令不同——结果变量的原值不会保留。这也是为什么称这里的变量为"结果变量"，而非字符串追加命令中的"字符串变量"。本书中，凡是"结果变量"都会在命令调用后被重新赋值（覆盖原值）。

分隔符连接

```
string(JOIN <分隔符> <结果变量> [<输入字符串>...])
```

该命令将全部<输入字符串>以指定的<分隔符>分隔并连接在一起，并存入<结果变量>。代码清单4.9中是一些分隔符连接实例。

代码清单4.9　ch004/string/分隔符连接.cmake

```
string(JOIN "-" res 2021 02 21)
message("${res}") # 输出: 2021-02-21

string(JOIN "->" res A B C)
message("${res}") # 输出: A->B->C
```

大小写转换

```
string(TOLOWER <输入字符串> <结果变量>) # 转小写
string(TOUPPER <输入字符串> <结果变量>) # 转大写
```

这两个命令分别将<输入字符串>中的字符转换为小写和大写形式。

重复字符串

```
string(REPEAT <输入字符串> <重复次数> <结果变量>)
```

该命令将<输入字符串>重复指定的<重复次数>，并将结果存入<结果变量>。

取子字符串

```
string(SUBSTRING <输入字符串> <起始位置> <截取长度> <结果变量>)
```

该命令将<输入字符串>从<起始位置>开始截取指定的<截取长度>，并将其存入<结果变量>。

当指定的<起始位置>与<截取长度>之和超过了<输入字符串>的长度，或<截取长度>为-1时，该命令会一直截取到<输入字符串>的结尾。另外，该命令对字符串进行字节粒度的截取，因此处理多字节编码字符时需特别注意。代码清单4.10中是一些取子字符串实例。

代码清单4.10　ch004/string/取子字符串.cmake

```
string(SUBSTRING "abc" 1 1 res)
message(${res}) # 输出: b

string(SUBSTRING "abc" 1 -1 res)
message(${res}) # 输出: bc

string(SUBSTRING "abc" 1 10 res)
message(${res}) # 输出: bc

string(SUBSTRING "你好" 3 3 res)
message(${res}) # 输出: 好
```

删除首尾空白符

```
string(STRIP <输入字符串> <结果变量>)
```

该命令将<输入字符串>首尾的空白符删除，并将结果存入<结果变量>。

删除生成器表达式

```
string(GENEX_STRIP <输入字符串> <结果变量>)
```

该命令会删除<输入字符串>中的生成器表达式，并将结果存入<结果变量>。生成器表达式是在CMake构建过程中才会涉及的一个概念，将在第8章中详细介绍。代码清单4.11展示了一个例程。

代码清单4.11　ch004/string/删除生成器表达式.cmake

```
string(GENEX_STRIP "a$<1:b;c>d" res)
message("${res}") # 输出: ad

string(GENEX_STRIP "a;$<1:b;c>;d;$<TARGET_OBJECTS:some_target>" res)
message("${res}") # 输出: a;d
```

该命令会将<输入字符串>当作一个列表字符串。如果删除字符串中的生成器表达式之后产生了空元素，那么它会将该空元素一并删除。也就是说，结果变量中不会出现相邻或在首尾的分号。

4.2.5　比较字符串

```
string(COMPARE LESS <字符串1> <字符串2> <结果变量>) # 小于
string(COMPARE GREATER <字符串1> <字符串2> <结果变量>) # 大于
string(COMPARE EQUAL <字符串1> <字符串2> <结果变量>) # 等于
string(COMPARE NOTEQUAL <字符串1> <字符串2> <结果变量>) # 不等于
string(COMPARE LESS_EQUAL <字符串1> <字符串2> <结果变量>) # 小于或等于
string(COMPARE GREATER_EQUAL <字符串1> <字符串2> <结果变量>) # 大于或等于
```

这些命令会将<字符串1>和<字符串2>按照字典序进行比较，如果满足命令指定的比较关系，则将<结果变量>赋值为1，否则赋值为0。代码清单4.12中是一些实例。

代码清单4.12　ch004/string/比较字符串.cmake

```
string(COMPARE LESS a abc res)
message("${res}") # 输出: 1

string(COMPARE GREATER a abc res)
message("${res}") # 输出: 0
```

4.2.6　取哈希值

```
string(<哈希算法> <结果变量> <输入字符串>)
```

该命令将使用指定的<哈希算法>计算<输入字符串>的加密哈希（cryptographic hash，又称加密散列、密码散列等）值，并将结果存入<结果变量>中。该命令支持以下哈希算法：

- MD5，一种信息摘要（Message-Digest，MD）算法；
- SHA1，第一代安全散列算法（Secure Hash Algorithm，SHA）；

- SHA224，第二代安全散列算法，摘要长度为224位；
- SHA256，第二代安全散列算法，摘要长度为256位；
- SHA384，第二代安全散列算法，摘要长度为384位；
- SHA512，第二代安全散列算法，摘要长度为512位；
- SHA3_224，第三代安全散列算法，又称Keccak算法，摘要长度为224位；
- SHA3_256，第三代安全散列算法，又称Keccak算法，摘要长度为256位；
- SHA3_384，第三代安全散列算法，又称Keccak算法，摘要长度为384位；
- SHA3_512，第三代安全散列算法，又称Keccak算法，摘要长度为512位。

4.2.7 字符串生成

ASCII转字符串

```
string(ASCII <ASCII值> [<ASCII值>...] <结果变量>)
```

该命令将输入的多个<ASCII值>逐一转换为对应的字符并连接在一起，然后存入 <结果变量>中。事实上，CMake会将数值直接转换为对应的字节，因此转换并不局限于ASCII，UTF-8编码的中文字符也可以转换，如代码清单4.13 中的实例所示。

代码清单4.13 ch004/string/ASCII转字符串.cmake

```
string(ASCII 65 66 67 res)
message("${res}") # 输出: ABC

string(ASCII 228 189 160 res)
message("${res}") # 输出: 你
```

字符串转十六进制表示

```
string(HEX <输入字符串> <结果变量>)
```

该命令将<输入字符串>的每一个字符转换为编码字节的十六进制数值表示，并以字符串形式连接在一起存入<结果变量>。这种生成字符串的方法可以看作ASCII转字符串的逆操作，只不过数值表示采用的是十六进制。

另外，该命令生成的十六进制数值的文本形式均由数字和小写字母构成。代码清单4.14中是一些实例。

代码清单4.14 ch004/string/字符串转十六进制表示.cmake

```
string(HEX "ABC" res)
message("${res}") # 输出: 414243

string(HEX "JKL" res)
message("${res}") # 输出: 4a4b4c

string(HEX "你好" res)
```

```
message("${res}") # 输出: e4bda0e5a5bd
```

生成C标识符

```
string(MAKE_C_IDENTIFIER <输入字符串> <结果变量>)
```

该命令将<输入字符串>中的非字母或数字的字符转换为下画线，并将结果存入 <结果变量>中。如果<输入字符串>的第一个字符为数字，则在结果前面插入一个下画线。

该命令可用于将一些名称转换成合法的C和C++标识符，对于代码生成等任务会有所帮助。代码清单4.15中是一些实例。

代码清单4.15　ch004/string/生成C标识符.cmake

```
string(MAKE_C_IDENTIFIER a123! res)
message("${res}") # 输出: a123_

string(MAKE_C_IDENTIFIER 123a! res)
message("${res}") # 输出: _123a_

string(MAKE_C_IDENTIFIER a哈b哈c res)
message("${res}") # 输出: a___b___c
```

实例中，标点符号"!"和中文字符"哈"都不是字母或数字，因此被转换为下画线。另外，因为中文字符在UTF-8编码中由三个字节构成，所以在这里被相应地转换为三个下画线。

生成随机文本

```
string(RANDOM [LENGTH <长度>] [ALPHABET <字符集合>]
    [RANDOM_SEED <随机种子>] <结果变量>)
```

该命令将生成指定<长度>的随机文本，且该文本由指定的<字符集合>中的字符构成。<长度>如果被省略，默认为5；<字符集合>如果被省略，默认为所有数字及大小写字母构成的集合。

如果<随机种子>被指定，随机数生成器将使用它作为种子。当随机种子相同时，随机数生成器不论被调用几次都会生成相同的结果。代码清单4.16中是一些实例。

代码清单4.16　ch004/string/生成随机文本.cmake

```
string(RANDOM res)
message("${res}")

string(RANDOM res)
message("${res}")

string(RANDOM LENGTH 10 ALPHABET 123abc RANDOM_SEED 1 res)
message("${res}")

string(RANDOM LENGTH 10 ALPHABET 123abc RANDOM_SEED 1 res)
message("${res}")
```

为了检验随机种子的效果，连续执行该CMake脚本程序两次，执行结果如下：

```
> cd CMake-Book/src/ch004/string
> cmake -P 生成随机文本.cmake
P5qpQ
sTvi4
1a2ba33cbb
1a2ba33cbb
> cmake -P 生成随机文本.cmake
jzMIh
yZLhe
1a2ba33cbb
1a2ba33cbb
```

生成时间戳

```
string(TIMESTAMP <结果变量> [<时间戳格式>] [UTC])
```

该命令将把当前日期时间的组合以指定的<时间戳格式>或默认格式存入<结果变量>。该命令默认获取本地的当前日期时间，如果UTC可选参数被指定，则会获取当前的协调世界时（Coordinated Universal Time，UTC）。如果CMake无法获取时间戳，结果变量将被赋空值。

<时间戳格式>参数可以由描述符和其他字符组成，其中描述符如表4.2所示，它们会根据当前日期时间被替换为相应格式的值，而其他字符则会保持原样存入<结果变量>。

表4.2　时间戳格式描述符

描述符	含义
%%	转义为百分号（%）
%d	日（当月的日期，01～31）
%H	24进制小时（00～23）
%I	12进制小时（01～12）
%j	当年的日数（001～366）
%m	月份（当年的月数，01～12）
%b	月份的英文缩写（例如，十月表示为Oct）
%B	月份的英文（例如，十月表示为October）
%M	分钟（00～59）
%s	UNIX时间（UTC 1970年1月1日0时0分0秒至今的总秒数）
%S	秒数（60表示闰秒，00～60）
%U	当年的周次（00～53）
%w	星期（0为星期日，0～6）
%a	星期的英文缩写（例如，周五表示为Fri）
%A	星期的英文（例如，周五表示为Friday）
%y	两位数年份（00～99）
%Y	四位数年份

本地时间默认的时间戳格式为%Y-%m-%dT%H:%M:%S，例如：

```
2021-02-24T23:07:37
```

UTC时间默认的时间戳格式为%Y-%m-%dT%H:%M:%SZ，例如：

```
2021-02-24T15:07:37Z
```

生成时间戳实例如代码清单4.17所示。

代码清单4.17　ch004/string/生成时间戳.cmake

```
string(TIMESTAMP res "%Y/%m/%d %H时%M分%S秒")
message("${res}") # 输出: 2021/02/24 23时15分26秒

string(TIMESTAMP res "%Y年%m月%d日 %H:%M:%S UTC" UTC)
message("${res}") # 输出: 2021年02月24日 15:15:26 UTC
```

有时候，为了可重复的结果，需要让程序所获取的“当前日期时间”是一个固定值，而非总是在变化的真实值。此时，可以定义环境变量SOURCE_DATE_EPOCH的值为希望获取到的“当前日期时间”。该环境变量采用UNIX时间格式，代表UTC时间1970年1月1日0时0分0秒至今的总秒数。下面的执行过程演示了该环境变量的作用：

```
> cd CMake-Book/src/ch004/string
> $env:SOURCE_DATE_EPOCH=0
> cmake -P 生成时间戳.cmake
1970/01/01 08时00分00秒
1970年01月01日 00:00:00 UTC
```

该执行过程在PowerShell终端中完成，PowerShell定义环境变量的语法为$env:<环境变量>=<值>。Linux Shell定义环境变量的语法有所不同，使用export命令：export SOURCE_DATE_EPOCH=0。

生成UUID

```
string(UUID <结果变量> NAMESPACE <命名空间UUID> NAME <名称>
     TYPE <MD5|SHA1> [UPPER])
```

该命令会根据RFC4122（UUID统一资源名称命名空间提案）来创建一个全局唯一标识符（Globally Unique IDentifier，GUID）。全局唯一标识符也被称为统一唯一标识符（Universally Unique IDentifier，UUID）。

该命令首先会将<命名空间UUID>与<名称>合并，用TYPE参数指定的哈希算法计算其哈希值，然后将哈希值转为UUID格式存入<结果变量>。UUID的格式如下：

```
xxxxxxxx-xxxx-xxxx-xxxx-xxxxxxxxxxxx
```

其中每一个“x”都代表一个十六进制字符。如果指定了UPPER，则结果中的字母会被转换为大写形式，否则均为小写形式，如代码清单4.18所示。

代码清单4.18　ch004/string/生成UUID.cmake

```
set(namespace d5c54b4a-2500-47f2-87a3-c35a5ca5abb6)
```

```
string(UUID res NAMESPACE ${namespace} NAME a TYPE MD5)
message("${res}") # 输出: 97767c4e-ad2d-3ec2-a886-dff6f9fbeb86

string(UUID res NAMESPACE ${namespace} NAME b TYPE SHA1 UPPER)
message("${res}") # 输出: 0460F7B4-BE40-5B00-B09A-C990B316B752
```

4.2.8　字符串模板

```
string(CONFIGURE <模板字符串> <结果变量> [@ONLY] [ESCAPE_QUOTES])
```

该命令将依照当前执行上下文中的变量对<模板字符串>进行配置，并将结果存入<结果变量>。

代码清单4.19所示为一个模板定义例程，其中包含变量模板和宏定义模板。

代码清单4.19　ch004/string/字符串模板/模板定义.cmake

```
set(template [=[
替换变量a: ${a}
替换变量b: @b@

定义宏C
#cmakedefine C

定义0/1宏D
#cmakedefine01 D

定义值为e的宏E
#cmakedefine E e

定义值为F变量的值的宏F
#cmakedefine F @F@
]=])
```

创建一个CMake脚本程序，定义模板中需要的变量，然后配置该模板字符串，并输出配置好的最终值，如代码清单4.20所示。

代码清单4.20　ch004/string/字符串模板/配置.cmake

```
include(模板定义.cmake)

set(a "a的值")
set(b "b的值")
set(C "C的值")
set(D "D的值")
set(E "E的值")
set(F "F的值")

string(CONFIGURE ${template} res)
message("${res}")
```

其执行结果如下：

```
> cd CMake-Book/src/ch004/string/字符串模板
> cmake -P 配置.cmake
替换变量a: a的值
替换变量b: b的值

定义宏C
#define C

定义0/1宏D
#define D 1

定义值为e的宏E
#define E e

定义值为F变量的值的宏F
#define F F的值
```

下面分别讲解变量模板和宏定义模板的配置规则。

变量模板

变量模板支持两种变量替换语法，一种与CMake变量引用语法一致，如${<变量>}；另一种则用一对@符号包裹变量名，如@<变量>@。CMake之所以引入第二种语法，是因为很多脚本程序（如Shell脚本）引用变量的语法也是${<变量>}，容易产生歧义。在配置模板的string命令中指定@ONLY参数，即可规定变量模板的语法只能使用第二种形式。代码清单4.21所示例程在调用命令时就指定了@ONLY参数。

代码清单4.21　ch004/string/字符串模板/@ONLY参数.cmake

```cmake
include(模板定义.cmake)

set(a "a的值")
set(b "b的值")
set(C "C的值")
set(D "D的值")
set(E "E的值")
set(F "F的值")

string(CONFIGURE ${template} res @ONLY)
message("${res}")
```

其执行结果如下：

```
> cd CMake-Book/src/ch004/string/字符串模板
> cmake -P @ONLY参数.cmake
替换变量a: ${a}
替换变量b: b的值
...
```

“${a}”在结果中仍然保持原样，因为指定@ONLY参数后，${a}将不会被替换。

宏定义模板

CMake主要为构建服务，因此提供了专门生成宏定义的模板，可以非常方便地用于代码生成。例如，可以将定义在CMake程序中的版本号等信息以宏定义的形式生成到头文件中，并最终构建到可执行文件中。

宏定义模板主要分为两种形式：一种是值为0或1的宏定义，另一种是自定义值的宏定义。后一种形式的自定义值可为空值，用于表示存在性。这两种形式的语法分别如下：

```
#cmakedefine01 <变量>
#cmakedefine <变量> [<值>]
```

当<变量>的值为假值常量时，这两种模板形式会分别被替换为：

```
#define <变量> 0
/* #undef <变量> */
```

代码清单4.22中是一个实例。

代码清单4.22 ch004/string/字符串模板/假值常量.cmake

```
include(模板定义.cmake)

set(a "a的值")
set(b "b的值")

set(C "OFF")
set(D "FALSE")
set(E "0")
set(F "IGNORE")

string(CONFIGURE ${template} res)
message("${res}")
```

其执行结果如下：

```
> cd CMake-Book/src/ch004/string/字符串模板
> cmake -P 假值常量.cmake
...

定义宏C
/* #undef C */

定义0/1宏D
#define D 0

定义值为e的宏E
/* #undef E */

定义值为F变量的值的宏F
/* #undef F */
```

当变量值不是假值常量（真值常量或其他值）时，它们则会被替换为

```
#define <变量> 1
#define <变量> [<值>]
```

代码清单4.23中是一个实例。

代码清单4.23　ch004/string/字符串模板/真值常量.cmake

```
include(模板定义.cmake)

set(a "a的值")
set(b "b的值")

set(C "ON")
set(D "TRUE")
set(E "1")
set(F "YES")

string(CONFIGURE ${template} res)
message("${res}")
```

其执行结果如下：

```
> cd CMake-Book/src/ch004/string/字符串模板
> cmake -P 真值常量.cmake
...

定义宏C
#define C

定义0/1宏D
#define D 1

定义值为e的宏E
#define E e

定义值为F变量的值的宏F
#define F YES
```

转义引号

在该string命令中，还有一个可选参数ESCAPE_QUOTES。它用于指定是否需要转义用于模板替换的变量值中的引号。若指定了该参数，CMake将会使用C语言中的转义形式来转义这些引号，即在引号前面加一个反斜杠。

下面的例程会演示ESCAPE_QUOTES参数对模板配置结果的影响。如代码清单4.24所示，变量a的值包含一对引号。

代码清单4.24　ch004/string/字符串模板/转义引号.cmake

```
cmake_minimum_required(VERSION 3.20)
```

```
set(a "a的值，有\"引号\"")
```

```
string(CONFIGURE "std::string str = \"@a@\";" res)
message("${res}")

string(CONFIGURE "std::string str = \"@a@\";" res ESCAPE_QUOTES)
message("${res}")
```

其执行结果如下：

```
> cd CMake-Book/src/ch004/string/字符串模板
> cmake -P 转义引号.cmake
std::string str = "a的值，有"引号"";
std::string str = "a的值，有\"引号\"";
```

4.2.9 JSON操作

现在JSON文件格式越来越多地被应用于配置文件等场景。CMake在3.19版本中，也为string 命令增加了一些用于JSON操作的形式，为读写JSON提供了巨大的便利。

错误处理

JSON操作中的每个命令都会涉及错误的处理，首先来了解其处理错误的方式。

这些用于JSON操作的命令都会涉及两个参数：<结果变量>和<错误变量>。

在命令正常执行的情况下，<结果变量>用于保存结果；而<错误变量>会被赋值为NOTFOUND，表示没有错误。

当命令执行出错时，<错误变量>用于存放错误信息，而<结果变量>则用于存放出错的 JSON键的路径，格式如下：

```
<JSON键>[-<JSON键>...]-NOTFOUND
```

当然，如果某些错误与某个路径的JSON键无关，则结果变量的值为NOTFOUND。另外，<错误变量>是可选参数。如果命令出错且<错误变量>未指定，则会触发CMake的致命错误，直接终止程序运行。

获取JSON元素值

```
string(JSON <结果变量> [ERROR_VARIABLE <错误变量>]
       GET <JSON字符串> [<JSON键>...])
```

该命令将解析<JSON字符串>，并根据指定的若干<JSON键>定位到对应 JSON元素，获取其值，然后存入<结果变量>中。其中，<JSON键>可以是JSON对象的成员名称或JSON数组的索引数值。

如果定位到的JSON元素是一个JSON对象或数组，则获取的结果为对应元素的JSON字符串表示；如果其为布尔值元素，则获取的结果为ON或OFF；如果其为空元素“null”，则获取的结果为空字符串；其他情况下，获取的结果均为对应元素的字符串表示。代码清单4.25中展示了一些实例。

代码清单4.25　ch004/string/获取JSON元素值.cmake

```
set(json [=[{
    "a": {
        "b": ["x", "y", "z"],
        "c": true,
        "d": null
    }
}]=])

string(JSON res ERROR_VARIABLE err GET ${json} a b)
message("a.b=${res}") # 输出: a.b=[ "x", "y", "z" ]

string(JSON res ERROR_VARIABLE err GET ${json} a b 1)
message("a.b[1]=${res}") # 输出: a.b[1]=y

string(JSON res ERROR_VARIABLE err GET ${json} a c)
message("a.c=${res}") # 输出: a.c=ON

string(JSON res ERROR_VARIABLE err GET ${json} a d)
message("a.d=${res}") # 输出: a.d=

string(JSON res ERROR_VARIABLE err GET ${json} a e)
message("a.e=${res}, ${err}")
# 输出: a.e=a-e-NOTFOUND, member 'a e' not found

string(JSON res GET ${json} a e)
# 致命错误: string sub-command JSON member 'a e' not found.
```

获取JSON元素类型

```
string(JSON <结果变量> [ERROR_VARIABLE <错误变量>]
    TYPE <JSON字符串> [<JSON键>...])
```

该命令将解析<JSON字符串>，并根据指定的若干<JSON键>定位到对应JSON元素，将其类型存入<结果变量>中。结果类型有如下取值：

- NULL，空类型；
- NUMBER，数值类型；
- STRING，字符串类型；
- BOOLEAN，布尔类型；
- ARRAY，数组类型；
- OBJECT，对象类型。

代码清单4.26所示例程展示了不同类型的输出结果。

代码清单4.26 ch004/string/获取JSON元素类型.cmake

```
set(json [=[{
    "a": {},
    "b": [],
    "c": 123,
    "d": "123",
    "e": false,
    "f": null
}]=])

string(JSON res TYPE ${json})
message("${res}") # 输出: OBJECT

foreach(key a b c d e f)
    string(JSON res TYPE ${json} ${key})
    message("${key}: ${res}")
endforeach()
# 输出:
# a: OBJECT
# b: ARRAY
# c: NUMBER
# d: STRING
# e: BOOLEAN
# f: NULL
```

索引获取JSON键名

```
string(JSON <结果变量> [ERROR_VARIABLE <错误变量>]
       MEMBER <JSON字符串> [<JSON键>...] <N>)
```

该命令将解析<JSON字符串>，并根据指定的若干<JSON键>定位到对应JSON元素，将其第<*N*>个键的名称存入<结果变量>中。该命令要求定位到的JSON元素必须是一个JSON对象类型的元素。代码清单4.27 中是一些实例。

代码清单4.27 ch004/string/索引获取JSON键名.cmake

```
set(json [=[{
    "a": {
        "b": 0,
        "c": {}
    },
    "d": {}
}]=])

string(JSON res MEMBER ${json} 0)
message("${res}") # 输出: a

string(JSON res MEMBER ${json} 1)
message("${res}") # 输出: d
```

```
string(JSON res MEMBER ${json} a 0)
message("${res}") # 输出: b

string(JSON res MEMBER ${json} a 1)
message("${res}") # 输出: c

string(JSON res MEMBER ${json} a b 0)
# 致命错误:
string sub-command JSON MEMBER needs to be called with an element of type OBJECT, got
NUMBER.
```

获取JSON元素大小

```
string(JSON <结果变量> [ERROR_VARIABLE <错误变量>]
       LENGTH <JSON字符串> [<JSON键>...])
```

该命令将解析<JSON字符串>，并根据指定的若干<JSON键>定位到对应JSON元素，将其大小存入<结果变量>。该命令要求定位到的JSON元素必须是一个JSON对象类型或JSON数组类型的元素。代码清单4.28中是一些实例。

代码清单4.28　ch004/string/获取JSON元素大小.cmake

```
set(json [=[{
    "a": {
        "x": 0,
        "y": {}
    },
    "b": [0, 1, 2, 3, 4],
    "c": "cmake"
}]=])

string(JSON res LENGTH ${json})
message("${res}") # 输出: 3

string(JSON res LENGTH ${json} a)
message("${res}") # 输出: 2

string(JSON res LENGTH ${json} b)
message("${res}") # 输出: 5

string(JSON res LENGTH ${json} c)
# 致命错误:
string sub-command JSON LENGTH needs to be called with an element of type ARRAY or OBJ
ECT, got STRING.
```

移除JSON元素

```
string(JSON <结果变量> [ERROR_VARIABLE <错误变量>]
       REMOVE <JSON字符串> <JSON键> [<JSON键>...])
```

该命令将解析<JSON字符串>，并根据指定的若干<JSON键>定位到对应JSON元素，然后将其移除，同时将移除元素后的JSON字符串存入<结果变量>中。

修改JSON元素值

```
string(JSON <结果变量> [ERROR_VARIABLE <错误变量>]
       SET <JSON字符串> <JSON键> [<JSON键>...] <新值>)
```

该命令将解析<JSON字符串>，并根据指定的若干<JSON键>定位到对应JSON元素，若该元素不存在，则在定位位置创建该元素，然后将其值修改为指定的<新值>，并将修改后的JSON字符串存入<结果变量>中。其中，<新值>必须是一个合法的JSON字符串。也就是说，如果想设置一个元素的值为一个字符串，参数值需要加双引号。

比较JSON对象

```
string(JSON <结果变量> [ERROR_VARIABLE <错误变量>]
       EQUAL <JSON字符串1> <JSON字符串2>)
```

该命令将比较指定的<JSON字符串1>和<JSON字符串2>对应的JSON对象，若二者等价，则将真值常量存入<结果变量>中；否则存入假值常量。 代码清单4.29中展示了两个实例。

代码清单4.29　ch004/string/比较JSON对象.cmake

```
string(JSON res EQUAL [[{"b": 0, "a": 1}]] [[{"a": 1, "b": 0}]])
message("${res}") # 输出: ON

string(JSON res EQUAL [[{"b": null, "a": 1}]] [[{"a": 1}]])
message("${res}") # 输出: OFF
```

4.3　列表操作命令：list

讲解列表之前再次强调：CMake中的一切变量值本质上都是字符串。

为了服务于各种目的，区分不同的类型以进行不同的操作是不可避免的。因此，CMake提供了很多将字符串视为某种类型并进行相关操作的命令，列表操作命令就是其中的典型。

4.3.1　回顾列表

先回顾一下列表的表示方式：由分号分隔的一系列字符串构成一个列表，分号隔开的每一个字符串都是列表的元素。列表可以直接通过set命令来创建，例如：

- set(list_1 a b c)创建了一个列表a;b;c，其中包含三个元素——a、b和c；
- set(list_2 "a;b;c")创建了与上例相同的列表；
- set(list_3 "a b c")创建了一个字符串"a b c"，或者说一个具有单个元素a b c的列表。

列表操作的作用域

list命令对列表变量的创建或修改是在当前作用域完成的，这一点与set命令的默认行为是一致的。因此，如果要将结果修改到上层作用域的变量中，仍然需要调用set命令并指定PARENT_SCOPE参数，如代码清单4.30所示。

代码清单4.30　ch004/list/作用域.cmake

```
function(append list_var)
    list(APPEND ${list_var} d) # 向列表变量中追加元素d
    message("${${list_var}}") # 输出: a;b;c;d
endfunction()
function(append2 list_var)
    list(APPEND ${list_var} d) # 向列表变量中追加元素d
    set(${list_var} ${${list_var}} PARENT_SCOPE)
    message("${${list_var}}") # 输出: a;b;c;d
endfunction()

set(x "a;b;c")
append(x)
message("${x}") # 输出: a;b;c

append2(x)
message("${x}") # 输出: a;b;c;d
```

列表索引的表示

很多列表操作免不了用到列表元素的索引，如获取、插入、删除元素等。CMake 列表操作命令要求索引从0开始计数，即0表示第一个元素的索引；同时还支持负数索引，可用于从后向前索引元素，如-1表示倒数第一个元素的索引，如代码清单4.31所示。

代码清单4.31　ch004/list/索引.cmake

```
set(x "a;b;c")

foreach(i 0 1 2 -1 -2 -3)
    list(GET x ${i} res) # 获取列表变量x中的第i个元素到res
    message("x[${i}] = ${res}")
endforeach()
# 输出:
# x[0] = a
# x[1] = b
# x[2] = c
# x[-1] = c
# x[-2] = b
# x[-3] = a
```

4.3.2　访问列表元素

索引获取元素

```
list(GET <列表变量> <元素索引> [<元素索引>...] <结果变量>)
```

该命令会根据若干<元素索引>参数获取列表中对应元素的值，并存入<结果变量>中。若指定多个<元素索引>，对应的元素值将以列表形式存入结果变量。代码清单4.32中是一些实例。

代码清单4.32　ch004/list/索引获取元素.cmake

```
set(x "a;b;c")

list(GET x 0 res)
message("${res}") # 输出: a

list(GET x 0 2 res)
message("${res}") # 输出: a;c
```

不同于string命令直接对字符串字面量进行操作，list命令接受的参数是列表变量的名称。

搜索列表元素

```
list(FIND <列表变量> <搜索值> <结果变量>)
```

该命令会在列表中搜索指定的<搜索值>，并将搜索到的元素索引存入<结果变量>中。若该元素不存在，则结果为-1。

4.3.3　获取列表长度

```
list(LENGTH <列表变量> <结果变量>)
```

该命令将获取列表中元素的数量，即列表长度，并将其存入<结果变量>中。

4.3.4　列表元素增删

追加元素

```
list(APPEND <列表变量> [<元素值>...])
```

该命令将指定的<元素值>追加到列表末尾。

前插元素

```
list(PREPEND <列表变量> [<元素值>...])
```

该命令将指定的<元素值>插入到列表开头。

插入元素

```
list(INSERT <列表变量> <插入索引> [<元素值>...])
```

该命令将指定的<元素值>插入到列表中<插入索引>所对应的位置，使得插入的第一个<元素值>对应的索引成为<插入索引>，如代码清单4.33所示。

代码清单4.33　ch004/list/插入元素.cmake

```
set(x a;d;e)
list(INSERT x 1 b c)
message("${x}") # 输出: a;b;c;d;e
```

弹出末项元素

```
list(POP_BACK <列表变量> [<结果变量>...])
```

若未指定<结果变量>，该命令将移除指定列表中的最后一个元素；若指定了若干<结果变量>，该命令将会移除指定列表中位于末尾的同样数量的元素，并依次赋值给对应的结果变量。代码清单4.34中是一些实例。

代码清单4.34　ch004/list/弹出末项元素.cmake

```
set(x a b c d e)

list(POP_BACK x)
message("${x}") # 输出: a;b;c;d

list(POP_BACK x x0 x1)
message("${x}") # 输出: a;b
message("${x0}, ${x1}") # 输出: d, c
```

弹出首项元素

```
list(POP_FRONT <列表变量> [<结果变量>...])
```

若未指定<结果变量>，该命令将移除指定列表中的第一个元素；若指定了若干<结果变量>，该命令将会移除指定列表中位于首部的同样数量的元素，并依次赋值给对应的结果变量。

索引移除元素

```
list(REMOVE_AT <列表变量> <索引> [<索引>...])
```

该命令将移除列表中指定的若干<索引>所对应的元素。

移除元素值

```
list(REMOVE_ITEM <列表变量> <值> [<值>...])
```

该命令将移除列表中所有值为指定<值>的元素。

移除重复元素

```
list(REMOVE_DUPLICATES <列表变量>)
```

该命令将移除列表中所有重复的值。列表中重复的值将仅保留首次出现的一个，其他值则仍然存在于列表中，且保持原有顺序。

4.3.5　列表变换

连接列表

```
list(JOIN <列表变量> <分隔字符串> <结果变量>)
```

该命令将以<分隔字符串>作为分隔符来连接列表中的每一个元素，并将结果存入<结果变量>中。该命令与string(JOIN)命令的功能相同，但参数形式不同，读者可以根据实际情况选择更便利的形式。代码清单4.35中是一些实例。

代码清单4.35 ch004/list/连接列表.cmake

```
set(x a;b;c)
list(JOIN x "-" res)
message("${res}") # 输出: a-b-c

string(JOIN "-" res ${x})
message("${res}") # 输出: a-b-c
```

取子列表

```
list(SUBLIST <列表变量> <起始索引> <截取长度> <结果变量>)
```

该命令将从<起始索引>开始截取列表指定<截取长度>数量的元素，作为结果的子列表，并将其存入<结果变量>中。

与string(SUBSTRING)取子字符串的命令类似，这里的<截取长度>也可以取值为-1，即一直截取到最后一个元素。同样，当<起始索引>与<截取长度>之和超过列表长度时，该命令也会一直截取到最后一个元素。

列表筛选

```
list(FILTER <列表变量> <INCLUDE|EXCLUDE> REGEX <正则表达式>)
```

该命令可以在列表中筛选出匹配指定<正则表达式>的元素。当指定INCLUDE时，该命令将仅保留匹配到的元素；当指定EXCLUDE时，则将匹配的元素移除。其中，正则表达式的语法与前面字符串正则匹配中的正则表达式一致，参见4.2.2小节。

在代码清单4.36所示的例程中，第一个list(FILTER)命令将单字母的元素筛选出来，保存到了x中；第二个命令则将单字母或单字母跟着一个数字的形式筛选掉，将剩下的元素保存到了y中。

代码清单4.36 ch004/list/列表筛选.cmake

```
set(x a1 b2 c0 d e f 1 2 3)
set(y ${x})

list(FILTER x INCLUDE REGEX "^[a-z]$")
message("${x}") # 输出: d;e;f

list(FILTER y EXCLUDE REGEX "^[a-z][0-9]?$")
message("${y}") # 输出: 1;2;3
```

4.3.6 列表重排

翻转列表

```
list(REVERSE <列表变量>)
```

该命令可以将列表中的元素翻转顺序，即首尾对调。

排序列表

```
list(SORT <列表变量> [COMPARE <排序依据>] [CASE <大小写敏感>] [ORDER <排序方向>])
```

该命令可以将列表中的元素根据指定的<排序依据>、<大小写敏感>、<排序方向>等选项排序。

其中，<排序依据>可以是下列选项之一。

- STRING，即按照字典序对列表元素进行排序，这是省略COMPARE参数时的默认值。
- FILE_BASENAME，即假定列表元素都是文件路径，并按照路径中的文件名称部分对列表元素进行排序。
- NATURAL，即按照自然序对列表元素进行排序。如果比较元素中含有非数字字符且它们不是这些元素的共同前缀，那么比较将退化为字典序比较。例如，a10比a2大，因为a是它们的共同前缀，于是按照自然序比较10和2；但a10比aa2小，因为aa并非它们的共同前缀，那么只能按照字典序对两个字符串进行比较。

<大小写敏感>可以是下列选项之一。

- SENSITIVE，即启用大小写敏感的比较，这是省略CASE参数时的默认值。
- INSENSITIVE，即禁用大小写敏感的比较。

<排序方向>可以是下列选项之一。

- ASCENDING，即升序排序，这是省略ORDER参数时的默认值。
- DESCENDING，即降序排序。

代码清单4.37中是一些实例。

代码清单4.37　ch004/list/排序列表.cmake

```
set(x a;b;c;D;e)

# 字典序升序，大小写敏感
list(SORT x)
message("${x}") # 输出：D;a;b;c;e

# 字典序升序，大小写不敏感
list(SORT x CASE INSENSITIVE)
message("${x}") # 输出：a;b;c;D;e

set(x 1 10 2 3 100 4 5)

# 字典序降序，大小写敏感
list(SORT x ORDER DESCENDING)
message("${x}") # 输出：5;4;3;2;100;10;1

# 自然序降序，大小写敏感
list(SORT x COMPARE NATURAL ORDER DESCENDING)
```

```
message("${x}") # 输出: 100;10;5;4;3;2;1

# 自然序升序，大小写敏感
set(x a2 a10)
list(SORT x COMPARE NATURAL)
message("${x}") # 输出: a2;a10

# 自然序升序，大小写敏感
set(x aa2 a10)
list(SORT x COMPARE NATURAL)
message("${x}") # 输出: a10;aa2

# 文件名升序，大小写敏感
set(x "a/a/c.txt" "a/b.txt" "a/b.pdf")
list(SORT x COMPARE FILE_BASENAME)
message("${x}") # 输出: a/b.pdf;a/b.txt;a/a/c.txt
```

4.3.7 列表元素变换

```
list(TRANSFORM <列表变量> <变换操作>
     [<元素选择器>] [OUTPUT_VARIABLE <结果变量>])
```

该命令会对<元素选择器>选中的元素进行指定的<变换操作>，并将变换后的列表存入<结果变量>中；若未指定<结果变量>，则会直接修改<列表变量>。

该命令不会改变列表元素的个数。当未提供<元素选择器>参数时，它会对所有列表元素进行变换操作。否则，它仅会对选择器选中的元素进行变换操作，并保持其他元素不变。

变换操作

列表中的每一个元素实质上都是一个字符串，因此对元素的变换操作自然就是一系列对字符串的操作。list(TRANSFORM)命令支持的变换操作正是如此，它们大都与string命令的子命令对应，参见4.2.4小节。下面列举了列表元素变换支持的变换操作。

```
list(TRANSFORM <列表变量> <APPEND|PREPEND> <值> ...)
```

上述变换会对列表的元素值追加或前插字符串。

```
list(TRANSFORM <列表变量> <TOUPPER|TOLOWER> ...)
```

上述变换会将列表元素值转换为大小或小写字符。

```
list(TRANSFORM <列表变量> STRIP ...)
```

上述变换会将列表元素值中的首尾空白符删除。

```
list(TRANSFORM <列表变量> GENEX_STRIP ...)
```

上述变换会将列表元素值中的生成器表达式删除。有关生成器表达式的介绍，参见第8章。

```
list(TRANSFORM <列表变量> REPLACE <正则表达式> <替换表达式> ...)
```

上述变换会对列表元素值反复进行正则匹配，并将匹配到的部分进行正则替换。正则表达式的语法及替换的规则参见4.2.2小节。

元素选择器

元素选择器用于在列表中选择需要被变换的元素，可以是下列三种元素选择器之一。

```
list(TRANSFORM ... AT <索引> [<索引>...]  ...)
```

上述选择器按索引选择元素。

```
list(TRANSFORM ... FOR <起始索引> <终止索引> [<索引步进>] ...)
```

上述选择器按区间选择元素。

```
list(TRANSFORM ... REGEX <正则表达式> ...)
```

上述选择器按正则表达式选择元素，只有匹配正则表达式的元素才会被选择。

实例

列表元素变换实例如代码清单4.38所示。

代码清单4.38　ch004/list/列表元素变换.cmake

```
set(x a b c d e)

# 前插和追加字符串
list(TRANSFORM x PREPEND " (")
list(TRANSFORM x APPEND ") ")
message("${x}") # 输出: (a) ; (b) ; (c) ; (d) ; (e)

# 转换为大写字母，存入变量y
list(TRANSFORM x TOUPPER OUTPUT_VARIABLE y)
message("${y}") # 输出: (A) ; (B) ; (C) ; (D) ; (E)

# 对x[0], x[2]删除首尾空白符
list(TRANSFORM x STRIP AT 0 2)
message("${x}") # 输出: (a); (b) ;(c); (d) ; (e)

# 从x[1]到x[4]（间隔为2），替换单个字母为两个字母
list(TRANSFORM x REPLACE [a-z] "\\0\\0" FOR 1 4 2)
message("${x}") # 输出: (a); (bb) ;(c); (dd) ; (e)

# 对值存在连续两个字母的元素，追加!
list(TRANSFORM x APPEND "!" REGEX [a-z][a-z])
message("${x}") # 输出: (a); (bb) !;(c); (dd) !; (e)
```

4.4　文件操作命令：file

file命令用于需要访问文件系统的文件和路径操作。对于无须访问文件系统的路径字符串语法层面的一些操作，通常使用cmake_path命令来完成。

4.4.1　读取文件

读取文件内容

```
file(READ <文件名> <结果变量>
```

```
    [OFFSET <偏移量>] [LIMIT <最大长度>] [HEX])
```

该命令会将<文件名>指定的文件内容读取到<结果变量>中。

它还支持指定<偏移量>，即读取文件内容的起始字节位置；以及<最大长度>，即读取到<结果变量>中的最大字节数。HEX参数一般用于读取二进制文件内容，指定HEX后，数据将会被转换为十六进制（小写字母）表示。代码清单4.39中是一些实例。

代码清单4.39　ch004/file/读取文件内容.cmake

```
file(READ example.txt res)
message("${res}") # 输出：你好，CMake!

file(READ example.txt res LIMIT 6)
message("${res}") # 输出：你好

file(READ example.txt res OFFSET 9)
message("${res}") # 输出：CMake!

file(READ example.txt res OFFSET 9 HEX)
message("${res}") # 输出：434d616b65efbc81
```

实例中涉及的example.txt文本文件如代码清单4.40所示。

代码清单4.40　ch004/file/example.txt

```
你好，CMake!
```

<偏移量>和<最大长度>均按照字节数计算，因此UTF-8编码的中文等特殊字符的长度并不能视为1。

读取字符串列表

```
file(STRINGS <文件名> <结果变量>
     [LENGTH_MAXIMUM <最大长度>]
     [LENGTH_MINIMUM <最小长度>]
     [LIMIT_COUNT <最大字符串数>]
     [LIMIT_INPUT <最大输入字节数>]
     [LIMIT_OUTPUT <最大输出字节数>]
     [REGEX <正则表达式>]
     [NEWLINE_CONSUME]
     [NO_HEX_CONVERSION]
     [ENCODING <UTF-8|UTF-16LE|UTF-16BE|UTF-32LE|UTF-32BE>]
     )
```

该命令会将<文件名>指定的文件内容中的每一行字符串，以列表的形式读取到 <结果变量>中。下列参数用于设置提取过程的限制条件：

- ❑ LENGTH_MAXIMUM <最大长度>，用于限制提取的字符串的最大长度；
- ❑ LENGTH_MINIMUM <最小长度>，用于限制提取的字符串的最小长度；
- ❑ LIMIT_COUNT <最大字符串数>，用于限制提取的字符串元素的数量；

- ❑ LIMIT_INPUT <最大输入字节数>，用于限制读取文件的最大字节数；
- ❑ LIMIT_OUTPUT <最大输出字节数>，用于限制存入<结果变量>中的值的最大字节数；
- ❑ REGEX <正则表达式>，用于限制提取的字符串必须匹配该正则表达式。

NEWLINE_CONSUME参数用于忽略换行符。它会将换行符视为字符串内容而非多个字符串的分隔符。指定该参数后，该命令的功能与file(READ)基本一致。

NO_HEX_CONVERSION参数用于禁止在读取时自动将Intel Hex文件和Motorola SREC文件转换为二进制。

ENCODING <编码>用于指定读取文件的编码方式。目前仅支持UTF-8、UTF-16LE、UTF-16BE、UTF-32LE和UTF-32BE五种编码方式。省略该参数时，该命令会参考文件的字节顺序标记（Byte Order Mark，BOM）判断文件编码。

代码清单4.41中是一些实例。

代码清单4.41　ch004/file/读取字符串列表.cmake

```
file(STRINGS list.txt res)
message("${res}") # 输出: abc;;CMake;abc;123

file(STRINGS list.txt res ENCODING UTF-8)
message("${res}") # 输出: abc;你好;CMake;abc;123

file(STRINGS list.txt res ENCODING UTF-8 REGEX [a-z]+)
message("${res}") # 输出: abc;CMake;abc

file(STRINGS list.txt res NEWLINE_CONSUME ENCODING UTF-8)
message("${res}")
# 输出:
# abc
# 你好
# CMake
# abc
# 123
```

实例中涉及的list.txt如代码清单4.42所示。

代码清单4.42　ch004/file/list.txt

```
abc
你好
CMake
abc
123
```

对比前两行的输出结果可知：当未指定编码方式时，CMake无法正确提取中文字符串；指定文本文件list.txt编码方式UTF-8后，CMake正确提取出了中文字符串。

计算文件哈希

```
file(<哈希算法> <文件名> <结果变量>)
```

该命令会对<文件名>指定的文件内容按照指定的<哈希算法>计算哈希值，并将该值存入<结果变量>。

4.2.6小节中介绍过字符串取哈希值的子命令，它支持多种哈希算法。这里的计算文件哈希命令同样支持这些哈希算法。

获取修改时间

```
file(TIMESTAMP <文件名> <结果变量> [<时间戳格式>] [UTC])
```

该命令将获取<文件名>所指定文件的修改时间戳，并将其存入<结果变量>。文件修改时间戳的格式可以通过<时间戳格式>参数指定，UTC参数用于指定是否采用协调时间时。有关两个参数的说明，参见4.2.7小节中对字符串生成时间戳子命令的相关介绍。代码清单4.43中是一组实例。

代码清单4.43 ch004/file/获取修改时间.cmake

```
file(TIMESTAMP example.txt res)
message("${res}") # 输出: 2021-05-10T23:22:13

file(TIMESTAMP example.txt res "%Y年%m月%d日 %H:%M:%S UTC" UTC)
message("${res}") # 输出: 2021年05月10日 15:22:13 UTC
```

4.4.2 获取运行时依赖

```
file(GET_RUNTIME_DEPENDENCIES
    [RESOLVED_DEPENDENCIES_VAR <已解析依赖的结果变量>]
    [UNRESOLVED_DEPENDENCIES_VAR <未解析依赖的结果变量>]
    [CONFLICTING_DEPENDENCIES_PREFIX <冲突依赖的变量前缀名>]
    [EXECUTABLES [<可执行文件>...]]
    [LIBRARIES [<动态库文件>...]]
    [MODULES [<模块文件>...]]
    [DIRECTORIES [<搜索目录>...]]
    [BUNDLE_EXECUTABLE <Bundle可执行文件>]
    [PRE_INCLUDE_REGEXES [<正则表达式>...]]
    [PRE_EXCLUDE_REGEXES [<正则表达式>...]]
    [POST_INCLUDE_REGEXES [<正则表达式>...]]
    [POST_EXCLUDE_REGEXES [<正则表达式>...]]
)
```

该命令用于递归获取指定文件的运行时依赖库。下面将依次介绍它的参数。

```
RESOLVED_DEPENDENCIES_VAR <已解析依赖的结果变量>
UNRESOLVED_DEPENDENCIES_VAR <未解析依赖的结果变量>
```

命令获取依赖后，会尝试解析这些依赖库文件的存放位置。成功解析的依赖库文件路径会被存入<已解析依赖的结果变量>中；未能解析到文件路径的依赖库文件名则被存入<未解析依赖的

结果变量>。

```
CONFLICTING_DEPENDENCIES_PREFIX <冲突依赖的变量前缀名>
```

上述参数用于指定一个变量前缀，一些依赖冲突信息会被分别存入变量名以该前缀开头的变量中。

当两个不同的搜索目录中存在文件名相同的依赖库时，这个依赖会被认为是冲突依赖。所有冲突依赖的文件名将以列表形式存入<冲突依赖的变量前缀名>_FILENAMES变量中。对于每一个冲突的依赖库文件，还会有一个变量<冲突依赖的变量前缀名>_<冲突依赖文件名>用以保存所有存在该文件名的目录路径。

例如，如果希望同时获取a.exe和b.exe的依赖，而它们分别依赖位于目录dir_a和目录dir_b中的同名库文件liba.dll。假设设置CONFLICTING_DEPENDENCIES_PREFIX为X，则变量X_FILENAMES的值为liba.dll，变量X_liba.dll的值为dir_a;dir_b。

若省略这个参数，那么冲突依赖会导致致命报错。

```
EXECUTABLES [<可执行文件>...]
LIBRARIES [<库文件>...]
MODULES [<模块文件>...]
```

上述参数分别用于指定需要获取其依赖的若干可执行文件、动态库文件和模块文件。

在macOS中，<可执行文件>的路径决定了递归解析依赖库时需要参照的@executable_path值。

```
DIRECTORIES [<搜索目录>...]
```

上述参数用于指定搜索依赖的若干目录。

在Linux中，该命令首先根据给定的要获取依赖的可执行文件、库文件等二进制文件中的编码信息，在默认搜索目录中解析依赖库文件。只有解析失败时，该命令才会考虑在指定的<搜索目录>中搜索。如果依赖库文件确实在指定的<搜索目录>中解析到了，该命令会输出一条警告信息。因为通常来说，可执行文件、库文件等都会将依赖路径编码在自身二进制文件中（如RPATH），若无法根据默认搜索目录找到依赖，说明二进制中记录的信息很可能不完整。

在Windows中，该命令也会先在默认搜索目录解析依赖文件，再从指定的 <搜索目录>中搜索。但不同的是，它不会产生任何警告信息，这是因为在Windows中，从任意路径解析依赖库是非常常见的行为。

在macOS中，这个参数没有作用。

```
BUNDLE_EXECUTABLE <Bundle可执行文件>
```

上述参数仅在macOS中生效。它决定了递归解析<库文件>和<模块文件>的依赖库时所需参照的@executable_path值。该参数不会影响对<可执行文件>依赖库的解析。

```
PRE_INCLUDE_REGEXES [<正则表达式>...]
PRE_EXCLUDE_REGEXES [<正则表达式>...]
POST_INCLUDE_REGEXES [<正则表达式>...]
POST_EXCLUDE_REGEXES [<正则表达式>...]
```

这四个参数用于通过正则表达式来过滤需要解析的依赖库。

以PRE开头的参数用于过滤尚未解析的依赖库，以POST开头的参数用于过滤成功解析的依赖库。INCLUDE用于筛选需要包含的依赖库，EXCLUDE则用于筛选需要排除的依赖库。

在递归解析的过程中，每一次迭代都会过滤一次。具体的过滤流程如下。

1．若尚未解析的依赖匹配PRE_INCLUDE_REGEXES中的任意一个正则表达式，则继续解析该依赖，直接跳到步骤4。

2．若尚未解析的依赖匹配PRE_EXCLUDE_REGEXES中的任意一个正则表达式，则停止解析该依赖。

3．其他情况下，依赖的解析过程正常进行。该命令根据不同平台的链接规则搜索该依赖以解析其存放路径。

4．若搜索到该依赖，且其绝对路径能够匹配POST_INCLUDE_REGEXES中的任意一个正则表达式，或无法匹配POST_EXCLUDE_REGEXES开头的任意正则表达式，则将该绝对路径存入<已解析依赖的结果变量>对应的列表，并递归解析其依赖。否则，进行下一步判断。

5．若搜索到该依赖，且其绝对路径能够匹配POST_EXCLUDE_REGEXES中的任意一个正则表达式，则该绝对路径不会被存入结果变量中，并停止对该依赖的递归解析。

合理设置这些参数可以根据需要中断递归解析的过程，避免最终结果中产生大量不需要的依赖，如系统依赖等。

Windows中的依赖解析过程

由于Windows对文件名是大小写不敏感的，而链接器写入依赖库文件名时有可能混用大小写字母。这就为用于过滤库文件名的正则表达式参数带来了麻烦，例如，为了匹配各种可能的Kernel32.DLL，我们要将正则表达式写作^[kK][eE][rR][nN][eE][lL]32\\.[dD][lL][lL]$。

为了避免这个麻烦，该命令在Windows中解析依赖时，会先将依赖库的文件名都转换为小写形式。这样，使用正则表达式参数过滤依赖时，只考虑小写即可，如^kernel32\\.dll$。

需要注意：只有依赖库文件名会被转换为小写，其绝对路径中的其他目录部分不会被转换。具体结果过程如下。

1．将依赖库文件名转换为小写形式。

2．在目标文件的同一目录中解析依赖库文件。若该目录中不存在该库，继续下一步。

3．在操作系统的system32目录和Windows目录中依次解析该依赖库文件。若该目录中不存在该库，继续下一步。

4．在指定的<搜索目录>参数中，按照参数指定的目录顺序依次解析该依赖库文件。若仍不能解析到该库，将该库视为未能解析的依赖。

Linux中的依赖解析过程

1．若目标文件包含RUNPATH项，且依赖库存在于RUNPATH项指定的某一目录中，则成功解析该依赖库。

2．若依赖库存在于目标文件的RPATH项或其上级依赖者的RPATH项指定的某一目录中，则成功解析该依赖库。

3．若依赖库存在于ldconfig指定的目录中，则成功解析该依赖库。

4．若依赖库存在于<搜索目录>参数指定的某一目录中，则成功解析该依赖库，但同时该命令会产生警告信息，因为这通常意味着目标文件未完整列举依赖路径，很可能存在异常。

5．其他情况下，将该库视为未能解析的依赖。

macOS中的依赖解析过程

1．若依赖库路径以@executable_path/开头，且<可执行文件>参数中存在一个文件正被解析，且将@executable_path/替换为该可执行文件的路径后可以找到对应的依赖库文件，则成功解析该依赖库。

2．若依赖库路径以@executable_path/开头，且指定了<Bundle可执行文件>参数，且将@executable_path/替换为该参数的路径后可以找到对应的依赖库文件，则成功解析该依赖库。

3．若依赖库路径以@loader_path/开头，且将其替换为依赖该库的目标文件的所在目录路径后，可以找到对应的依赖库文件，则成功解析该依赖库。

4．若依赖库路径以@rpath/开头，且将其替换为依赖该库的目标文件的某一RPATH项后，可以找到对应的依赖库文件，则成功解析该依赖库。另外，RPATH项中若存在@executable_path/或@loader_path/，它们也会被替换为相应的值。

5．若依赖库路径是一个存在的绝对路径，则成功解析该依赖库。

6．其他情况下，将该库视为未能解析的依赖。

实例

下面的实例将获取在第1章构建动态库时生成的主程序main.exe的运行时依赖，如代码清单4.44所示。

代码清单4.44　ch004/file/获取运行时依赖.cmake

```
# 请先使用NMake生成 ch001/动态库 项目

set(dll_dir "${CMAKE_CURRENT_LIST_DIR}/../../ch001/动态库/")

file(GET_RUNTIME_DEPENDENCIES
    RESOLVED_DEPENDENCIES_VAR resolved
    UNRESOLVED_DEPENDENCIES_VAR unresolved
    EXECUTABLES ${dll_dir}/main.exe
    PRE_EXCLUDE_REGEXES kernel32.dll
)

message("${resolved}")
# 输出: C:/CMake-Book/src/ch004/file/../../ch001/动态库/liba.dll
```

```
message("${unresolved}")
# 输出空
```

该例程中过滤掉了kernel32.dll，避免输出大量系统库依赖。可以看到，输出结果中有一个已解析的依赖：liba.dll。因为它与main.exe 位于同一目录中，所以该命令可以成功解析到它所在的位置。

4.4.3 写入文件

写文件内容

```
file([WRITE|APPEND] <文件名> <内容字符串>...)
```

该命令会将指定的<内容字符串>写入<文件名>指定的文件。若指定了多个 <内容字符串>参数，那么它们会被连接在一起作为最终的内容写入<文件名>指定的文件。

当<文件名>指定的文件已经存在时，WRITE写入模式会覆盖该文件内容，而APPEND写入模式则会在文件末尾追加内容。如果指定文件不存在，则两种模式都会先创建该文件。

Touch文件

```
file([TOUCH|TOUCH_NOCREATE] <文件名>...)
```

当<文件名>参数对应的文件存在时，该命令用于改变它们的访问时间或修改时间，而不改变文件内容。

当<文件名>参数对应的文件不存在时，使用TOUCH参数，该命令会创建指定<文件名>的空文件；而使用 TOUCH_NOCREATE参数，该命令则会被忽略。

4.4.4 模板文件

```
file(CONFIGURE OUTPUT <生成文件名>
    CONTENT <模板字符串>
    [ESCAPE_QUOTES] [@ONLY]
    [NEWLINE_STYLE UNIX|DOS|WIN32|LF|CRLF])
```

与4.2.8小节中介绍的字符串模板功能类似，该命令同样依照当前执行上下文中的变量对<模板字符串>进行配置，不同的是结果会存入<生成文件名>指定的文件中。模板规则及ESCAPE_QUOTES和<@ONLY>参数均可参考4.2.8小节。

NEWLINE_STYLE可选参数用于指定生成文件中换行符的格式：UNIX和LF指使用\n作为换行符；DOS、WIN32、CRLF指使用\r\n作为换行符。

代码清单4.45中是一个实例。

代码清单4.45 ch004/file/模板文件.cmake

```
cmake_minimum_required(VERSION 3.20)

file(CONFIGURE OUTPUT out3.txt
    CONTENT "CMAKE_VERSION: @CMAKE_VERSION@
```

```
#cmakedefine A"
    @ONLY
)
# out3.txt文件的最终内容为:
# CMAKE_VERSION: 3.20.2
# #define A
```

4.4.5　遍历路径

遍历路径

```
file(GLOB <结果变量>
    [LIST_DIRECTORIES true|false]
    [RELATIVE <父路径>]
    [CONFIGURE_DEPENDS]
    [<路径遍历表达式>...]
)
```

该命令会根据指定的<路径遍历表达式>匹配相应的文件或目录，并将它们的路径按照字典序以列表形式存入<结果变量>中。在Windows和macOS中，它会将路径和该表达式都转换为小写形式再进行匹配，即不区分大小写，在其他平台中则会区分大小写。

<路径遍历表达式>是一种支持通配符的表达式，或者说是一种简化过的正则表达式：

- *直接用于匹配任意字符（除目录分隔符外）；
- ?直接用于匹配单个字符（除目录分隔符外）；
- []用于匹配方括号内的任意某个字符；
- -在方括号中表示字符区间，与正则表达式的语法一致。

指定<父路径>参数可以将结果变量中的路径转换为相对<父路径>的相对路径。

LIST_DIRECTORIES参数用于指定是否将匹配到的目录存入结果变量，默认为真值，即结果变量中既包含文件路径也包含目录路径。

CONFIGURE_DEPENDS参数在CMake脚本程序中没有作用，主要用于构建项目的CMake程序。指定该参数后，CMake会在每次构建时重新执行该file(GLOB)命令，检查输出结果是否发生改变。如果结果有所改变，则重新生成构建系统。

代码清单4.46中是一个实例。

代码清单4.46　ch004/file/遍历路径.cmake

```
# 目录结构如下:
# 遍历路径
# |-- 1.csv
# |-- 1.jpg
# |-- 1.txt
# |-- a
#     |-- 2.txt
```

```
#     |-- b
#         |-- 3.txt

file(GLOB res
    RELATIVE "${CMAKE_CURRENT_LIST_DIR}/遍历路径"
    遍历路径/*)
message("${res}") # 输出: 1.csv;1.jpg;1.txt;a

file(GLOB res
    RELATIVE "${CMAKE_CURRENT_LIST_DIR}/遍历路径"
    遍历路径/*.txt 遍历路径/*.jpg)
message("${res}") # 输出: 1.jpg;1.txt

file(GLOB res
    LIST_DIRECTORIES false
    RELATIVE "${CMAKE_CURRENT_LIST_DIR}/遍历路径"
    遍历路径/*)
message("${res}") # 输出: 1.csv;1.jpg;1.txt

file(GLOB res
    LIST_DIRECTORIES false
    RELATIVE "${CMAKE_CURRENT_LIST_DIR}/遍历路径"
    遍历路径/*/*)
message("${res}") # 输出: a/2.txt
```

递归遍历路径

```
file(GLOB_RECURSE <结果变量>
     [FOLLOW_SYMLINKS]
     [LIST_DIRECTORIES true|false]
     [RELATIVE <父路径>]
     [CONFIGURE_DEPENDS]
     [<路径遍历表达式>...]
)
```

该命令与遍历路径的功能大体一致，只不过多了对递归遍历的支持，以及一个FOLLOW_SYMLINKS参数。该命令会遍历所有匹配到的目录及其子目录中的路径。若某子目录是符号链接（symbolic link），则仅当指定了FOLLOW_SYMLINKS 参数时，才会对其进行遍历。

另外，与递归遍历命令不同，该命令的LIST_DIRECTORIES参数的默认取值为false。

代码清单4.47中是一个实例。

代码清单4.47 ch004/file/递归遍历路径.cmake

```
# 目录结构如下:
# 遍历路径
# |-- 1.csv
# |-- 1.jpg
# |-- 1.txt
# |-- a
```

```
#      |-- 2.txt
#      |-- b
#          |-- 3.txt

file(GLOB_RECURSE res
    RELATIVE "${CMAKE_CURRENT_LIST_DIR}/遍历路径"
    遍历路径/*)
message("${res}") # 输出: 1.csv;1.jpg;1.txt;a/2.txt;a/b/3.txt

file(GLOB_RECURSE res
    RELATIVE "${CMAKE_CURRENT_LIST_DIR}/遍历路径"
    遍历路径/*.txt)
message("${res}") # 输出: 1.txt;a/2.txt;a/b/3.txt

file(GLOB_RECURSE res
    RELATIVE "${CMAKE_CURRENT_LIST_DIR}/遍历路径"
    遍历路径/*/*.txt)
message("${res}") # 输出: a/2.txt;a/b/3.txt
```

观察上例中第三个file命令的结果，“遍历路径/*/*.txt”中间的*必须匹配到某个目录路径，然后才会对这些目录及其子目录进行遍历。换句话说，这相当于把表达式拆成两部分：先用其目录部分遍历路径/*匹配目录，然后在这些目录及其子目录中，遍历文件名部分*.txt匹配到的文件。

递归遍历看上去有些类似Python glob库中支持的**模式，但实际上并不一样。Python glob库中的**可用于匹配目录中的任何文件，以及零个或多个层级的目录；CMake递归遍历中的*仍然只是匹配到当前层级的文件或目录路径，只不过会递归进入其中的子目录，然后按照<路径遍历表达式>的文件名部分再去匹配文件。

4.4.6 移动文件或目录

```
file(RENAME <原始路径> <目标路径>)
```

该命令可以将位于<原始路径>的一个文件或目录移动到<目标路径>，该命令要求<目标路径>的父目录必须存在。

4.4.7 删除文件或目录

删除文件

```
file(REMOVE [<文件路径>...])
```

该命令用于删除若干<文件路径>对应的文件。<文件路径>可以是相对当前源文件目录的相对路径，当前源文件目录的定义参见6.3.1小节。另外，该命令会忽略不存在的文件路径，并不会提示警告或错误。

如果<文件路径>参数为空字符串，则该路径会被忽略，同时CMake产生警告信息。

递归删除

```
file(REMOVE_RECURSE [<路径>...])
```

该命令用于递归删除若干<路径>对应的文件或目录，包括非空目录。

4.4.8 创建目录

```
file(MAKE_DIRECTORY [<目录路径>...])
```

该命令用于创建<目录路径>对应的目录及其父目录（若父目录不存在）。

4.4.9 复制文件或目录

```
file(<COPY|INSTALL> <路径>... DESTINATION <目标目录>
    [NO_SOURCE_PERMISSIONS | USE_SOURCE_PERMISSIONS]
    [FILE_PERMISSIONS <文件权限>...]
    [DIRECTORY_PERMISSION <目录权限>...]
    [FOLLOW_SYMLINK_CHAIN]
    [FILES_MATCHING]
    [
        [PATTERN <路径遍历表达式> | REGEX <正则表达式>]
        [EXCLUDE]
        [PERMISSIONS <权限>...]
    ]...
)
```

该命令会将<路径>对应的文件、目录和符号链接复制到<目标目录>中。文件被复制时，其时间戳会被保留。这样，如果复制时发现<目标目录>中存在同名文件且其时间戳也相同时，该命令就会跳过对该文件的复制。

COPY和INSTALL参数在功能上没有区别，只不过后者会额外输出一些状态信息，且默认隐式地指定了NO_SOURCE_PERMISSIONS参数，常用于CMake生成的安装脚本程序。

被复制的文件或目录的<路径>可为相对当前源文件目录的相对路径或绝对路径，<目标目录>可为相对当前构建目录的相对路径或绝对路径。对于CMake脚本程序而言，当前源文件目录和当前构建目录均为当前工作目录。这两个目录在构建过程中的具体定义参见6.3.1小节。

若干<路径遍历表达式>或<正则表达式>可用于匹配指定<路径>中的文件或目录，并对这些文件或目录进行细粒度的复制配置：

1．若指定FILES_MATCHING参数，则仅复制匹配到的文件或目录；

2．EXCLUDE参数的模式所匹配到的文件或目录将不被复制；

3．<权限>参数可用于对匹配到的文件或目录专门设定权限。

匹配<路径遍历表达式>时，仅匹配路径中的完整文件名；匹配<正则表达式>时，则会直接匹配绝对路径。后面的实例中可以观察到二者的区别。

<文件权限>、<目录权限>、<权限>都是用于设定权限的参数，其取值可为表4.3中的权限参数值的任意组合。

表4.3　权限参数值

权限参数值	含义
OWNER_READ	所有者的读权限
OWNER_WRITE	所有者的写权限
OWNER_EXECUTE	所有者的执行权限
GROUP_READ	所在组的读权限
GROUP_WRITE	所在组的写权限
GROUP_EXECUTE	所在组的执行权限
WORLD_READ	任何人的读权限
WORLD_WRITE	任何人的写权限
WORLD_EXECUTE	任何人的执行权限
SETUID	切换身份为所有者执行程序的权限
SETGID	切换身份为所在组执行程序的权限

其中，部分权限参数值仅在受支持的平台中有效。在Windows中，除了设定所有者的权限外，其他参数值都会被忽略。

该命令对遍历到的每一个文件或目录进行权限设置的流程如下。

1．若当前正在处理的路径被某个模式匹配到，且该模式设定了<权限>参数，则使用该参数设定该文件或目录的权限，否则继续。

2．若当前正在处理某文件路径，且命令中指定了<文件权限>参数，则使用该参数设定其权限，否则继续。

3．若当前正在处理某目录路径，且命令中指定了<目录权限>参数，则使用该参数设定其权限，否则继续。

4．若指定了NO_SOURCE_PERMISSIONS，则使用默认权限设定当前处理的文件或目录，否则继续。

5．若指定了USE_SOURCE_PERMISSIONS，则保留被复制的文件或目录的原始权限，否则继续。

6．使用COPY参数时默认采用USE_SOURCE_PERMISSIONS参数行为，使用INSTALL参数时默认采用NO_SOURCE_PERMISSIONS参数行为。

其中，文件的默认权限为所有者的读、写权限，以及所在组和任何人的读权限，即：

```
OWNER_READ OWNER_WRITE GROUP_READ WORLD_READ
```

目录的默认权限在文件的默认权限的基础上增加了所有者、所在组和任何人的执行权限，即：

```
OWNER_READ OWNER_WRITE OWNER_EXECUTE
GROUP_READ GROUP_EXECUTE
WORLD_READ WORLD_EXECUTE
```

FOLLOW_SYMLINK_CHAIN参数用于递归解析<路径>中遇到的符号链接，直到找到其指向的真实文件，并将它们都复制到<目标目录>中。举个例子，假设有如下文件及其对应的符号链接：

```
/usr/local/lib/libA.so -> libA.so.1
/usr/local/lib/libA.so.1 -> libA.so.1.2
/usr/local/lib/libA.so.1.2 -> libA.so.1.2.3
/usr/local/lib/libA.so.1.2.3
```

那么执行如下CMake命令时，该命令会将libA.so.1.2.3文件及其三个符号链接都复制到lib目录中，且复制后的符号链接都会指向lib目录中的libA.so.1.2.3文件。

```
file(COPY /usr/local/lib/libA.so DESTINATION lib
 FOLLOW_SYMLINK_CHAIN)
```

最后再来看一个该命令的综合实例吧，如代码清单4.48所示。

代码清单4.48　ch004/file/复制文件或目录.cmake

```
file(COPY 复制文件 DESTINATION 复制目标/1
    FILES_MATCHING
    PATTERN *.txt
)

file(COPY 复制文件 DESTINATION 复制目标/2
    REGEX /[0-9]+.txt$ EXCLUDE
)

file(COPY 复制文件 DESTINATION 复制目标/3
    FILES_MATCHING
    PATTERN *.jpg
    REGEX /[0-9].txt$
)
```

其执行结果如下：

```
> cd CMake-Book/src/ch004/file
> cmake -P 复制文件或目录.cmake
> tree 复制目标
复制目标
|-- 1
|   |-- 复制文件
|       |-- 10.txt
|       |-- 1.txt
|-- 2
|   |-- 复制文件
|       |-- 2.csv
|       |-- 3.jpg
|-- 3
    |-- 复制文件
        |-- 1.txt
        |-- 3.jpg
```

其中，第一个命令是将复制文件目录复制到复制目标/1目录中，且要求只复制指定表达式匹配到的文件。由于参数中的表达式是一个路径遍历表达式*.txt，最终复制到目标目录中的文件就只有10.txt和1.txt了。

第二个命令是将目录复制到复制目标/2目录中，并仅指定了一个表达式用于排除复制的文件。该表达式参数是一个正则表达式/[0-9]+.txt$，因此最终复制的文件不包含 10.txt和1.txt。

正则表达式会匹配文件的绝对路径，因此为了匹配文件名部分，需要在最前面加一个路径分隔符/，在最后加一个$匹配终止点。

第三个命令主要是为了展示多个模式匹配参数的情形。该命令仅复制能够匹配到两个模式匹配表达式参数的文件，即1.txt和3.jpg。

取文件大小

```
file(SIZE <文件名> <结果变量>)
```

该命令用于获取<文件名>指定的文件的大小（字节数），并将其值存入<结果变量>中。

解析符号链接

```
file(READ_SYMLINK <符号链接路径> <结果变量>)
```

该命令用于获取<符号链接路径>指定的符号链接指向的路径，并将其存入<结果变量>中。若 <符号链接路径>对应的文件不存在，或不是一个符号链接，CMake会报告致命错误。

该命令会将获取的指向路径原样存入结果变量中，也就是说，如果某符号链接指向一个相对路径，该命令不会将其转换为绝对路径。

创建链接

```
file(CREATE_LINK <源路径> <链接路径>
     [RESULT <结果变量>] [COPY_ON_ERROR] [SYMBOLIC])
```

该命令用于创建一个位于<链接路径>的指向<源路径>的硬链接或符号链接。默认情况下，它会创建一个硬链接；若指定了SYMBOLIC参数，它则会创建符号链接。硬链接要求<源路径>存在且指向一个文件。当<链接路径>已存在，该命令会覆盖该路径对应的文件。

当该命令执行成功时，会将<结果变量>的值设为0。否则，错误信息将存入<结果变量>。若<结果变量>可选参数并未指定，则该命令会在执行失败时报告致命错误。

指定COPY_ON_ERROR参数时，该命令会在创建链接失败时，复制<源路径>的文件到<链接文件名>对应的路径。该参数相当于提供了一个创建链接的备选方案。

设置权限

```
file(CHMOD <文件或目录路径>...
     [PERMISSIONS <权限>...]
     [FILE_PERMISSIONS <文件权限>...]
     [DIRECTORY_PERMISSIONS <目录权限>...]
)
```

该命令用于修改<文件或目录路径>指定的若干文件或目录的权限。权限参数的取值参见表4.3。

<权限>参数用于指定文件和目录的权限，<文件权限>参数用于指定文件的权限，<目录权限>参数用于指定目录的权限，后两个参数相比<权限>参数具有更高的优先级。换句话说，如果同时指定了<权限>和<文件权限>参数，则所有文件的权限依照<文件权限>参数来设定。<目录权限>参数同理。

另外，如果仅指定了<文件权限>，而未指定<权限>和<目录权限>，则该命令只会修改文件的权限，即使<文件或目录路径>参数中包含目录路径。仅指定<目录权限>参数同理。

同时指定全部三个权限参数是没有意义的，因为此时<权限>参数起不到任何效果。

递归设置权限

```
file(CHMOD_RECURSIVE <文件或目录路径>...
    [PERMISSIONS <权限>...]
    [FILE_PERMISSIONS <文件权限>...]
    [DIRECTORY_PERMISSIONS <目录权限>...]
)
```

该命令用于递归修改<文件或目录路径>指定的若干文件或目录的权限。该命令与设置权限命令的不同之处在于递归，即对于参数中指定的目录路径，它会递归地将其全部子目录和文件的权限一并修改。

4.4.10　文件传输

```
file(DOWNLOAD <URL> [<文件路径>] [<下载选项>...])
file(UPLOAD <文件路径> <URL> [<上传选项>...])
```

这两个命令分别用于从指定的<URL>下载文件和将<文件路径>指定的文件上传到<URL>。其中，下载文件的子命令可以省略<文件路径>参数，此时不会真正地下载文件，可用于检查文件是否能够正常下载。

通用选项

下面首先介绍一下<下载选项>和<上传选项>通用的参数形式。

```
SHOW_PROGRESS
```

上述参数用于输出文件传输的进度信息。

```
STATUS <状态变量>
```

上述参数用于将文件传输操作的结果状态存入<状态变量>中。

状态是一个长度为2的列表，即由“;”分隔的两个元素：第一个元素是一个代表结果状态的数值，第二个元素则是结果状态的错误信息。结果状态数值为0时表示操作成功，没有错误。

```
LOG <日志变量>
```

上述参数用于将命令产生的文件传输日志存入<日志变量>中。

```
TIMEOUT <超时秒数>
```

指定上述参数后，当文件传输操作执行超过<超时秒数>时，该命令会终止文件传输。

```
INACTIVITY_TIMEOUT <无活动超时秒数>
```

指定上述参数后，当文件传输操作处于无活动状态超过<无活动超时秒数>时，该命令会终止文件传输。

```
HTTPHEADER <HTTP头信息>
...
```

上述参数用于指定文件传输时的HTTP头信息。该选项参数可以多次出现，用于设置多个HTTP头，例如：

```
file(DOWNLOAD "http://www.example.com/1.json" "res.json"
    HTTPHEADER "Host: www.example.com"
    HTTPHEADER "Content-Type: application/json"
)
```

```
USERPWD <用户名>:<密码>
```

上述参数用于指定文件传输时，HTTP Basic Auth所需的<用户名>和<密码>。

```
NETRC <IGNORED|OPTIONAL|REQUIRED>
```

上述参数用于指定文件传输时是否需要用于身份认证的.netrc文件。若省略该选项参数，默认值为 CMAKE_NETRC变量中的值。该参数的三个取值的含义如下：

- IGNORED代表忽略.netrc文件，这是默认行为；
- OPTIONAL代表.netrc文件非必需，文件传输时会优先考虑URL中的身份认证信息，利用.netrc文件补充URL中缺少的身份认证信息；
- REQUIRED代表.netrc是必需的，URL中的身份认证信息将被忽略。

```
NETRC_FILE <.netrc文件>
```

上述参数用于指定文件传输时额外使用的<.netrc文件>（作为Home目录中的.netrc文件的补充）。若省略该选项参数，其默认值为CMAKE_NETRC_FILE变量中的值。

```
TLS_VERIFY <ON|OFF>
```

上述参数用于指定是否对https://的URL验证服务器证书，其默认值为OFF。

```
TLS_CAINFO <CA文件>
```

上述参数用于指定用于验证服务器证书的自定义证书颁发机构（Certificate Authority，CA）文件。

若同时省略TLS_VERIFY和TLS_CAINFO，CMake会使用CMAKE_TLS_VERIFY 变量和CMAKE_TLS_CAINFO变量的值作为这两个参数的默认值。

额外的下载选项

这里有几个额外的<下载选项>参数，仅可用于文件下载的子命令。

```
EXPECTED_HASH <哈希算法>=<预期哈希值>
```

指定上述参数后，该命令会使用<哈希算法>计算下载的文件内容的哈希值，并将其与<预期哈希值>作比较，以验证下载文件的完整性和正确性。若哈希值不匹配，则验证失败，该命令会报告错误。该参数要求下载子命令中的<文件名>参数必须存在，否则该命令也会报告错误。

<哈希算法>的取值参见4.2.6小节中有关字符串取哈希值的介绍。

```
EXPECTED_MD5 <预期MD5值>
```

上述参数等价于EXPECTED_HASH MD5=<预期MD5值>。

实例

代码清单4.49中是一个关于文件下载的实例。

代码清单4.49 ch004/file/文件下载.cmake

```
file(DOWNLOAD www.example.com download.txt STATUS status)
file(READ download.txt res LIMIT 64)
message("${status}") # 输出: 0;"No error"
message("${res}")
# 输出:
# <!doctype html>
# <html>
# <head>
#     <title>Example Domain</title>

file(DOWNLOAD www.example.com/不存在.txt STATUS status)
message("${status}")
# 输出: 22;"HTTP response code said error"
```

4.4.11 锁定文件

```
file(LOCK <文件或目录路径> [DIRECTORY] [RELEASE]
    [GUARD <FUNCTION|FILE|PROCESS>]
    [RESULT_VARIABLE <结果变量>]
    [TIMEOUT <超时秒数>]
)
```

该命令可用于为指定的<文件或目录路径>加锁。当为目录加锁时，必须指定 DIRECTORY参数，这实际上等同于为该目录下的cmake.lock文件加锁（若该文件不存在，先创建它）。

CMake为文件加的锁只是针对CMake程序而言的，并不能保证其他程序也会遵守，甚至CMake为目录加锁也不能阻止其他的锁再加到该目录的文件或子目录上。读者在使用时还需多加注意。

RELEASE参数用于显式释放锁。指定该参数后，GUARD和TIMEOUT参数没有任何意义，会被忽略。

GUARD参数用于指定锁的生效作用域。一旦程序在该作用域中执行结束，锁就会被释放。可以选择的作用域如下。

- PROCESS，在当前CMake进程中保持锁定。也就是说，其他CMake进程实例无法在该锁释放前，同时锁定同一路径。这是默认的作用域。
- FILE，在当前CMake程序文件中保持锁定。

- FUNCTION，在当前CMake函数中保持锁定。

<结果变量>用于存放结果状态，若成功则其值为0，否则其值为错误信息。如果省略该参数，则执行该命令遇到的任何错误，都会被视作致命错误，导致程序终止运行。

<超时秒数>用于指定该命令等待加锁操作完成的最长秒数。若设置该参数为0，则该命令仅尝试加锁一次，一旦失败就直接产生错误信息；若设置该参数为非零值，该命令会在超时之前一直尝试加锁，直到成功加锁或遇到其他致命错误。

4.4.12 归档压缩

创建归档文件

```
file(ARCHIVE_CREATE OUTPUT <归档文件名>
    PATHS <被归档路径>...
    [FORMAT <归档文件格式>]
    [COMPRESSION <压缩算法>]
    [COMPRESSION_LEVEL <压缩级别>]
    [MTIME <文件修改时间>]
    [VERBOSE]
)
```

该命令将创建一个位于<归档文件名>的归档文件，其中包含全部<被归档路径>参数指定的文件或目录。

<归档文件格式>参数目前支持的取值包括：7zip、gnutar、pax、 paxr、raw和zip。指定其中的7zip和zip两种格式，相当于同时隐式地指定了压缩算法，因此无须再指定<压缩算法>参数。

对于其他的格式，可以指定<压缩算法>参数，其支持的取值包括：None、BZip2 、GZip、XZ和Zstd。其中，None表示不进行压缩，也是该参数的默认值。

<压缩级别>参数的取值为0～9，默认为0。该参数要求<压缩算法>参数必须被指定，且不为None。

<文件修改时间>参数用于指定归档文件内，被归档文件对应的修改时间。

指定VERBOSE参数，该命令会输出创建归档文件过程的详细信息。

提取归档文件

```
file(ARCHIVE_EXTRACT INPUT <归档文件名>
    [DESTINATION <目标提取目录>]
    [LIST_ONLY]
    [PATTERNS <路径遍历表达式>...]
    [VERBOSE]
)
```

该命令将把<归档文件名>指定的归档文件中的全部内容，提取到指定的<目标提取目录>中。若<目标提取目录>不存在，该命令会先创建该目录。若省略<目标提取目录>参数，当前构建目录会作为其默认值，在CMake脚本程序中，即当前工作目录。当前构建目录在构建过程中的定义参见6.3.1小节。

指定LIST_ONLY参数后，该命令不会真正提取归档中的文件，而仅会列举其中的文件。

<路径遍历表达式>用于筛选归档文件中需要被提取或列举的文件或目录路径。

这里的表达式仅支持使用通配符进行模式匹配，不支持方括号的模式。

指定VERBOSE参数，该命令会输出提取归档文件过程的详细信息。

4.4.13 生成文件

```
file(GENERATE OUTPUT <输出文件路径>
     INPUT <输入文件路径>|CONTENT <文件内容>
     [CONDITION <条件表达式>]
     [TARGET <构建目标>]
     [NO_SOURCE_PERMISSIONS | USE_SOURCE_PERMISSIONS |
      FILE_PERMISSIONS <文件权限>...]
     [NEWLINE_STYLE UNIX|DOS|WIN32|LF|CRLF]
)
```

该命令在CMake脚本程序中没有效果，仅用于在CMake构建生成阶段中，对每一个构建模式生成位于<输出文件路径>的文件。

CMake在构建的生成阶段中，已经知道具体的生成器是什么，以及有哪些构建模式，因此它就能够借助这些信息生成对构建有帮助的文件内容。另外，该命令会解析输入文件内容中的生成器表达式。

读者第一次读到这里时可以先跳过下面的内容，后续遇到相关内容时再对照阅读。有关CMake构建的介绍，参见第6章；有关生成器表达式的介绍，参见第8章。

参数

下面依次介绍该命令中的参数。

```
OUTPUT <输出文件路径>
```

上述参数用于指定<输出文件路径>，即生成文件的保存路径，路径可为相对于当前构建目录的相对路径。

如果对于不同的构建模式，生成的文件内容也有不同，则<输出文件路径>也必须不同。这可以通过$<CONFIG>等生成器表达式来实现。该参数支持使用生成器表达式来针对不同的构建模式指定文件名。

```
INPUT <输入文件路径>|CONTENT <文件内容>
```

上述参数的两种取值是互斥的，即应仅指定<输入文件路径>和<文件内容>参数之一。

若指定<输入文件路径>参数，则其对应文件的内容会作为生成文件的输入；若指定<文件内容>参数，则该参数的字符串值直接作为生成文件的输入，内容可以包含生成器表达式。

<输入文件路径>可为相对于当前源文件目录的相对路径。

```
CONDITION <条件表达式>
```

上述参数指定的<条件表达式>用于确定是否要生成文件。<条件表达式>中可以包含生成器表达式，其被解析后的值应为0或1；当且仅当其解析后的值为1时，指定文件才会生成。

```
TARGET <构建目标>
```

上述参数用于指定解析生成器表达式时参考的<构建目标>。这是因为部分生成器表达式依赖某个构建目标的相关属性。

```
NO_SOURCE_PERMISSIONS | USE_SOURCE_PERMISSIONS
| FILE_PERMISSOINS <文件权限>...
```

上述参数的含义在介绍复制文件或目录的命令时已经提到过了，参见4.4.8小节。

<文件权限>参数用于自定义生成文件的权限，其取值参见表4.3。

```
NEWLINE_STYLE UNIX|DOS|WIN32|LF|CRLF]
```

上述参数在介绍模板文件时也已提过，参见4.4.4小节。

实例

下面的实例会在CMake生成阶段中，使用该命令将库目标构建后的二进制文件名输出到指定文件内容中，如代码清单4.50所示。

代码清单4.50　ch004/file/生成文件/CMakeLists.txt

```
cmake_minimum_required(VERSION 3.20)

project(file_generate)

add_library(lib lib.cpp)

file(GENERATE OUTPUT out-$<CONFIG>.txt
    CONTENT $<TARGET_FILE:lib>
    TARGET lib
)
```

为了演示该命令会针对不同的构建模式生成不同的文件，我们使用Visual Studio生成器来生成项目：

```
> cd CMake-Book/src/ch004/file/生成文件
> mkdir build
> cd build
> cmake -G "Visual Studio 16" ..
-- ...
-- Configuring done
-- Generating done
-- Build files have been written to: .../20.生成文件/build
```

项目生成完毕后，查看构建目录，其中确实生成了指定的文件：

```
> ls out-*.txt
out-Debug.txt
out-MinSizeRel.txt
out-Release.txt
out-RelWithDebInfo.txt
```

```
> cat out-Debug.txt
.../生成文件/build/Debug/lib.lib

> cat out-Release.txt
.../生成文件/build/Release/lib.lib
```

4.4.14 路径转换

file命令中用于路径转换的四个形式中，有三个已经不再推荐使用了，因此这里放到最后来介绍。 CMake 3.20版本加入了一个新的命令cmake_path，可以进行更多路径字符串相关的操作，也包含了这里介绍的三种操作。不过，为了便于读者理解历史遗留代码，本节还是会介绍这些子命令。

计算绝对路径

```
file(REAL_PATH <路径> <结果变量> [BASE_DIRECTORY <父目录>])
```

该命令用于计算指定<路径>的绝对路径，若其对应文件为符号链接，则解析到链接目标的绝对路径。该命令也会将路径开头的“~”符号展开为用户目录。

<路径>可以是相对于特定<父目录>的相对路径。若省略<父目录>参数，则其默认为当前源文件目录。当前源文件目录的具体定义参见6.3.1小节，对于CMake脚本程序而言，即当前工作目录。

该命令未被废弃，因为该命令仍需访问文件系统以解析符号链接，所以它并不能被专用于路径字符串操作的 cmake_path命令替代。

计算相对路径

```
file(RELATIVE_PATH <结果变量> <父目录> <文件绝对路径>)
```

该命令在CMake 3.20版本中不再推荐使用，被cmake_path(RELATIVE_PATH)子命令替代。

该命令用于计算<文件绝对路径>相对于<父目录>的相对路径，并将其存入 <结果变量>中。

转为CMake路径

```
file(TO_CMAKE_PATH <路径> <结果变量>)
```

该命令在CMake 3.20版本中不再推荐使用，被cmake_path命令的CONVERT ... TO_CMAKE_PATH_LIST子命令替代。

该命令可将指定<路径>转换为CMake路径格式，并存入<结果变量>中。

CMake路径格式统一采用斜杠作为目录分隔符，并使用CMake列表表示多个路径，即分号分隔的多个路径字符串。

在类UNIX操作系统中，多个路径通常使用冒号“:”来分隔，因此该命令也会将它们转换为分号，也就是使用CMake列表来表示多个路径。

转为原生路径

```
file(TO_NATIVE_PATH <路径> <结果变量>)
```

该命令在CMake 3.20版本中不再推荐使用，被cmake_path命令的CONVERT ... TO_NATIVE_PATH_LIST子命令替代。

该命令可将指定<路径>转换为原生路径格式，并存入<结果变量>中。

对于Windows操作系统而言，原生路径格式采用反斜杠作为目录分隔符；对于类UNIX操作系统来说，原生路径格式则采用斜杠作为目录分隔符。

该命令转换后的原生路径格式统一使用CMake列表来表示多个路径，并不会针对类UNIX操作系统把CMake列表转换为冒号分隔的多个路径字符串。

4.5 路径操作命令：cmake_path

cmake_path命令用于对路径字符串进行操作。与file命令不同， cmake_path命令并不访问文件系统，仅在路径的字符串层面进行操作。

4.5.1 路径结构

路径字符串的结构如下：

```
根名 目录分隔符 (目录或文件名 目录分隔符)* 目录或文件名 目录分隔符?
```

- "根名"用于在多根文件系统中表示不同的根，如Windows操作系统中的磁盘分区C:，网络路径中的主机名//server等。该组成部分是可选的。
- "目录分隔符"即斜杠"/"。连续重复的目录分隔符会被当作一个目录分隔符，即/a///b等价于/a/b。
- "目录或文件名"由除目录分隔符以外的字符组成，可用于表示文件、符号链接文件、硬链接和目录。另外还有两种表示特殊含义的目录："."表示当前目录，".."表示上级目录。

绝对路径与相对路径

若某个路径中，除了根名以外，第一个组成部分是目录或文件名而非目录分隔符，则该路径为相对路径。否则，该路径为绝对路径。

一个路径存在根名，并不意味着它是一个绝对路径。例如，C:a的含义是C磁盘分区中的一个名为a的目录路径，而a目录未必位于磁盘分区的根目录中；C:\a才表示C磁盘分区根目录中的目录a的绝对路径。

文件名结构

文件名由基本名称（stem）和扩展名（extension）构成。默认情况下，扩展名指从文件名中第一个圆点一直到最后的部分，包括圆点本身。例如，文件a.b.c的扩展名为.b.c。文件名的扩展名部分是可选的，扩展名之前的部分则是基本名称。

有一些cmake_path的子命令接受LAST_ONLY参数。指定该参数后将改变文件扩展名的提取范围：从文件名中最后一个小数点一直到最后的部分。例如，指定LAST_ONLY参数后，该命令会认为文件a.b.c的扩展名为“.c”。

另外，若文件名以圆点开头，则该圆点会被忽略。例如，文件“.abc”“.”“..”均被认为是没有扩展名的。

4.5.2　创建路径变量

路径也是字符串，因此可以使用set命令创建一个值为路径的变量。不过，使用 cmake_path 命令也可以创建路径变量，而且是更推荐的做法，因为它能够帮助将设置的路径转换为CMake路径格式。cmake_path的路径赋值和追加路径这两类子命令可用于创建路径变量。

路径赋值

```
cmake_path(SET <结果变量> [NORMALIZE] <路径>)
```

该命令将把<路径>转换为CMake路径格式，并存入<结果变量>中。

NORMALIZE参数用于将路径正规化。其正规化流程如下。

1．若路径为空，直接返回空路径。

2．将连续重复的目录分隔符替换为单个目录分隔符。例如，/a///b正规化后为/a/b。

3．将冗余的当前目录符号及其后面的目录分隔符（即./）删除。例如，./a/./b正规化后为a/b。

4．将冗余的上级目录符号“..”及其前面的目录名、后面的目录分隔符/删除。例如，a/../b正规化后为b。

5．删除紧跟根名（若存在）后的上级目录符号..及其后面可能存在的路径分隔符/。例如，/../a正规化后为/a。

6．若路径最后以上级目录符号和目录分隔符（即../）结尾，删除最后的路径分隔符/。例如，../正规化后为..。

7．若经过上述步骤处理后路径成为了一个空路径，则为其添加一个圆点，即返回“.”作为最终结果。例如，./经过第3步处理后，就会成为空路径，因此它最终正规化后的路径为“.”。

代码清单4.51中是一个实例。

代码清单4.51　ch004/cmake_path/路径赋值.cmake

```
cmake_path(SET x NORMALIZE "a/../b")
message("${x}") # 输出: b
```

追加路径

```
cmake_path(APPEND <路径变量> <路径>...  [OUTPUT_VARIABLE <结果变量>])
cmake_path(APPEND_STRING <路径变量> <路径>...  [OUTPUT_VARIABLE <结果变量>])
```

这两个命令会将所有<路径>连接在一起，然后追加到<路径变量>末尾。不同的是，APPEND形式会将它们用目录分隔符连接在一起，而APPEND_STRING形式则会将它们直接拼接在一起，不添加目录分隔符。

若指定了<结果变量>，最终的追加结果会存入<结果变量>，而<路径变量>不会被修改。

代码清单4.52中是一些实例。

代码清单4.52　ch004/cmake_path/追加路径.cmake

```
cmake_path(APPEND res a b c)
message("${res}") # 输出: a/b/c

cmake_path(APPEND_STRING res a b c)
message("${res}") # 输出: a/b/cabc

cmake_path(APPEND res d e)
message("${res}") # 输出: a/b/cabc/d/e

if(WIN32)
    cmake_path(APPEND res a c:b c:c OUTPUT_VARIABLE res2)
else()
    cmake_path(APPEND res a /b c OUTPUT_VARIABLE res2)
endif()

message("${res2}")
# 在Windows操作系统中输出: c:b/c
# 在类UNIX操作系统中输出: /b/c
```

在追加过程中，若追加部分的路径是一个绝对路径，或追加部分的路径存在根名且根名与当前被追加的路径根名不同，则该追加部分的路径会直接替换掉当前被追加的路径。

4.5.3　分解路径结构

```
cmake_path(GET <路径变量> ROOT_NAME <结果变量>)
cmake_path(GET <路径变量> ROOT_DIRECTORY <结果变量>)
cmake_path(GET <路径变量> ROOT_PATH <结果变量>)
cmake_path(GET <路径变量> FILENAME <结果变量>)
cmake_path(GET <路径变量> EXTENSION [LAST_ONLY] <结果变量>)
cmake_path(GET <路径变量> STEM [LAST_ONLY] <结果变量>)
cmake_path(GET <路径变量> RELATIVE_PART <结果变量>)
cmake_path(GET <路径变量> PARENT_PATH <结果变量>)
```

以上这些命令分别用于提取路径变量值中的不同组成部分，并将对应组成部分的值存入<结果变量>。关于路径组成部分的参数说明参见表4.4。

表4.4　路径组成部分的参数说明（示例对应的完整路径为C:/a/b.txt）

参数名	说明	示例
ROOT_NAME	根名	C:
ROOT_DIRECTORY	根目录分隔符	/
ROOT_PATH	根路径（根名和根目录分隔符）	C:/
FILENAME	文件名	b.txt

续表

参数名	说明	示例
EXTENSION	扩展名	.txt
STEM	文件基本名称	b
RELATIVE_PART	相对路径部分	a/b.txt
PARENT_PATH	父目录	C:/a

若获取的组成部分在路径中不存在，则结果为空字符串。另外，根目录的父目录是根目录自身，如C:/的父目录还是C:/。

实例

代码清单4.53所示的实例中演示了一些比较特殊的情形，供读者仔细分析。

代码清单4.53　ch004/cmake_path/分解路径结构.cmake

```
set(a "/")
cmake_path(GET a RELATIVE_PART res)
message("${res}") # 输出空
cmake_path(GET a PARENT_PATH res)
message("${res}") # 输出: /

set(b "1.2.3.txt")
cmake_path(GET b EXTENSION res)
message("${res}") # 输出: .2.3.txt
cmake_path(GET b EXTENSION LAST_ONLY res)
message("${res}") # 输出: .txt

set(c "a/b")
cmake_path(GET c FILENAME res)
message("${res}") # 输出: b

set(d "a/b/")
cmake_path(GET d FILENAME res)
message("${res}") # 输出空

set(e "/a/.x.txt")
cmake_path(GET e FILENAME res)
message("${res}") # 输出: .x.txt
cmake_path(GET e STEM res)
message("${res}") # 输出: .x
cmake_path(GET e EXTENSION res)
message("${res}") # 输出: .txt
```

4.5.4 路径判别

判别结构存在性

```
cmake_path(HAS_ROOT_NAME <路径变量> <结果变量>)
cmake_path(HAS_ROOT_DIRECTORY <路径变量> <结果变量>)
```

```
cmake_path(HAS_ROOT_PATH <路径变量> <结果变量>)
cmake_path(HAS_FILENAME <路径变量> <结果变量>)
cmake_path(HAS_EXTENSION <路径变量> <结果变量>)
cmake_path(HAS_STEM <路径变量> <结果变量>)
cmake_path(HAS_RELATIVE_PART <路径变量> <结果变量>)
cmake_path(HAS_PARENT_PATH <路径变量> <结果变量>)
```

以上这些命令分别用于判别路径变量值中的不同组成部分是否存在。若对应结构存在，则该命令将结果变量赋值为真值常量；否则，赋值为假值常量。

其中，HAS_ROOT_PATH的判别结果仅在路径的根名或根目录分隔符不为空时为真。另外，对根目录的HAS_PARENT_PATH的判别结果也为真，因为根目录的父目录为其自身；当且仅当路径只由文件名构成时，HAS_PARENT_PATH的判别结果为假。代码清单4.54所示的例程中展示了这些特殊情况。

代码清单4.54 ch004/cmake_path/判别结构存在性.cmake

```
set(a "/")
cmake_path(HAS_ROOT_PATH a res)
message("${res}") # 输出: ON
cmake_path(HAS_PARENT_PATH a res)
message("${res}") # 输出: ON

set(b "1.txt")
cmake_path(HAS_ROOT_PATH b res)
message("${res}") # 输出: OFF
cmake_path(HAS_PARENT_PATH b res)
message("${res}") # 输出: OFF
```

判别路径类型

```
cmake_path(IS_ABSOLUTE <路径变量> <结果变量>)
cmake_path(IS_RELATIVE <路径变量> <结果变量>)
```

这两个命令用于判别路径类型，其中IS_ABSOLUTE用于判别路径是否为绝对路径，IS_RELATIVE用于判别路径是否为相对路径，二者的值正好相反。代码清单4.55中是一些实例。

代码清单4.55 ch004/cmake_path/判别绝对路径.cmake

```
set(a "c:a")
cmake_path(IS_ABSOLUTE a res)
message("${res}") # 输出: OFF

set(b "c:/a")
cmake_path(IS_ABSOLUTE b res)
message("${res}") # 仅在Windows操作系统中输出: ON

set(c "/a")
cmake_path(IS_ABSOLUTE c res)
message("${res}") # 仅在类UNIX操作系统中输出: ON
```

在Windows操作系统中，当且仅当路径中同时存在根名和根目录分隔符时，它才被认为是一个绝对路径。因此，在Windows操作系统中，有些相对路径的HAS_ROOT_DIRECTORY也可能为真。在其他平台中，路径只要带有根目录分隔符即被视为绝对路径。

判别路径前缀

```
cmake_path(IS_PREFIX <路径变量> <输入路径> [NORMALIZE] <结果变量>)
```

该命令用于判别<路径变量>的路径值是否为<输入路径>的路径前缀。通常来说，路径任意层级的上级目录（父目录）均为路径的前缀，同时每个路径也是其自身的前缀。

指定NORMALIZE参数，该命令将首先正规化路径变量和输入路径，再进行前缀的判别。代码清单4.56中是一些实例。

代码清单4.56 ch004/cmake_path/判别路径前缀.cmake

```
set(path "/a/b/c")
cmake_path(IS_PREFIX path "/a/b/c/d" res0) # ON
cmake_path(IS_PREFIX path "/a/b/c" res1) # ON
cmake_path(IS_PREFIX path "/a/b" res2) # OFF
cmake_path(IS_PREFIX path "/a/b/cd" res3) # OFF
message("${res0} ${res1} ${res2} ${res3}") # 输出: ON ON OFF OFF

set(path "/a/b/..")
cmake_path(IS_PREFIX path "/a/b" res0) # OFF
cmake_path(IS_PREFIX path "/a/b" NORMALIZE res1) # ON
message("${res0} ${res1}") # 输出: OFF ON

set(path "/a/b/c")
cmake_path(IS_PREFIX path "/a/c/../b/c/d" res0) # OFF
cmake_path(IS_PREFIX path "/a/c/../b/c/d" NORMALIZE res1) # ON
message("${res0} ${res1}") # 输出: OFF ON
```

4.5.5 比较路径

```
cmake_path(COMPARE <输入路径1> <EQUAL|NOT_EQUAL> <输入路径2> <结果变量>)
```

该命令用于比较两个路径字面量<输入路径1>和<输入路径2>，并将比较结果的真值或假值常量存入<结果变量>中。EQUAL表示判断两个路径是否相等，NOT_EQUAL表示判断两个路径是否不相等。

该命令在比较路径时，不会对路径进行正规化。它会按照下面描述的步骤进行相等判断：

1. 若二者根名不同，则认为二者不相等；

2. 若二者并非同时具备或同时不具备根目录分隔符，则认为二者不相等；

3. 对其余路径结构部分一一比较，若有任何不相等的部分，则认为二者不相等，否则认为二者相等。

代码清单4.57中是一些实例。

代码清单4.57　ch004/cmake_path/比较路径.cmake

```
cmake_path(COMPARE "a\\b" EQUAL "a/b" res)
message("${res}") # 输出: ON

cmake_path(COMPARE "a/b" EQUAL "a/b/" res)
message("${res}") # 输出: OFF

cmake_path(COMPARE "a/b" NOT_EQUAL "a/b/c/.." res)
message("${res}") # 输出: ON
```

4.5.6 路径修改

移除文件名

```
cmake_path(REMOVE_FILENAME <路径变量> [OUTPUT_VARIABLE <结果变量>])
```

该命令可将<路径变量>值中的文件名移除，若移除后路径末尾有一个目录分隔符，则仍然保留它，意味着路径中最后一部分的名称代表一个目录。

如果指定了<结果变量>参数，那么路径变量值不会发生改变，最终结果将被存入<结果变量>。

替换文件名

```
cmake_path(REPLACE_FILENAME <路径变量> <新文件名> [OUTPUT_VARIABLE <结果变量>])
```

该命令可将<路径变量>值中的文件名替换为指定的<新文件名>。若路径变量值中不存在文件名，则保持其值不变。

如果指定了<结果变量>参数，那么路径变量值不会发生改变，最终结果将被存入<结果变量>。

移除扩展名

```
cmake_path(REMOVE_EXTENSION <路径变量> [LAST_ONLY]
           [OUTPUT_VARIABLE <结果变量>])
```

该命令可将<路径变量>值中的扩展名移除。

如果指定了<结果变量>参数，那么路径变量值不会发生改变，最终结果将被存入<结果变量>。

其中LAST_ONLY参数的含义参见4.5.1小节中介绍文件名结构的部分。

替换扩展名

```
cmake_path(REPLACE_EXTENSION <路径变量> [LAST_ONLY] <新扩展名>
           [OUTPUT_VARIABLE <结果变量>])
```

该命令可将<路径变量>值中的扩展名替换为指定的<新扩展名>。若路径变量值中不存在扩展名，则为路径追加<新扩展名>。

如果指定了<结果变量>参数，那么路径变量值不会发生改变，最终结果将被存入<结果变量>。

4.5.7 路径转换

正规化路径

```
cmake_path(NORMAL_PATH <路径变量> [OUTPUT_VARIABLE <结果变量>])
```

该命令将正规化<路径变量>的路径值。若指定<结果变量>参数，则不改变路径变量的值，而是将正规化后的结果存入<结果变量>中。正规化的步骤参见4.5.2小节。代码清单4.58中是一个实例。

代码清单4.58 ch004/cmake_path/正规化路径.cmake

```
set(path "/a/../b/./c")
cmake_path(NORMAL_PATH path)
message("${path}") # 输出: /b/c
```

计算绝对路径

```
cmake_path(ABSOLUTE_PATH <路径变量> [BASE_DIRECTORY <父路径>] [NORMALIZE]
           [OUTPUT_VARIABLE <结果变量>])
```

该命令将<路径变量>的路径值根据指定的<父路径>转换为绝对路径。若省略<父目录>参数，则其默认为当前源文件目录，对于CMake脚本程序而言，即当前工作目录。当前源文件目录的定义参见6.3.1小节。

若指定了NORMALIZE参数，则转换后的绝对路径会被正规化。

由于cmake_path命令不会访问文件系统，该命令不会解析符号链接，也不会展开路径开头的"~"符号。若需要对这两项功能的支持，请使用file(REAL_PATH) 子命令。

计算相对路径

```
cmake_path(RELATIVE_PATH <路径变量> [BASE_DIRECTORY <父路径>] [OUTPUT_VARIABLE <结果变量>])
```

该命令用于计算<路径变量>的路径值，并将其转换为相对于<父目录>的相对路径。若省略<父目录>参数，则其默认为当前源文件目录，对于CMake脚本程序而言，即当前工作目录。当前源文件目录的定义参见6.3.1小节。

转为CMake路径

```
cmake_path(CONVERT <路径> TO_CMAKE_PATH_LIST <结果变量> [NORMALIZE])
```

该命令可将指定的<路径>转换为CMake路径格式，并存入<结果变量>中。若指定了NORMALIZE参数，则结果中的路径会被正规化。注意，<路径>参数是路径字面量而非变量。

CMake路径格式统一采用斜杠作为目录分隔符，并使用CMake列表表示多个路径，即分号分隔的多个路径字符串。在类UNIX操作系统中，多个路径通常使用冒号来分隔，因此该命令也会将它们转换为分号，也就是使用CMake列表来表示多个路径。

代码清单4.59中是一个实例。

代码清单4.59　ch004/cmake_path/转为CMake路径.cmake

```
if(WIN32)
    cmake_path(CONVERT "a\\.\\1.txt;b/2.txt" TO_CMAKE_PATH_LIST res NORMALIZE)
else()
    cmake_path(CONVERT "a\\.\\1.txt:b/2.txt" TO_CMAKE_PATH_LIST res NORMALIZE)
endif()

message("${res}")
# 在Windows操作系统中输出: a/1.txt;b/2.txt
# 在类Unix操作系统中输出: a\.\1.txt;b/2.txt
```

在非Windows操作系统中，cmake_path不会把反斜杠转换为斜杠，这一点不同于file(TO_CMAKE_PATH)子命令。事实上在类UNIX操作系统中，文件名中是允许出现反斜杠的，因此cmake_path的行为更为合理。

转为原生路径

```
cmake_path(NATIVE_PATH <路径变量> [NORMALIZE] <结果变量>)
cmake_path(CONVERT <路径> TO_NATIVE_PATH_LIST <结果变量> [NORMALIZE])
```

这两个命令可将<路径变量>的路径值或指定的<路径>转换为原生路径格式，并存入<结果变量>。若指定了NORMALIZE参数，则结果中的路径会被正规化。

对于Windows操作系统而言，原生路径格式采用反斜杠作为目录分隔符，分号作为多个路径的分隔符；对于类UNIX操作系统来说，原生路径格式则采用斜杠作为目录分隔符，冒号作为多个路径的分隔符。

代码清单4.60中是一些实例。

代码清单4.60　ch004/cmake_path/转为原生路径.cmake

```
set(path "a/1.txt;b/2.txt")
cmake_path(NATIVE_PATH path res)
message("${res}")
# 在Windows操作系统中输出: a\1.txt;b\2.txt
# 在类UNIX操作系统中输出: a/1.txt;b/2.txt

cmake_path(CONVERT "a/1.txt;b/2.txt" TO_NATIVE_PATH_LIST res)
message("${res}")
# 在Windows操作系统中输出: a\1.txt;b\2.txt
# 在类UNIX操作系统中输出: a/1.txt:b/2.txt
```

cmake_path(NATIVE_PATH)子命令类似于file(TO_NATIVE_PATH)，转换后的原生路径统一使用CMake列表来表示多个路径，并不会针对类UNIX操作系统把CMake列表转换为冒号分隔的多个路径字符串。而cmake_path(CONVERT ... TO_NATIVE_PATH_LIST)子命令则会做这个转换。

计算路径哈希

```
cmake_path(HASH <路径变量> <结果变量>)
```

该命令将计算<路径变量>的路径值（注意是路径值，而非路径对应文件的内容）的哈希值，并存入<结果变量>。在计算哈希值前，路径值总是先被正规化，代码清单4.61中的实例展示了这一点。

代码清单4.61 ch004/cmake_path/计算路径哈希.cmake

```
set(path ./a/)
cmake_path(HASH path res)
message("${res}") # 输出: c5a3bfd9b0e89d1d

set(path ./a/b/..)
cmake_path(HASH path res)
message("${res}") # 输出: c5a3bfd9b0e89d1d
```

4.6 路径操作命令：get_filename_component

get_filename_component命令也用于路径相关的操作，但其绝大多数功能已被 cmake_path命令取代，因此不再建议使用该命令。

不过，鉴于cmake_path命令是CMake 3.20版本才引入的，很多遗留下来的CMake 程序仍在使用get_filename_component命令。因此本节仍会对它进行介绍。同样，读者可以先跳过下面的内容。

4.6.1 分解路径结构

```
get_filename_component(<结果变量> <路径> <组成部分>
                       [BASE_DIR <父目录>] [CACHE])
```

该命令在CMake 3.20版本中不再推荐使用，其大部分功能可使用cmake_path命令替代。REALPATH组成部分的获取则可以使用file(REAL_PATH)命令替代。

该命令用于获取<路径>的特定<组成部分>（主要是与文件名相关的部分），并将其存入<结果变量>。

get_filename_component命令中<组成部分>参数的取值参见表4.5。

表4.5 get_filename_component命令中<组成部分>参数的取值（示例对应的完整路径为a/b.c.txt）

参数取值	说明	示例
DIRECTORY	所在目录名	a
NAME	文件名	b.c.txt
EXT	（最长的）扩展名	.c.txt
NAME_WE	文件基本名称（取最长的扩展名）	b
LAST_EXT	（最后的）扩展名	.txt
NAME_WLE	文件基本名称（取最后的扩展名）	b.c
ABSOLUTE	绝对路径	C:/a/b.c.txt
REALPATH	绝对路径（解析符号链接）	C:/a/b.c.txt

<父目录>参数仅用于ABSOLUTE和REALPATH这两种<组成部分>的参数取值，作为将路径转换为绝对路径的参考父目录。若省略<父目录>参数，则默认将当前源文件目录作为父目录。源文件目录的定义参见6.3.1小节，对于CMake脚本程序而言，它就是指当前工作目录。

CACHE可选参数用于决定是否将结果变量创建为缓存变量。

代码清单4.62中是一些实例。

代码清单4.62 ch004/get_filename_component/分解路径结构.cmake

```
function(f mode)
    get_filename_component(res "a/b.c.txt" ${mode})
    message("${res}")
endfunction()

f(DIRECTORY) # 输出: a
f(NAME) # 输出: b.c.txt
f(EXT) # 输出: .c.txt
f(NAME_WE) # 输出: b
f(LAST_EXT) # 输出: .txt
f(NAME_WLE) # 输出: b.c

get_filename_component(res "a/b.c.txt" ABSOLUTE BASE_DIR C:/)
message("${res}") # 输出: C:/a/b.c.txt
```

4.6.2 解析命令行

```
get_filename_component(<结果变量> <命令行> PROGRAM
                       [PROGRAM_ARGS <参数变量>] [CACHE])
```

该命令在CMake 3.20版本中不再推荐使用，已被separate_arguments(PROGRAM)命令替代。

该命令将在系统搜索目录中寻找<命令行>中指定的程序，并将其绝对路径存入<结果变量>。若指定了<参数变量>，则该命令会将 <命令行>中的参数部分存入<参数变量>。

CACHE可选参数用于决定是否将结果变量创建为缓存变量。

代码清单4.63中是一个实例。

代码清单4.63 ch004/get_filename_component/解析命令行.cmake

```
get_filename_component(cmd "notepad 1.txt 2.txt"
                       PROGRAM PROGRAM_ARGS args)
message("${cmd}") # 输出: C:/Windows/System32/notepad.exe
message("${args}") # 输出:  1.txt 2.txt
```

4.7 配置模板文件：configure_file

configure_file命令用于配置模板文件。该命令会根据模板文件中定义的模板修改文件中的内容，并将结果输出到指定路径中。

该命令与4.2.8小节中介绍的string(CONFIGURE)字符串模板子命令，以及4.4.4小节中介绍的file(CONFIGURE)模板文件子命令功能相似。它们的主要不同在于模板的输入方式和结果的输出方式。

基本用法

```
configure_file(<输入模板文件路径> <输出文件路径>
               [NO_SOURCE_PERMISSIONS | USE_SOURCE_PERMISSIONS |
               FILE_PERMISSIONS <权限>...]
               [COPYONLY] [ESCAPE_QUOTES] [@ONLY]
               [NEWLINE_STYLE [UNIX|DOS|WIN32|LF|CRLF] ])
```

<输入模板文件路径>可以是相对于当前源文件目录的相对路径或绝对路径，<输出文件路径>可以是相对于当前构建目录的相对路径或绝对路径。对于CMake脚本程序而言，当前源文件目录和当前构建目录均为当前工作目录。这两个目录在构建过程中的具体定义参见6.3.1小节。

不同于string(CONFIGURE)和file(CONFIGURE)子命令，configure_file命令所用到的模板是以文件形式输入的。因此该命令中增加了一些与文件相关的参数，如与权限相关的参数，以及COPYONLY参数。

有关权限设置的参数在4.4.8节中介绍file(COPY)子命令时已经介绍过，这里仅做简单回顾：

- NO_SOURCE_PERMISSIONS，指定输出文件不复制输入文件的权限，而是采用默认的文件权限，即所有者的读、写权限，以及所在组和任何人的读权限；
- USE_SOURCE_PERMISSIONS，指定输出文件使用输入文件的权限，这也是默认的行为，因此可以说指定该参数只是为了更清晰地表明行为语义；
- FILE_PERMISSIONS，自定义文件的权限，其取值参见表4.3。

COPY_ONLY参数表示仅复制，指定该参数后，configure_file命令将仅复制输入的模板文件到输出文件路径，不会对内容进行任何修改。由于文件内容不会改变，该参数不能与NEWLINE_STYLE同时指定。

其余几个参数均在file(CONFIGURE)子命令中出现过，此处仅做简单概括：

- ESCAPE_QUOTES，指定是否转义模板变量中的引号；
- @ONLY，指定是否仅替换用一对“@”符号包裹的模板变量名（形如@<变量>@）；
- NEWLINE_STYLE，指定输出文件的换行符格式。

构建模式下的自动重配置

在构建模式下的CMake目录程序中使用configure_file命令时，若输入的模板文件发生改变，执行构建系统会自动触发该模板文件的重新配置和输出。

这一特性使得该命令非常适用于代码生成。例如，可以利用CMake检测系统环境配置，然后结合用户定义的变量等信息，通过包含宏定义等模板的输入文件生成头文件代码，实现针对不同环境配置、用户需求的条件编译。

实例

该实例中包含configure_file命令的几种不同参数组合，可以观察其生成结果的差异。该实例的主程序如代码清单4.64所示。

代码清单4.64　ch004/configure_file/configure_file.cmake

```
set(a "a的值")
set(b "b的值")
set(C "C的值")
set(D "D的值")
set(E "E的值")
set(F "F的值")

configure_file(模板.h.in res1.h)
configure_file(模板.h.in res2.h @ONLY)
configure_file(模板.h.in res3.h COPYONLY)
```

其中用于输入的模板文件如代码清单4.65所示。

代码清单4.65　ch004/configure_file/模板.h.in

```
// 替换变量a: ${a}
// 替换变量b: @b@

// 定义宏C
#cmakedefine C

// 定义0 / 1宏D
#cmakedefine01 D

// 定义值为e的宏E
#cmakedefine E e

// 定义值为F变量的值的宏F
#cmakedefine F @F @
```

在终端中执行下列命令以运行该例程：

```
> cd CMake-Book/src/ch004/configure_file
> cmake -P configure_file.cmake
```

读者可以对比三个结果文件。

4.8　日志输出命令：message

在本节，我们会重新认识一下老朋友——message命令！它不仅可以将一句话简单地输出到屏幕上，还可以对输出的信息设置模式、格式等。另外，结合一些命令行参数，它还能实现对输出信息的筛选。

4.8.1 输出日志

```
message([<模式>] <日志消息字符串>...)
```

该命令用于在日志中输出指定的若干<日志消息字符串>，其中多个字符串会被连接在一起输出。<模式>参数用于指定日志的模式，不同的模式可能具有不同的日志级别、消息格式，也可能会对CMake程序执行构成不同的影响。

这里需要注意区分日志模式（log mode）和日志级别（log level）：日志模式是该子命令中<模式>参数的取值，而日志级别则是输出日志的重要程度，可用于筛选日志。日志级别按照从重要到不重要的顺序排列依次为错误（error）、警告（warning）、提示（notice）、状态（status）、详细信息（verbose）、调试信息（debug）、追踪信息（trace）。多个日志模式参数可能对应同一个日志级别。

接下来会按照上面列举的日志级别的顺序，对message命令的各个日志模式参数进行介绍。

输出错误日志

```
message(FATAL_ERROR <日志消息字符串>...)
message(SEND_ERROR <日志消息字符串>...)
```

这两个具有不同<模式>参数的命令均用于输出错误级别的日志。这也印证了多个日志模式参数可能对应同一个日志级别这一点。

错误日志会被输出到标准错误输出（stderr）中。对于用于构建项目的CMake目录程序来说，错误会导致CMake跳过项目的生成阶段。FATAL_ERROR和SEND_ERROR二者的不同在于前者会导致CMake程序立即停止执行而后者不会。代码清单4.66所示例程对比了二者的不同。

代码清单4.66 ch004/message/Error.cmake

```
message(SEND_ERROR "错误1")
# CMake Error at 01.Error.cmake:1 (message):
#   错误1
message(FATAL_ERROR "错误2")
# CMake Error at 01.Error.cmake:2 (message):
#   错误2
message("这句消息不会被输出")
```

输出警告日志

```
message(WARNING <日志消息字符串>...)
message(AUTHOR_WARNING <日志消息字符串>...)
```

这两个命令用于输出警告日志，警告日志会被输出到标准错误输出（stderr）中。

AUTHOR_WARNING模式一般用于面向该项目开发者的警告信息。那些只构建和引用当前项目的开发者无须关心通过AUTHOR_WARNING参数输出的警告信息。CMake命令行提供了一些与之相关的参数用于控制其行为：

- -Wno-dev，用于禁用面向开发者的警告信息的输出；
- -Wdev，用于启用面向开发者的警告信息的输出；
- -Werror=dev，用于将面向开发者的警告信息（包括弃用警告信息，见下文）视为错误；
- -Wno-error=dev，用于取消将面向开发者的警告信息（包括弃用警告信息）视为错误。

这些命令行参数仅用于CMake的构建模式，对于CMake执行脚本程序的-P命令行形式无效。

从未指定过上述参数时，CMake默认会输出面向开发者的警告信息，且不会将其视为错误，因此不会导致CMake跳过生成阶段。然而，上述这些参数一旦指定，便会以缓存变量的形式记录下来，后续再次调用CMake命令行时，即使不再指定上述参数，也仍然会依照缓存的参数设置决定输出的信息。这也是为什么每一个设置都会有启用和禁用两种形式。

为了展示不同命令行参数的效果，下面的实例会在CMake目录程序中输出警告日志，如代码清单4.67所示。

代码清单4.67 ch004/message/Warning/CMakeLists.txt

```
cmake_minimum_required(VERSION 3.20)

project(warning)

message(WARNING "一般警告")
message(AUTHOR_WARNING "开发警告")
message("程序运行到这里了")
```

如果读者还不熟悉CMake目录程序，可以先大概浏览，后续再回顾。

在默认情况下，CMake运行时只会报告警告，但不会报告错误，最终也会生成构建系统的配置文件。其执行结果如下：

```
> cd CMake-Book/src/ch004/message/Warning
> mkdir build
> cd build
> cmake ..
-- ...

CMake Warning at CMakeLists.txt:5 (message):
  一般警告

CMake Warning (dev) at CMakeLists.txt:6 (message):
开发警告
This warning is for project developers.  Use -Wno-dev to suppress it.

程序运行到这里了
-- Configuring done
-- Generating done
-- ...
```

指定-Wno-dev命令行参数后，用于开发者的警告信息将被忽略，不再输出。其执行结果如下：

```
> cmake .. -Wno-dev
-- ...

CMake Warning at CMakeLists.txt:5 (message):
  一般警告

程序运行到这里了
-- Configuring done
-- Generating done
```

指定-Werror=dev命令行参数后，面向开发者的警告将被视为错误。其执行结果如下：

```
> cmake .. -Werror=dev
-- ...

CMake Warning at CMakeLists.txt:5 (message):
  一般警告


CMake Error (dev) at CMakeLists.txt:6 (message):
开发警告
This error is for project developers. Use -Wno-error=dev to suppress it.

-- Configuring incomplete, errors occurred!
```

输出弃用日志

```
message(DEPRECATION <日志消息字符串>...)
```

该命令可用于提示用户某些功能或组件等已被弃用。弃用信息的输出受到以下两个CMake变量的控制。

- CMAKE_WARN_DEPRECATED变量决定是否将弃用信息以警告日志级别输出。若其值不为假值，则以警告日志级别输出。也就是说，若该变量未被设置，行为等同于将其设置为真值。另外，在CMake的构建模式中，-Wdeprecated命令行参数也可用于启用该选项，-Wno-deprecated命令行参数用于禁用该选项。
- CMAKE_ERROR_DEPRECATED变量决定是否将弃用信息以错误日志级别输出。若其值为真值，则以错误日志级别输出。也就是说，若该变量未被设置，行为等同于将其设置为假值。

代码清单4.68中是一个实例。

代码清单4.68 ch004/message/Deprecation.cmake

```
message(DEPRECATION "A已弃用")
# CMake Deprecation Warning at 03.Deprecation.cmake:1 (message):
#   A已弃用
message(DEPRECATION "B已弃用")
# CMake Deprecation Warning at 03.Deprecation.cmake:2 (message):
#   B已弃用
```

启用CMAKE_ERROR_DEPRECATED选项后，CMake会在遇到第一个弃用信息时终止执行：

```
> cmake -DCMAKE_ERROR_DEPRECATED=TRUE -P Deprecation.cmake
CMake Deprecation Error at Deprecation.cmake:1 (message):
  A已弃用
```

输出提示日志

```
message(<日志消息字符串>...)
message(NOTICE <日志消息字符串>...)
```

平时使用的不含<模式>参数的message命令输出的是提示（notice）级别的日志。提示日志会被输出到标准错误输出（stderr）中，一般用于需要吸引用户注意的重要提示信息。

输出状态日志

```
message(STATUS <日志消息字符串>...)
```

状态日志应当是用户很可能感兴趣并想要查看的简短信息，常用于输出对环境配置等检查的状态。

状态日志会被输出到标准输出（stdout）中，输出时会带有由两个横线和空格组成的前缀。

输出详细信息

```
message(VERBOSE <日志消息字符串>...)
```

详细信息用于提供用户在大多数情况下并不关心的更多信息。用户想要深入了解项目的构建过程时，才可能会查看详细信息。

详细信息在默认情况下不会输出，输出时会被输出到标准输出（stdout）中，且带有由两个横线和空格组成的前缀。

输出调试信息

```
message(DEBUG <日志消息字符串>...)
```

调试信息一般用于项目开发者调试项目的构建过程。对于仅仅希望构建项目的用户而言，调试信息通常没有什么用处。

调试信息在默认情况下不会输出，输出时会被输出到标准输出（stdout）中，且带有由两个横线和空格组成的前缀。

输出追踪信息

```
message(TRACE <日志消息字符串>...)
```

追踪信息是最细粒度的日志信息，涉及最底层的实现细节。一般来说，在开发过程中为了调试等目的也许会临时输出一些追踪信息。这些输出最好在项目发布前移除。

追踪信息在默认情况下不会输出，输出时会被输出到标准输出（stdout）中，且带有由两个横线和空格组成的前缀。

4.8.2 筛选日志级别

刚刚介绍了各种日志级别，其中后三种默认都不会输出。那么，如果要查看后三种日志级别的日志该怎么做呢？只关注错误和警告，甚至不想看到提示和状态信息时，又该怎么做呢？此时可以使用命令行参数--log-level对输出日志的级别进行筛选。筛选日志级别的例程如代码清单4.69所示。

代码清单4.69　ch004/message/筛选日志级别.cmake

```
message(TRACE "trace")
message(DEBUG "debug")
message(VERBOSE "verbose")
message(STATUS "status")
message(NOTICE "notice")
message(WARNING "warning")
message(SEND_ERROR "error")
```

在不带--log-level命令行参数时，其执行结果如下：

```
> cd CMake-Book/src/ch004/message
> cmake -P 筛选日志级别.cmake
-- status
notice
CMake Warning at 筛选日志级别.cmake:6 (message):
  warning


CMake Error at 筛选日志级别.cmake:7 (message):
  error
```

下面，输出所有的日志级别：

```
> cmake --log-level=trace -P 筛选日志级别.cmake
-- trace
-- debug
-- verbose
-- status
notice
CMake Warning at 筛选日志级别.cmake:6 (message):
  warning


CMake Error at 筛选日志级别.cmake:7 (message):
  error
```

同样地，也可以只关注错误和警告：

```
> cmake --log-level=warning -P 筛选日志级别.cmake
CMake Warning at 筛选日志级别.cmake:6 (message):
  warning


CMake Error at 筛选日志级别.cmake:7 (message):
  error
```

除了使用--log-level命令行参数外，也可使用CMAKE_MESSAGE_LOG_LEVEL CMake变量

筛选日志级别。将该变量设置为缓存变量可以使得后续执行CMake命令行时都采用设置的日志级别，而不必重复指定命令行参数。

4.8.3 输出检查状态

在CMake中，经常需要检查硬件配置、系统环境或依赖文件等，以确定设定的编译选项是否适配当前环境。通常检查过程和结果会被输出到日志中，用于帮助开发者确认环境配置，调试问题。message命令提供了对输出这类日志的支持。

```
message([<检查状态>] <状态描述字符串>...)
```

该命令输出的日志的级别始终为状态（status），其中<检查状态>参数有以下取值：

- CHECK_START，用于输出开始检查的日志；
- CHECK_PASS，用于输出检查成功的日志；
- CHECK_FAIL，用于输出检查失败的日志。

准备开始某项检查时，应当使用CHECK_START参数输出检查的内容；检查结束后，根据检查是否成功，分别使用CHECK_PASS或CHECK_FAIL参数输出检查结果。

CHECK_PASS或CHECK_FAIL应当与CHECK_START成对使用，它输出的检查结果日志由CHECK_START的日志内容与检查结果共同组成。代码清单4.70中是一个实例。

代码清单4.70　ch004/message/输出检查状态.cmake

```
message(CHECK_START "寻找依赖库")

    message(CHECK_START "寻找头文件")

    set(HEADER_FOUND True)
    if(HEADER_FOUND)
        message(CHECK_PASS "已找到")
    else()
        message(CHECK_FAIL "未找到")
    endif()

    message(CHECK_START "寻找源文件")

    set(SOURCE_FOUND False)
    if(SOURCE_FOUND)
        message(CHECK_PASS "已找到")
    else()
        message(CHECK_FAIL "未找到")
    endif()

if(HEADER_FOUND AND SOURCE_FOUND)
    message(CHECK_PASS "已找到")
else()
    message(CHECK_FAIL "未找到")
endif()
```

其执行结果如下：

```
> cd CMake-Book/src/ch004/message
> cmake -P 输出检查状态.cmake
-- 寻找依赖库
-- 寻找头文件
-- 寻找头文件 - 已找到
-- 寻找源文件
-- 寻找源文件 - 未找到
-- 寻找依赖库 - 未找到
```

4.8.4 设置输出格式

设置缩进格式

CMAKE_MESSAGE_INDENT变量可用于设置输出提示（notice）及以下级别日志的缩进格式。该变量值是一个列表，缩进内容即连接列表元素得到的字符串。在输出日志时，缩进内容将被插入到日志消息字符串的前面，前缀（若存在）的后面。代码清单4.71中是一个实例。

代码清单4.71 ch004/message/设置缩进格式.cmake

```
function(f0)
    list(APPEND CMAKE_MESSAGE_INDENT "  ")
    message(STATUS "f0被调用")
endfunction()

function(f1_1)
    list(APPEND CMAKE_MESSAGE_INDENT "  ")
    message(STATUS "f1_1被调用")
endfunction()

function(f1)
    list(APPEND CMAKE_MESSAGE_INDENT "  ")
    message(STATUS "f1被调用")
    f1_1()
endfunction()

list(APPEND CMAKE_MESSAGE_INDENT "++")
message("开始")
f0()
f1()
f0()
list(POP_BACK CMAKE_MESSAGE_INDENT)
message("结束")
```

其执行结果如下：

```
> cd CMake-Book/src/ch004/message
> cmake -P 设置缩进格式.cmake
-- ++开始
```

```
-- ++  f0被调用
-- ++  f1被调用
-- ++    f1_1被调用
-- ++  f0被调用
结束
```

使用list(APPEND)和list(POP_BACK)命令可以方便地逐级调整缩进格式，这也是缩进变量值采用列表格式的原因。另外，函数具有独立的变量作用域，在函数内部对CMake变量的修改都不会影响外部同名变量的值，因此函数结束后无须调用list(POP_BACK)。这对于其他具有独立作用域的结构同样适用。

设置输出上下文

CMAKE_MESSAGE_CONTEXT变量可用于设置输出提示（notice）及以下级别日志的上下文信息。该变量值也是一个列表，上下文信息的内容即连接列表元素得到的字符串。在输出日志时，它将被插入到日志消息字符串或缩进（若存在）的前面、前缀（若存在）的后面。代码清单4.72中是一组实例。

代码清单4.72　ch004/message/设置输出上下文.cmake

```
function(f0)
    list(APPEND CMAKE_MESSAGE_CONTEXT "f0")
    list(APPEND CMAKE_MESSAGE_INDENT "  ")
    message(STATUS "f0被调用")
endfunction()

function(f1)
    list(APPEND CMAKE_MESSAGE_CONTEXT "f1")
    list(APPEND CMAKE_MESSAGE_INDENT "  ")
    message(STATUS "f1被调用")
    f0()
endfunction()

list(APPEND CMAKE_MESSAGE_CONTEXT "主程序")
f0()
f1()
```

其执行结果如下：

```
> cd CMake-Book/src/ch004/message
> cmake -P 设置输出上下文.cmake
-- [主程序.f0]   f0被调用
-- [主程序.f1]   f1被调用
-- [主程序.f1.f0]     f0被调用
```

与设置缩进格式类似，使用list(APPEND)和list(POP_BACK)命令可以方便地按照层级设置上下文名称。

不要默认CMAKE_MESSAGE_CONTEXT变量在程序最外层是空值。对于具有多层级结构的项目而言，CMake可能会预设该变量的值。另外，合法的上下文命名规则与CMake变量的命名规则一致，且以下画线或“cmake_”开头的名称均为CMake的保留命名，不应当用作项目自定义的上下文名称。

4.9 执行程序：execute_process

同其他脚本程序一样，CMake脚本程序中也常常需要执行外部程序，以进一步扩展CMake功能。CMake提供了用于执行程序（进程）的命令execute_process，使用起来非常简单，功能也很完备。其命令形式如下：

```
execute_process(COMMAND <命令1> [<命令行参数>...]
    [COMMAND <命令2> [<命令行参数>...]]...
    [WORKING_DIRECTORY <工作目录>]
    [TIMEOUT <超时秒数>]
    [RESULT_VARIABLE <返回值变量>]
    [RESULTS_VARIABLE <返回值列表变量>]
    [OUTPUT_VARIABLE <标准输出变量>]
    [ERROR_VARIABLE <标准错误输出变量>]
    [INPUT_FILE <标准输入文件路径>]
    [OUTPUT_FILE <标准输出文件路径>]
    [ERROR_FILE <标准错误输出文件路径>]
    [OUTPUT_QUIET]
    [ERROR_QUIET]
    [COMMAND_ECHO <STDERR|STDOUT|NONE>]
    [OUTPUT_STRIP_TRAILING_WHITESPACE]
    [ERROR_STRIP_TRAILING_WHITESPACE]
    [ENCODING <NONE|AUTO|ANSI|OEM|UTF8|UTF-8>]
    [ECHO_OUTPUT_VARIABLE]
    [ECHO_ERROR_VARIABLE]
    [COMMAND_ERROR_IS_FATAL <ANY|LAST>])
```

该命令的参数很多，但读者大可不必惊慌，后面会分类介绍。现在重点关注COMMAND参数，它后面跟着想要执行的命令（程序路径）及其参数。COMMAND参数可以多次指定以执行多个命令。

execute_process命令功能的准确定义：管道并行执行若干子进程。这个定义虽然简短，但体现了该命令的重要特性：“管道”“并行”和“子进程”。

下面将对该命令的特性及参数进行介绍。

4.9.1 管道输出

当指定了多个COMMAND参数时，前一个命令对应子进程执行过程中产生的标准输出会被管道输出至后一个命令对应子进程的标准输入中。因此，在默认情况下，只有最后一个命令对应子进程的标准输出会被输出到终端中。

对于标准错误输出，所有子进程共享同一个标准错误输出管道，且在默认情况下都会被输出到终端中。

4.9.2 并行执行

当指定了多个COMMAND参数时，尽管它们对应子进程的标准输入输出会被管道串联起来，但它们并非按照指定的顺序依次执行。输入输出管道并不阻碍程序的并行执行，如果后一个命令的进程完全不需要接受标准输入，那么它完全可以与前一个命令的进程同时开始执行，而不必等待任何标准输入。另外，管道输出也是异步的，后一个命令的进程不必等待前一个命令的进程运行结束才接收完整的标准输出，而是在并行的同时，伴随着前一个命令的持续输出而不断输入。下面这个实例可以证明这一点。

首先，创建一个CMake脚本程序，它会输出两次变量text的值，但第二次输出前会延时停顿1秒，如代码清单4.73所示。

CMake -E命令行的用法将在6.3.5小节中讲解。该命令行形式主要用于提供一些跨平台的IO相关功能，类似于Shell命令。

代码清单4.73 ch004/execute_process/延时输出日志.cmake

```
message("${text}")
execute_process(COMMAND ${CMAKE_COMMAND} -E sleep 1)
message("${text}")
```

然后，创建另一个CMake脚本程序，这是将要执行的主程序，其中调用execute_process命令并行执行了三个命令。这三个命令都是执行刚才创建的延时输出日志的CMake脚本程序，只不过传递不同的-D参数，定义了不同的变量值，用于区分它们的输出，如代码清单4.74所示。

代码清单4.74 ch004/execute_process/并行执行程序.cmake

```
execute_process(
    COMMAND ${CMAKE_COMMAND} -Dtext=1 -P 延时输出日志.cmake
    COMMAND ${CMAKE_COMMAND} -Dtext=2 -P 延时输出日志.cmake
    COMMAND ${CMAKE_COMMAND} -Dtext=3 -P 延时输出日志.cmake
)
```

其执行结果如下：

```
> cd CMake-Book/src/ch004/execute_process
> cmake -P 并行执行程序.cmake
2
3
1
2
1
3
```

可见，输出的数值是乱序的，也就是说这三个命令的执行顺序是不确定的，是并行执行的。

如果确实需要顺序执行多个命令，可多次调用execute_process命令，且每一个命令中仅使用一个COMMAND参数指定一个命令。

4.9.3 子进程继承环境变量

CMake在执行该命令时，会调用系统的API启动子进程。这些子进程会继承父进程（也就是CMake进程）的环境变量。下面来看一个实例。

首先，创建一个CMake脚本程序用于输出环境变量text，如代码清单4.75所示。

代码清单4.75 ch004/execute_process/输出环境变量.cmake

```
message("$ENV{text}")
```

然后，在主程序中调用两次execute_process命令，并分别提前设置好不同的text值，如代码清单4.76所示。

代码清单4.76 ch004/execute_process/继承环境变量.cmake

```
set(ENV{text} hello)
execute_process(COMMAND ${CMAKE_COMMAND} -P 输出环境变量.cmake)
# 输出: hello
set(ENV{text} world)
execute_process(COMMAND ${CMAKE_COMMAND} -P 输出环境变量.cmake COMMAND_ECHO STDERR)
# 输出: world
```

根据程序输出可以看出主程序的环境变量确实被继承至执行的子进程中。

4.9.4 设置工作目录

```
WORKING_DIRECTORY <工作目录>
```

<工作目录>参数用于指定执行子进程时的工作目录。

4.9.5 获取进程返回值

```
RESULT_VARIABLE <返回值变量>
```

RESULT_VARIABLE参数用于指定<返回值变量>的名称。该变量用于存放最后一个子进程执行结束后返回的数值，即返回码（return code），也称退出码（exit code）。当执行程序超时时，返回值变量的值则为描述错误信息的字符串。

```
RESULTS_VARIABLE <返回值列表变量>
```

RESULTS_VARIABLE参数用于指定<返回值列表变量>的名称。返回值列表变量的元素按照COMMAND参数指定的命令顺序，分别对应其每个子进程的返回码。当某个子进程执行超时时，其对应元素值则为描述错误信息的字符串。下面的实例中分别调用了两个命令，其中第二个命令包含不合法的参数，如代码清单4.77所示。

代码清单4.77　ch004/execute_process/返回值列表变量.cmake

```
execute_process(
    COMMAND ${CMAKE_COMMAND} -E echo hello
    COMMAND ${CMAKE_COMMAND} -E xxx # 不合法的参数
    RESULTS_VARIABLE res
) # 输出:
# CMake Error: cmake version 2.20
# Usage: C:/Program Files/CMake/bin/cmake.exe -E <command> [arguments...]
# ...

message("${res}") # 输出: 0;1
```

终端中先输出了一些错误信息，然后输出了返回值列表变量的值。其中，第一个命令的返回值为0，说明执行成功；第二个命令的返回值为1，表示执行失败。

4.9.6　设置超时时长

```
TIMEOUT <超时秒数>
```

若子进程运行时间超过了<超时秒数>参数指定的值（可为小数），这些子进程会被强制终止，且返回值变量的值会被设置成一个描述错误的字符串（该字符串一定包含timeout字符串）。代码清单4.78中是一个实例，其中执行进程时设置的<超时秒数>参数值为0.1秒，而命令行中执行的“延时输出日志.cmake”程序中存在1秒的延时，因此该命令必然会执行超时。

代码清单4.78　ch004/execute_process/超时.cmake

```
execute_process(
    COMMAND ${CMAKE_COMMAND} -Dtext=1 -P 延时输出日志.cmake
    TIMEOUT 0.1
    RESULT_VARIABLE res
) # 输出: 1

message("${res}") # 输出: Process terminated due to timeout
```

4.9.7　设置输出变量

```
OUTPUT_VARIABLE <标准输出变量>
ERROR_VARIABLE <标准错误输出变量>
```

这两个参数分别用于将最后一个子进程的标准输出和全部子进程的标准错误输出存入<标准输出变量>和<标准错误输出变量>中。二者可以指定为同一个变量，这样标准输出和标准错误输出的结果会按照输出的时间顺序一同存入这个变量。

当设置该参数后，标准输出和标准错误输出就不会再被输出到终端中了。如果想要让它们既能输出到终端中，又可以存入变量中，那么就需要设置下面这两个参数：

```
ECHO_OUTPUT_VARIABLE
ECHO_ERROR_VARIABLE
```

这两个参数分别用于将标准输出和标准错误输出复制一份，同时重定向到设置的变量中和终端输出中。

下面的实例分别演示了标准错误输出和标准输出的重定向。首先，CMake脚本程序“输出变量.cmake”会使用message命令将变量text 的值输出到标准错误输出中，如代码清单4.79所示。

代码清单4.79 ch004/execute_process/输出变量.cmake

```
message("${text}")
```

主程序中，首先调用两次cmake -E echo命令行，输出不同字符串到标准输出中，并将其重定向到变量中，然后调用两次“输出变量.cmake”脚本程序，使其输出不同的字符串到标准错误输出中，也同样重定向到变量中。主程序如代码清单4.80所示。

代码清单4.80 ch004/execute_process/输出变量.cmake

```
execute_process(
    COMMAND ${CMAKE_COMMAND} -E echo hello
    COMMAND ${CMAKE_COMMAND} -E echo world
    OUTPUT_VARIABLE out
    ECHO_OUTPUT_VARIABLE
) # 输出: world

message("${out}") # 输出: world

execute_process(
    COMMAND ${CMAKE_COMMAND} -Dtext=hello -P 输出变量.cmake
    COMMAND ${CMAKE_COMMAND} -Dtext=world -P 输出变量.cmake
    ERROR_VARIABLE out
    ECHO_ERROR_VARIABLE
) # 输出:
# world
# hello

message("${out}")
# 输出:
# world
# hello
```

该命令只会重定向最后一个子进程的标准输出，而对于标准错误输出，则会重定向全部子进程的。另外，两个命令是并行执行的，因此它们输出到标准错误输出的顺序是不稳定的。

execute_process命令中与标准输出重定向相关的行为，都仅涉及最后一个子进程的标准输出。这是由execute_process的管道输出特性所决定的，即前面命令对应子进程的标准输出都被重定向至其相邻的下一个命令对应子进程的标准输入中了。

4.9.8 设置输入输出文件

```
INPUT_FILE <标准输入文件路径>
```

<标准输入文件路径>参数用于将其对应文件的内容作为第一个子进程的标准输入。

```
OUTPUT_FILE <标准输出文件路径>
ERROR_FILE <标准错误输出文件路径>
```

<标准输出文件路径>参数用于将最后一个子进程的标准输出重定向到其指定路径的文件中。<标准错误输出文件路径>参数用于将全部子进程的标准错误输出重定向到其指定路径的文件中。

如代码清单4.81所示例程演示了ERROR_FILE的使用。

代码清单4.81 ch004/execute_process/设置输出文件.cmake

```
execute_process(
    COMMAND ${CMAKE_COMMAND} -Dtext=hello -P 输出变量.cmake
    COMMAND ${CMAKE_COMMAND} -Dtext=world -P 输出变量.cmake
    ERROR_FILE out.txt
)
# out.txt文件的内容如下:
# world
# hello
```

4.9.9 屏蔽输出

```
OUTPUT_QUIET
ERROR_QUIET
```

这两个参数分别用于屏蔽子进程的标准输出和标准错误输出。屏蔽后，子进程的标准输出或标准错误输出将不会被输出到终端，且标准输出变量或标准错误输出变量的值也不会被设置。

4.9.10 删除输出尾部空白

```
OUTPUT_STRIP_TRAILING_WHITESPACE
ERROR_STRIP_TRAILING_WHITESPACE
```

这两个参数分别用于删除重定向到变量中的标准输出和标准错误输出中的尾部空白符。

4.9.11 输出命令行调用

```
COMMAND_ECHO <STDERR|STDOUT|NONE>
```

该参数用于设置是否将execute_process正在调用的命令行输出到终端中。设置其参数值为NONE时，命令行调用不会被输出；设置其值为STDERR时，命令行调用会被输出到标准错误输出中；设置其值为STDOUT时，命令行调用会被输出到标准输出中。

当省略该参数时，CMake变量CMAKE_EXECUTE_PROCESS_COMMAND_ECHO的值会作为该参数的默认值。

代码清单4.82中的实例将命令行调用输出到了标准输出中。

代码清单4.82 ch004/execute_process/输出命令行调用.cmake

```
execute_process(
    COMMAND ${CMAKE_COMMAND} -Dtext=hello -P 输出变量.cmake
```

```
    COMMAND ${CMAKE_COMMAND} -Dtext=world -P 输出变量.cmake
    COMMAND ${CMAKE_COMMAND} -E echo hello
    COMMAND ${CMAKE_COMMAND} -E echo world
    COMMAND_ECHO STDOUT
) # 输出:
# '.../cmake' '-Dtext=hello' '-P' '输出变量.cmake'
# '.../cmake' '-Dtext=world' '-P' '输出变量.cmake'
# '.../cmake' '-E' 'echo' 'hello'
# '.../cmake' '-E' 'echo' 'world'
# world
# world
# hello
```

由于只有最后一个命令对应子进程的标准输出才会被输出到终端，最终的输出结果中仅存在一个属于标准错误输出的“hello”。

4.9.12 设置输出编码

```
ENCODING <NONE|UTF8|UTF-8|AUTO|ANSI|OEM>
```

该参数仅对Windows操作系统有效，可用于指定对进程输出进行解码时所采用的编码方式。其取值可为下列参数值之一。

- NONE，即无须解码。当进程输出的编码使用UTF-8编码方式时，可选择该值。这也是默认取值。
- UTF8或UTF-8，即使用UTF-8编码方式进行解码。
- AUTO，即使用终端的当前代码页（active code page）。若当前代码页不可用，则使用ANSI代码页进行解码。
- ANSI，即使用ANSI代码页。
- OEM，即使用OEM代码页。

4.9.13 设置失败条件

```
COMMAND_ERROR_IS_FATAL <ANY|LAST>
```

该参数用于设置execute_process在遇到命令执行出错时的行为。其取值可为下列参数值之一。

- ANY，当任意命令出现错误时，终止程序运行并报告致命错误。
- LAST，当且仅当最后一个命令出现错误时，终止程序运行并报告致命错误；前面的命令执行出错不会导致致命错误。

4.9.14 解析命令行参数：separate_arguments

当需要将一个完整的字符串形式的命令行解析成一个个命令行参数时，可以使用separate_arguments命令实现。鉴于它与执行命令行程序息息相关，本小节同时也会介绍separate_arguments命令的功能。

```
separate_arguments(<结果变量> <解析模式> [PROGRAM [SEPARATE_ARGS]] <命令行>)
```

该命令会将<命令行>字符串参数解析成一个列表变量，并存入<结果变量>中，其中的每一个元素都对应命令行中的一个参数。

解析命令行的规则与操作系统有关，因此该命令提供了<解析模式>参数，可用于选择解析命令行的规则。其取值可为下列参数值之一。

- UNIX_COMMAND，表示UNIX模式。在该模式下，命令行参数是被不在引号内的空格隔开的。单引号和双引号都可用于表示作为整体的字符串。反斜杠可用于转义字符，其转义后的字符即反斜杠后面紧跟着的字符（如\"转义为"，\n转义为n）。
- WINDOWS_COMMAND，表示Windows模式，在该模式下，命令行参数是被不在双引号内的空格隔开的。反斜杠仅当其位于双引号前时，用于转义双引号。其他细节可以参阅微软官方文档网站中与解析C命令行参数相关的文档。
- NATIVE_COMMAND，表示本机模式。在该模式下，CMake会根据当前操作系统选择对应的UNIX_COMMAND或WINDOWS_COMMAND模式。

代码清单4.83所示例程展示了UNIX_COMMAND和WINDOWS_COMMAND模式的区别。

代码清单4.83 ch004/separate_arguments/解析命令行参数.cmake

```
set(cmd [[cmd a 'b' c]]) # 注意这里用了括号参数

separate_arguments(out WINDOWS_COMMAND "${cmd}")
message("{out}") # 输出: cmd;a;'b';c

separate_arguments(out UNIX_COMMAND "${cmd}")
message("${out}") # 输出: cmd;a;b;c
```

该命令还有两个参数：PROGRAM和SEPARATE_ARGS。其中后者仅在前者被指定的情况下才有效。

指定PROGRAM参数后，该命令将以命令行中的第一个参数为命令的可执行文件，并在系统搜索路径中解析其所在路径。若未能找到该可执行文件，结果变量会被设置为空值；若成功找到该可执行文件，结果变量将被设置为包含两个元素的列表，其中第一个元素为可执行文件的绝对路径，第二个元素为剩余的命令行参数。也就是说，指定PROGRAM参数后，该命令将不再默认把参数切分成一个个独立的元素。不过，如果同时指定SEPARATE_ARGS参数，该命令将继续切分参数字符串。

代码清单4.84中是一个实例。

代码清单4.84 ch004/separate_arguments/解析命令路径.cmake

```
# 因为CMake在不同平台的安装路径不同，此处在输出中略去了其绝对路径
separate_arguments(out WINDOWS_COMMAND PROGRAM "cmake -P a.cmake")
message("${out}") # 输出: .../cmake.exe; -P a.cmake
```

```
separate_arguments(out WINDOWS_COMMAND PROGRAM
    SEPARATE_ARGS "cmake -P a.cmake")
message("${out}") # 输出: .../cmake.exe;-P;a.cmake
```

4.10 引用CMake程序：include

几乎所有编程语言都会提供代码复用机制，即引用外部程序的方法。第3章提到过 CMake的模块程序可以算作CMake中主要的代码复用单元，能够被CMake脚本程序及目录程序通过include命令引用。

4.10.1 引用CMake程序

```
include(<CMake程序文件|CMake模块> [OPTIONAL]
        [RESULT_VARIABLE <结果变量>] [NO_POLICY_SCOPE])
```

该命令会加载并执行<CMake程序文件>或<CMake模块>参数指定的外部CMake程序。带扩展名（一般是.cmake）的路径将被视为<CMake程序文件>，可以是绝对路径，也可以是相对于当前目录的相对路径；不带扩展名的路径会被视为<CMake模块>，只能是相对路径，而且并非相对于当前目录。该命令会依次将CMAKE_MODULE_PATH列表变量中的路径作为父目录来搜索<CMake模块>，若仍未能搜索到，则从CMake预置模块目录中搜索指定的<CMake模块>。

引用的外部程序与该命令所在的调用上下文共享相同的作用域，也就是说，引用的程序内创建的变量，在include命令之后仍然存在。

默认情况下，若外部程序不存在，该命令会报错。指定OPTIONAL参数后，该命令则会忽略该错误。

<结果变量>用于存放外部程序的绝对路径，若外部程序不存在，该变量的值会被设置为NOTFOUND。

代码清单4.85中是一个实例。

代码清单4.85 ch004/include/include.cmake

```
include(外部程序.cmake)
message("a: ${a}")

include(外部程序 OPTIONAL RESULT_VARIABLE out)
message("include(外部程序): ${out}")

set(CMAKE_MODULE_PATH ${CMAKE_CURRENT_SOURCE_DIR})
include(外部程序 RESULT_VARIABLE out)
message("${out}")
```

其中引用的“外部程序.cmake”如代码清单4.86所示。

代码清单4.86　ch004/include/外部程序.cmake

```
message("模块被执行")
set(a "变量a")
```

其执行结果如下：

```
> cd CMake-Book/src/ch004/include
> cmake -P include.cmake
模块被执行
a: 变量a
include(外部程序): NOTFOUND
模块被执行
.../CMake-Book/src/ch004/10.include/外部程序.cmake
```

参数NO_POLICY_SCOPE会在10.3.4小节中介绍。

4.10.2　引用卫哨：include_guard

有时候，一些外部CMake程序可能同时又引用了一些其他外部程序，这时就有可能出现重复引用的情况。重复引用会导致重复加载和执行，可能会造成执行效率下降，甚至逻辑错误等。

如同C和C++通过宏定义或“#pragma once”预处理指令来实现头文件卫哨一样，CMake也提供了include_guard命令来实现引用卫哨：

```
include_guard([DIRECTORY|GLOBAL])
```

该命令可以为当前CMake文件（即CMAKE_CURRENT_LIST_FILE变量的值）设置指定作用域中的引用卫哨。当CMake执行某个程序文件时，若它在当前作用域中已被加载执行过，那么该命令就会阻止该程序继续执行，如同执行return命令一样。

引用卫哨的作用域默认与set命令定义的变量的作用域相同，即当前函数或当前目录的作用域。此时，该命令的行为可以用下面的伪代码来描述：

```
if(当前文件是否已执行)
    return()
endif()
set(当前文件是否已执行 TRUE)
```

另外，通过指定下列参数之一，可以更改引用卫哨的作用域。

- DIRECTORY，即当前目录及其子目录的作用域。指定该参数后，在这些目录的作用域中，程序文件保证仅被引用一次。
- GLOBAL，即全局作用域。指定该参数后，在CMake的执行过程中，程序文件保证仅被引用一次。

在宏或函数中，CMAKE_CURRENT_LIST_FILE变量的值是调用上下文所在的 CMake文件名，而非宏或函数定义所在的CMake文件名。因此，应避免在宏或函数中调用 include_guard命令，以免为错误的程序文件设定了引用卫哨。

下面的实例中创建了两个带有引用卫哨的程序，分别采用默认作用域和全局作用域，如代码清单4.87 和代码清单4.88所示。

代码清单4.87 ch004/include/带卫哨的程序.cmake

```
include_guard()
message("带卫哨的程序 被执行")
```

代码清单4.88 ch004/include/带全局卫哨的程序.cmake

```
include_guard(GLOBAL)
message("带全局卫哨的程序 被执行")
```

再创建两个CMake程序，分别引用上面两个CMake程序，如代码清单4.89和代码清单4.90所示。

代码清单4.89 ch004/include/引用带卫哨的程序.cmake

```
message("引用带卫哨的程序 被执行")
include(带卫哨的程序.cmake)
```

代码清单4.90 ch004/include/引用带全局卫哨的程序.cmake

```
message("引用带全局卫哨的程序 被执行")
include(带全局卫哨的程序.cmake)
```

最后，在主程序中实现两个函数并分别调用两次。其中，函数A和函数B会分别引用不同的带卫哨的程序，如代码清单4.91所示。

代码清单4.91 ch004/include/include_guard.cmake

```
function(A)
    include(带卫哨的程序.cmake)
    include(引用带卫哨的程序.cmake)
endfunction()

function(B)
    include(带全局卫哨的程序.cmake)
    include(引用带全局卫哨的程序.cmake)
endfunction()

A()
A()

message("---")

B()
B()
```

其执行结果如下：

```
> cd CMake-Book/src/ch004/include
> cmake -P include_guard.cmake
```

```
带卫哨的程序 被执行
引用带卫哨的程序 被执行
带卫哨的程序 被执行
引用带卫哨的程序 被执行
---
带全局卫哨的程序 被执行
引用带全局卫哨的程序 被执行
引用带全局卫哨的程序 被执行
```

在函数A的一次调用中，“带卫哨的程序”仅被执行了一次。当引用 “引用带卫哨的程序”时，“带卫哨的程序”不会再次被执行。不过，第二次调用函数A，“带卫哨的程序”仍然要被执行一次。这是因为该卫哨采用默认作用域，这里对应函数A的作用域。

“带全局卫哨的程序”则只被执行了一次。对于全局卫哨而言，不管调用多少次函数B，它都一定能够保证程序只被引用一次。

4.11 执行代码片段：cmake_language

脚本程序往往都具备动态执行一段程序代码的功能，如Python的eval、exec函数，JavaScript的eval函数和Function对象等。CMake在其3.18版本以后，提供了一个新的命令cmake_language，用以实现这种动态执行代码片段的功能。

4.11.1 调用命令

```
cmake_language(CALL <CMake命令> [<命令参数>...])
```

该命令用于在当前调用上下文中调用指定的<CMake命令>，并通过<命令参数> 向被调用的命令传递参数。由于cmake_language命令在当前调用上下文中执行命令，不会引入新的作用域。

<CMake命令>参数可以是内置命令或者通过macro或function命令定义的宏或函数的名称。不过，由于该命令仅用于执行单个CMake命令，为了保证程序的可读性，不支持成对或配套使用的命令，包括：

- if、elseif、else和endif；
- while和endwhile；
- foreach和endforeach；
- function和endfunction；
- macro和endmacro。

代码清单4.92中是一个调用命令实例。

代码清单4.92 ch004/cmake_language/调用命令.cmake

```
set(cmd "message")
cmake_language(CALL "${cmd}" "您好") # 输出：您好
```

该例程的代码与message("您好")是等价的。

4.11.2　执行代码

```
cmake_language(EVAL CODE <CMake代码>...)
```

该命令用于执行若干CMake代码片段。代码清单4.93中是一个实例。

代码清单4.93　ch004/cmake_language/执行代码.cmake

```
set(a TRUE)

cmake_language(EVAL CODE "
    if(a)
        message(TRUE)
    else()
        message(FALSE)
    endif()
" "
    if(b)
        message(TRUE)
    else()
        message(FALSE)
    endif()
") # 输出:
# TRUE
# FALSE
```

事实上，cmake_language(EVAL)这个子命令相当于将代码片段写入临时文件，然后通过include命令引用这个临时程序文件。因此，代码清单4.93实际上等价于代码清单4.94所示的例程。

代码清单4.94　ch004/cmake_language/执行代码的等价程序.cmake

```
set(a TRUE)

file(WRITE temp.cmake "
    if(a)
        message(TRUE)
    else()
        message(FALSE)
    endif()
" "
    if(b)
        message(TRUE)
    else()
        message(FALSE)
    endif()
")

include(temp.cmake)
```

4.11.3 延迟调用命令

该系列与延迟调用命令相关的子命令仅用于CMake目录程序（即CMakeLists.txt），如果读者还不熟悉目录程序，可以先跳过本小节。

延迟调用命令

```
cmake_language(DEFER
    [DIRECTORY <目录>]
    [ID <ID>]
    [ID_VAR <ID变量>]
    CALL <CMake命令> [<命令参数>...]
)
```

该命令用于在CMake目录程序中延迟调用指定的<CMake命令>。默认情况下，该命令会在当前目录的目录程序执行结束后被调用。<命令参数>如果包含变量引用，那么这些变量引用会在延迟调用的命令真正被执行时解析成对应的变量值。

DIRECTORY参数用于设置当前延迟调用命令的调用时机为指定<目录>对应的目录程序执行结束后。<目录>可以被设置为某个CMake目录程序的源文件目录或对应的构建目录。若设置为源文件目录，则可以使用相对于当前目录程序源文件目录的相对路径。省略该参数时，其值默认为当前目录。

给定的<目录>必须已经被CMake感知到。也就是说，该目录要么已经被add_subdirectory命令添加为子目录，要么是顶级目录程序的源文件目录，要么是上述两种目录对应的构建目录。

<ID>参数用于指定延迟调用的自定义ID。该ID可以结合其他几个子命令，用来获取对应延迟调用的命令及其参数，或用来取消对应的延迟调用。自定义ID不可以由大写字母或下画线开头。若省略该参数，CMake会为延迟调用自动生成一个以下画线开头的ID。

<ID变量>参数用于指定一个变量来获取延迟调用的ID。

获取延迟调用命令

```
cmake_language(DEFER [DIRECTORY <目录>] GET_CALL <ID> <结果变量>)
```

该命令用于获取<目录>（若省略，则默认为当前目录）中指定<ID>的延迟调用命令及其参数。命令名称和参数会作为列表元素存入<结果变量>。

若存在多个延迟调用的ID相同，该命令仅可获取其中第一个延迟调用；若不存在指定ID的延迟调用，则结果变量会被赋为空值。

获取全部延迟调用命令ID

```
cmake_language(DEFER [DIRECTORY <目录>] GET_CALL_IDS <结果变量>)
```

该命令用于获取<目录>（若省略，则默认为当前目录）中全部延迟调用的ID，并将其以列表形式存入<结果变量>。

取消延迟调用

```
cmake_language(DEFER [DIRECTORY <目录>] CANCEL_CALL <ID>)
```

该命令用于取消<目录>（若省略，则默认为当前目录）中指定<ID>对应的延迟调用。若不存在对应ID的延迟调用，该命令会被忽略，并不产生错误。

实例

下面的实例中综合应用了上述子命令。

为了演示延迟调用可以作用于指定的目录，首先创建一个名为“子目录”的子目录，并在其中创建一个CMake目录程序。该程序中定义了2个延迟调用，二者作用于子目录的上级目录（通过..指定<目录>参数），如代码清单4.95所示。

代码清单4.95 ch004/cmake_language/延迟调用/子目录/CMakeLists.txt

```
message("----子目录程序开始----")

# 注意这里的延迟调用都是定义在上级目录中的
cmake_language(DEFER
    DIRECTORY ..
    ID_VAR id1
    CALL message "结束2: ${var}"
)
cmake_language(DEFER
    DIRECTORY ..
    ID 自定义ID
    ID_VAR id2
    CALL message 结束3
)

message("id1: ${id1}")
message("id2: ${id2}")

message("----子目录程序结束----")
```

回到项目顶层目录，创建CMake目录程序，在其中调用多个与延迟调用命令相关的命令，如代码清单4.96所示。

代码清单4.96 ch004/cmake_language/延迟调用/CMakeLists.txt

```
cmake_minimum_required(VERSION 3.20)

project(延迟调用)

cmake_language(DEFER CALL message 结束)

message("----程序开始----")
add_subdirectory(子目录)
```

```
cmake_language(DEFER GET_CALL_IDS ids)
message("当前目录的延迟调用ID: ${ids}")

cmake_language(DEFER GET_CALL 自定义ID cmd)
message("取消调用 自定义ID\n其命令及参数为: ${cmd}")

cmake_language(DEFER CANCEL_CALL 自定义ID)

set(var "再见")
message("----程序结束----")
```

其执行结果如下：

```
> cd CMake-Book/src/ch004/cmake_language/延迟调用
> mkdir build
> cd build
> cmake ..
-- ...

----程序开始----
----子目录程序开始----
id1: __1
id2: 自定义ID
----子目录程序结束----
当前目录的延迟调用ID: __0;__1;自定义ID
取消调用 自定义ID
其命令及参数为: message;结束3
----程序结束----
结束
结束2: 再见

-- Configuring done
-- Generating done
-- ...
```

最终只有两个延迟调用成功执行，而本应输出“结束3”的延迟调用则被成功取消。

4.12　监控变量：variable_watch

虽然CMake在功能上完全不逊于很多常见的脚本语言，但它在调试方面确实还有欠缺。至少在本书写作之时，笔者仍未见到有任何一个开发工具可以支持CMake的断点调试。不过好在CMake提供了很多其他有助于调试的手段。本节将介绍用于监控变量访问的variable_watch命令。

```
variable_watch(<变量> [<回调命令名>])
```

当<变量>被其他命令访问时，CMake会调用<回调命令名>指定的命令。若 <回调命令名>参数被省略，CMake则会输出与访问变量相关的信息。

回调命令的参数形式如下：

```
回调命令名(<变量> <访问形式> <新值> <CMake程序文件路径> <调用栈>)
```

<变量>即监控的变量名称，与传给variable_watch命令的参数一致。

<访问形式>取值如下：

- READ_ACCESS，表示读取变量值；
- UNKNOWN_READ_ACCESS，表示读取未定义变量的值（定义后被unset的变量不属于未定义变量）；
- MODIFIED_ACCESS，表示修改变量值；
- UNKNOWN_MODIFIED_ACCESS，表示修改未定义变量的值；
- REMOVED_ACCESS，表示移除变量的访问（如unset命令就会做这种访问）。

<新值>即变量的值。若变量被修改，则为其修改后的值；若变量被移除，则为空值。

<CMake程序文件路径>即访问变量的CMake程序文件的绝对路径。

<调用栈>是一个列表，其中包含从CMake当前执行的程序，到访问变量的CMake程序的完整调用过程中涉及的全部程序文件的绝对路径。

有些命令，如list(APPEND)，会访问变量两次：第一次读取变量值，第二次修改变量值。因此，使用variable_watch监控它访问的变量时会触发两次回调。而对于像if(DEFINED)这样的条件判断命令，因为无须访问变量值，所以不会触发variable_watch命令的回调。

variable_watch命令仅可用于监控非缓存变量。

实例

下面的实例创建了两个CMake脚本程序。首先，创建主程序main.cmake，用于监控变量A和变量B，其中对变量A的监控使用了自定义的回调命令，如代码清单4.97所示。

代码清单4.97 ch004/variable_watch/main.cmake

```
function(callback var access value filename stack)
    message("${access}访问变量${var}，其值为${value}")
    message("文件路径: ${filename}")
    foreach(item ${stack})
        message("    ${item}")
    endforeach()
    message("---")
endfunction()

variable_watch(A callback)
variable_watch(B)

# 访问B变量，触发默认回调，输出变量信息
set(B "${B}")

# 访问A变量，触发自定义回调命令callback
set(A "1")
```

```
list(APPEND A "2")
unset(A)

# 在引用的程序中访问变量A，注意观察输出的调用栈
include(b.cmake)
```

然后，创建第二个脚本程序b.cmake，其中仅对变量A进行赋值操作，如代码清单4.98所示。

代码清单4.98　ch004/variable_watch/b.cmake

```
set(A "A 位于 b.cmake")
```

其执行结果如下：

```
> cd CMake-Book/src/ch004/variable_watch
> cmake -P main.cmake
CMake Debug Log at main.cmake:14 (set):
  Variable "B" was accessed using UNKNOWN_READ_ACCESS with value "".

CMake Debug Log at main.cmake:14 (set):
  Variable "B" was accessed using MODIFIED_ACCESS with value "".

MODIFIED_ACCESS访问变量A，其值为1
文件路径：.../CMake-Book/src/ch004/variable_watch/main.cmake
    .../CMake-Book/src/ch004/variable_watch/main.cmake
---
READ_ACCESS访问变量A，其值为1
文件路径：.../CMake-Book/src/ch004/variable_watch/main.cmake
    .../CMake-Book/src/ch004/variable_watch/main.cmake
---
MODIFIED_ACCESS访问变量A，其值为1;2
文件路径：.../CMake-Book/src/ch004/variable_watch/main.cmake
    .../CMake-Book/src/ch004/variable_watch/main.cmake
---
REMOVED_ACCESS访问变量A，其值为
文件路径：...CMake-Book/src/ch004/variable_watch/main.cmake
    .../CMake-Book/src/ch004/variable_watch/main.cmake
---
MODIFIED_ACCESS访问变量A，其值为A 位于 b.cmake
文件路径：.../CMake-Book/src/ch004/variable_watch/b.cmake
    .../CMake-Book/src/ch004/variable_watch/main.cmake
    .../CMake-Book/src/ch004/variable_watch/b.cmake
---
```

开头的两次日志是默认的日志输出，它们表明set(B "${B}")命令会对未定义变量B进行读取，而后修改其值。

另外，最后一段日志输出的调用栈清晰地展现了CMake程序的包含关系，这在调试复杂的CMake程序时非常有用。

第5章

实践：CMake快速排序

到这里，终于将CMake中比较常用的命令都讲解完了。本章是本书中第一个实践章节。实践章节不会介绍任何的新内容，而是通过一个具体的项目来实战演练前面学习到的知识。鉴于之前我们一直把CMake当作通用脚本语言来学习，本章也不会含糊，直接实现一个经典算法：快速排序！

快速排序的基本原理很简单：找到数列的一个基准值，将数列分成比该值小和比该值大的两部分子数列；对这两部分子数列分别进行快速排序，也就是递归调用自身；将二者与基准值合并在一起作为快速排序后的结果。其具体代码如代码清单5.1所示。

代码清单5.1　ch005/快速排序.cmake

```
# 数列划分
#
# arr: 数列
# pivot: 基准值
# left: 划分后的子数列变量名（比基准值小的部分）
# right: 划分后的子数列变量名（比基准值大的部分）
function(partition arr pivot left right)
    # 遍历数列
    foreach(x ${arr})
        # 根据当前值与基准值的比较结果，分别将当前值追加到不同的子数列中
        if(${x} LESS ${pivot})
            list(APPEND _left ${x})
        else()
            list(APPEND _right ${x})
        endif()
    endforeach()

    # 将两个子数列定义到上层作用域的变量中
    set(${left} ${_left} PARENT_SCOPE)
    set(${right} ${_right} PARENT_SCOPE)
endfunction()

# 快速排序
#
# input: 输入数列
```

```
# res: 存放排序结果的数列变量名
function(quick_sort input res)
    # 取数列长度
    list(LENGTH input input_len)

    # 若数列长度小于等于1，则无须排序，直接设置结果
    if(${input_len} LESS_EQUAL 1)
        set(${res} "${input}" PARENT_SCOPE)
        return()
    endif()

    # 取数列第一个元素作为基准值
    list(GET input 0 pivot)
    # 将基准值从数列中删掉，即从第2个元素开始取子数列
    list(SUBLIST input 1 -1 input)

    # 划分出两部分子数列
    partition("${input}" ${pivot} left right)
    # 递归调用自身，对两个子数列进行快速排序
    quick_sort("${left}" left)
    quick_sort("${right}" right)

    # 将比基准值小的子数列、基准值、比基准值大的子数列连接起来
    list(APPEND _res ${left} ${pivot} ${right})
    # 设置到上层作用域的结果变量中
    set(${res} "${_res}" PARENT_SCOPE)
endfunction()

# 接受命令行输入的参数
# 从第4个参数开始，因为要忽略以下前4个参数:
# "cmake" "-P" "快速排序.cmake" "--"
foreach(i RANGE 4 ${CMAKE_ARGC})
    list(APPEND input ${CMAKE_ARGV${i}})
endforeach()

message("排序前: ${input}")
quick_sort("${input}" res)
message("排序后: ${res}")
```

其中用到了CMAKE_ARGC和CMAKE_ARGV<*N*>变量，分别代表CMake脚本模式下命令行参数的个数及第*N*个参数的值（包括cmake命令行名称本身）。如果希望传递自定义参数到CMake脚本程序中，可以在调用cmake -P命令行时，在--后传递自定义参数。例如：

```
> cd CMake-Book/src/ch005
> cmake -P 快速排序.cmake -- 8 9 1 3 10 4 6 5 7 2
排序前: 8;9;1;3;10;4;6;5;7;2
排序后: 1;2;3;4;5;6;7;8;9;10
```

第6章 CMake构建初探

从本章开始，我们不再仅仅停留在CMake脚本程序中，而是开始将CMake看作一个用于构建项目的利器了。在了解CMake的具体用法之前，先要清楚地掌握CMake项目的构建流程。换句话说，就是要清楚地掌握CMake项目的生命周期——从源程序和CMake目录程序，到构建好的二进制文件，再到这些二进制文件的安装和打包分发，最终到其他项目的源程序借助CMake使用这些二进制文件提供的功能。

本章会说明CMake是怎样实现这样一个生命周期的，重点介绍其构建项目过程中的6个阶段，尤其是与构建紧密相关的阶段。另外，本章还会介绍CMake缓存变量配置相关内容、CMake命令行的使用及与Visual Studio的搭配使用方法等，了解这些内容将有助于更好地使用CMake完成项目的构建。

另外，本章在介绍构建项目的后续阶段及CMake命令行的部分形式时，会涉及安装与打包的内容，若想了解这些主题的详细内容，可参阅CMake官方文档。如果在阅读过程中还遇到了其他生疏的概念，不必担心，它们还会在这里等待读者的第二次见面。

6.1 CMake项目的生命周期

6.1.1 配置阶段和生成阶段

CMake本身并不实际调用编译器和链接器等，而是根据整个构建流程，生成Makefile或者其他构建工具的配置文件，通过它们来实际调用各种命令完成构建。正因如此，CMake常被称为构建系统生成器。

CMake构建系统生成器在构建项目的过程中涉及两个重要阶段：一是执行CMake目录程序（CMakeLists.txt）的阶段，二是根据程序执行结果生成构建系统配置文件的阶段。前者往往是对项目的构建环境、构建目标等进行配置，因此称为配置阶段（configure stage）；而后者用于生成构建系统的配置文件，因此称为生成阶段（generation stage）。这两个阶段均由CMake独立完成，其关系如图6.1所示。

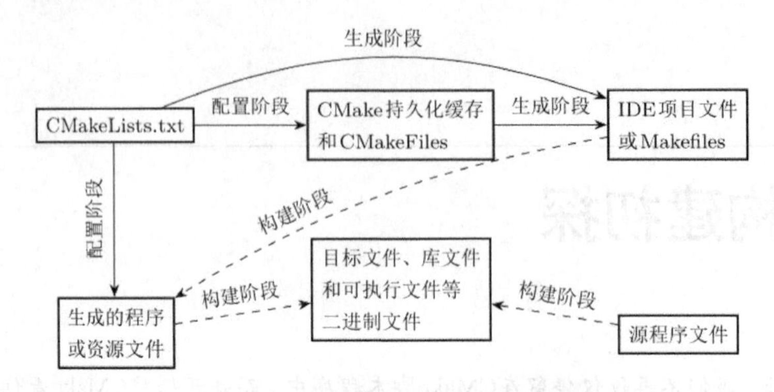

图6.1　CMake的配置、生成和构建阶段

之所以要区分这两个阶段，是因为在配置阶段，CMake仅需确定项目构建目标的依赖关系、构建需求等，与选用的具体构建系统的特殊化配置无关。在生成阶段，CMake必须根据目标构建系统（如Makefile等）的要求，生成出符合具体构建系统要求格式的具体配置。

图6.1中的“生成的程序或资源文件”既可能是配置阶段由CMake脚本直接生成的，又可能是构建阶段生成的。这是因为有些信息可能与构建系统的配置有关，因此CMake不能直接生成它们，而是将它们的生成过程在生成阶段定义到构建系统的配置中，再由构建系统最终在构建阶段生成。

例如，项目通常有Debug（调试）模式和Release（发布）模式两种构建模式，以对应不同的编译优化级别。对于Makefile构建系统而言，CMake需要对这两种构建模式分别生成不同的Makefile项目配置；而对于Visual Studio构建系统而言，由于其本身支持多种构建模式的切换，CMake只需生成一个Visual Studio的项目配置。试想，如果需要根据当前的构建模式生成不同的头文件内容，该怎么做呢？是否可以直接在CMake目录程序中获取当前构建模式并使用if命令来判断呢？

这对于Makefile这种单构建模式的构建系统是可行的，但对于Visual Studio这种支持多构建模式的构建系统则是不可行的。因为在配置阶段执行CMake目录程序时，CMake并不能够确定多构建模式构建系统当前选择的是哪种构建模式，这个信息只有在构建时才会确定。为了解决这类问题，CMake提供了生成器表达式。顾名思义，生成器表达式就是构建系统生成器的表达式，也就是生成阶段才会被解析的表达式。总而言之，这类问题只有在生成阶段结合了构建系统的具体特性后才可解决。其相关内容将在第8章中讲解。

常用构建系统生成器

执行cmake --help命令可以查看CMake支持的全部构建系统生成器。较为常用的构建系统生成器有以下几种。

❑ Visual Studio <主版本号>[<版本年>]，如Visual Studio 16 2019或Visual Studio 16均表示可

以生成Visual Studio 2019解决方案的构建系统生成器；
- Unix Makefiles，即生成标准的UNIX平台的Makefile（包括GNU Makefile）的构建系统生成器；
- NMake Makefiles，即生成NMake的Makefile的构建系统生成器；
- Ninja，生成ninja-build（一个性能极高的构建工具）项目配置的构建系统生成器。

有一些构建系统生成器的名称形如<附加生成器> - <主生成器>。短横线前的附加生成器（extra generator）一般是IDE的名称，短横线后的主生成器（main generator）则是常见构建系统的名称。例如，CodeBlocks - Unix Makefiles、CodeBlocks - NMake Makefiles、CodeBlocks - Ninja等，这些生成器分别用于生成基于不同构建系统CodeBlocks集成开发环境的项目文件。CMake还支持其他一些附加生成器，如CodeLite、Eclipse CDT4、Kate和Sublime Text 2等。

实例：CMake的配置和生成阶段

现在通过一个静态库实例来演示CMake的配置和生成阶段。首先，在lib.c源程序中实现一个用于整数加法的函数add，如代码清单6.1所示。

代码清单6.1 ch006/mylib/lib.c

```
int add(int a, int b) { return a + b; }
```

然后，定义CMake目录程序CMakeLists.txt。其中，部分命令与项目构建、安装和打包相关，这里可以参考代码注释来大致理解，如代码清单6.2所示。

代码清单6.2 ch006/mylib/CMakeLists.txt

```
cmake_minimum_required(VERSION 3.20)

# 定义项目名称和版本
project(mylib VERSION 1.0.0)

# 添加静态库目标mylib，其源代码包含lib.c
add_library(mylib STATIC lib.c)

# 安装mylib构建目标
install(TARGETS mylib)

# 打包
set(CPACK_PACKAGE_NAME "mylib")
include(CPack)
```

最后，配置和生成项目。需要注意的是，CMake命令行仅支持同时执行CMake的配置和生成阶段，因此很难观察出CMake的持久化缓存文件CMakeCache.txt和临时文件夹CMakeFiles是先生成的，而构建系统配置文件是后生成的。不过，CMake提供了一个可视化工具CMake GUI，用于分别执行CMake的配置和生成阶段。读者如果感兴趣，可以自行尝试。

下面以在Windows中使用Visual Studio 2019为例，展示调用cmake命令来进行配置和生成阶段的操作：

```
> cd CMakeBook/src/ch006/mylib
> mkdir build
> cd build
> cmake ..
-- Building for: Visual Studio 16 2019
-- Selecting Windows SDK version 10.... to target Windows 10....
-- The C compiler identification is MSVC 19....
-- The CXX compiler identification is MSVC 19....
-- Detecting C compiler ABI info
-- Detecting C compiler ABI info - done
-- Check for working C compiler: C:/.../cl.exe - skipped
-- Detecting C compile features
-- Detecting C compile features - done
-- Detecting CXX compiler ABI info
-- Detecting CXX compiler ABI info - done
-- Check for working CXX compiler: C:/.../cl.exe - skipped
-- Detecting CXX compile features
-- Detecting CXX compile features - done
-- Configuring done
-- Generating done
-- Build files have been written to: C:/CMake-Book/src/ch006/mylib/build
```

cmake命令接受源文件目录作为参数，此处即上级目录“..”。在CMake输出的日志中，Configuring done表示配置完成，Generating done表示生成完成。

由于Visual Studio 2019是支持多构建模式的构建系统，在配置生成阶段无须指定构建模式。如果使用的是单构建模式的构建系统，如Makefile，则必须在配置生成阶段使用CMAKE_BUILD_TYPE变量指定构建模式。下面是在Linux操作系统中使用CMake配置和生成Makefile构建系统项目的执行过程：

```
$ cd CMakeBook/src/ch006/mylib
$ mkdir build_debug
$ mkdir build_release
$ cd build_debug
$ cmake -DCMAKE_BUILD_TYPE=Debug ..
...
$ cd ../build_release
$ cmake -DCMAKE_BUILD_TYPE=Release ..
...
```

6.1.2 构建阶段

在图6.1中，已经了解了构建阶段（build stage）的作用，即构建源程序为构建目标的二进制文件等。这个阶段没有特别之处，几乎完全依靠构建系统本身而非CMake来完成。也许构建阶段中会有部分小任务是靠调用CMake来完成的，但那也是由构建系统负责完成这些任务的组织调度。简言之，构建阶段发生的事情和本书第1章所介绍的内容没有本质区别。

构建模式

前面已经提到过构建模式（build configuration）了，这里有必要再详细介绍一下。不同的构建模式分别对应一系列不同的预置编译链接选项，我们可以根据需求方便地切换。CMake默认提供如下四种构建模式。

- Debug调试模式，禁用代码优化，便于调试。
- Release发布模式，启用代码优化并针对速度优化，启用内联并丢失调试符号，几乎无法调试。
- RelWithDebInfo发布调试模式，启用代码优化，但保留符号且不会内联函数，仍可调试。
- MinSizeRel最小体积发布模式，启用代码优化，但针对二进制体积进行优化，使其尽可能小。

对于单构建模式的构建系统而言，应在CMake配置生成阶段通过CMAKE_BUILD_TYPE变量选择所需的构建模式。若想同时构建Debug和Release模式的程序，必须分别在两个目录中以不同的CMAKE_BUILD_TYPE变量值配置生成项目，再分别进行构建。6.1.1小节最后的实例中正是这样做的。

对于多构建模式的构建系统而言，无须在配置生成阶段指定构建模式，且仅需在一个目录中配置生成一次，就可以在构建阶段通过具体的构建系统的命令行工具（或cmake --build 命令行的 --config参数）指定所需的构建模式。下面的实例展示了这一过程。

实例：使用CMake命令行构建项目

为了构建项目，可以打开Visual Studio的命令行工具，然后调用MSBuild命令行工具构建CMake生成的Visual Studio构建系统配置，即Visual Studio解决方案。也可以直接使用Visual Studio集成开发环境打开解决方案，然后使用可视化界面中提供的构建菜单或工具栏按钮进行构建。但这样未免有些烦琐，而且每一个构建系统都有不同的用户界面或交互方式，学习成本颇高。

CMake命令行提供的--build参数可以帮助调用构建系统（因此实际的构建过程仍由构建系统完成）。这样，无论使用何种构建系统，都可以使用统一的CMake命令接口来调用，从而避免记忆各式构建系统的命令接口，也便于编写自动化构建脚本。构建过程如下：

```
> cd CMakeBook/src/ch006/mylib
> cd build
> cmake --build . --config Release
用于 .NET Framework 的 Microsoft (R) 生成引擎版本 16....
版权所有(C) Microsoft Corporation。保留所有权利。

Checking Build System
```

```
Building Custom Rule C:/CMake-Book/src/ch006/mylib/CMakeLists.txt
lib.c
mylib.vcxproj -> C:\CMake-Book\src\ch006\mylib\build\Release\mylib.lib
Building Custom Rule C:/CMake-Book/src/ch006/mylib/CMakeLists.txt
```

在调用cmake --build命令行时，首先指定CMake项目的构建目录，即当前目录“.”；然后，通过--config参数指定构建模式为Release模式，即发布模式。命令执行完成后，可以在build目录中的Release子目录中找到构建好的静态库mylib.lib。

对于单构建模式的构建系统而言，--config参数是没有意义的，因为构建模式在配置生成阶段就已经通过CMAKE_BUILD_TYPE变量指定了。

6.1.3 安装阶段和打包阶段

如果只是希望把源程序文件构建成可执行文件，然后双击运行，那么上述三个阶段就已经足够完成这个目标了。但事实上，我们常常还需要分发程序包，以便用户安装使用。此时就需要用到CMake的install命令配置程序的安装规则了。我们还会用到CMake集成的CPack提供的打包功能，将需要安装的二进制程序文件打包，以便分发。这两个阶段分别对应安装阶段（install stage）和打包阶段（CPack stage）。

图6.2展示了CMake项目的完整生命周期。这张图是图6.1的超集，并且图中的虚线代表不属于本项目的部分，具体内容将在6.1.4小节介绍。

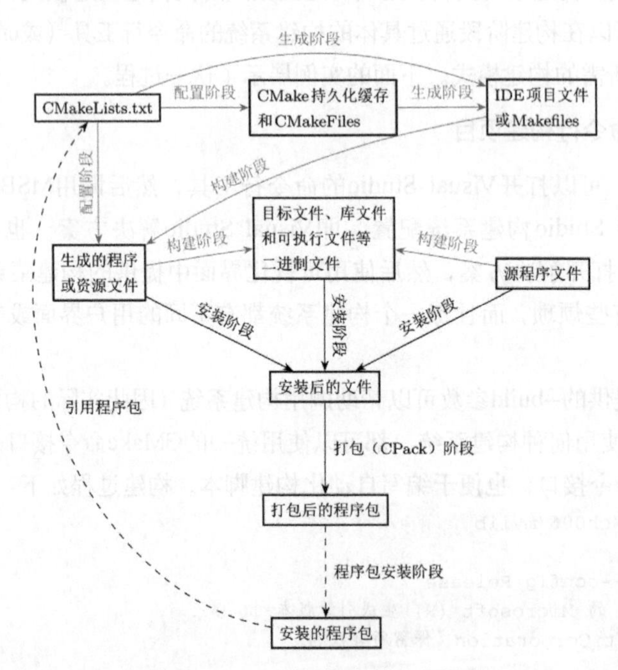

图6.2 CMake项目的完整生命周期

实例：安装和打包CMake项目

下面演示如何使用CMake来安装和打包mylib项目。安装和打包这两个阶段并没有先后依赖关系，可以根据需求执行任一或全部阶段。

首先，使用cmake --install命令安装CMake项目：

```
> cd CMakeBook/src/ch006/mylib
> cd build
> cmake --install . --prefix ../install
-- Install configuration: "Release"
-- Installing: C:/CMake-Book/src/ch006/mylib/install/lib/mylib.lib
```

CMake项目的构建目录，即当前目录“.”，应作为cmake --install命令行的第一个参数。然后是--prefix参数，用于指定安装目录前缀，即CMake项目安装位置的根目录。在该实例中，安装目录前缀为与构建目录同级的install目录。最后一行安装日志说明mylib.lib被安装到了安装目录前缀的lib 子目录中。

下面使用cpack命令打包CMake项目：

```
> cd CMakeBook/src/ch006/mylib
> cd build
> cpack -G NSIS
CPack: Create package using NSIS
CPack: Install projects
CPack: - Install project: mylib []
CPack: Create package
CPack: - package: C:/.../build/mylib-1.0.0-win64.exe generated.
```

cpack命令会打包当前构建目录中的CMake项目，-G参数用于指定程序包生成器，这里指定了NSIS程序包生成器。NSIS是Nullsoft Scriptable Install System的简称，它是Nullsoft公司开发的一个脚本驱动的安装程序生成器。

命令执行后，当前构建目录中将会生成一个基于NSIS的安装程序mylib-1.0.0-win64.exe，双击执行它即可安装构建好的程序包。

6.1.4 程序包安装阶段

这个阶段不属于当前CMake项目，而是属于使用当前项目的其他项目。另外，图6.2中还有一个“引用程序包”的过程，这并非构建过程的一个阶段，因为它是通过另一个项目的CMake脚本来实现的。尽管如此，这二者仍然是构成CMake项目完整生命周期的重要组成部分。如果一个程序包能方便地被他人使用，那么编写这个程序包就能创造更大的价值。

用户安装打包后的程序包的阶段称为程序包安装阶段（package install stage）。需要注意区分它和安装阶段：程序包安装阶段是将打包好的程序文件解包并安装到当前环境中，而安装阶段则是将构建好的二进制程序文件安装到环境中。二者最终效果是一样的，但来源不同。如果用户直接获取了开发者提供的源程序并构建安装，那么实际上我们只需进行到安装阶段，但这样对用户来说非常耗时，不方便，且要求项目开源。如果用户下载并安装开发者提供的预编译安装包，那么实际上就是在进行程序包安装阶段，这样不需要用户自行构建二进制程序文件。当然，开发者需要预先为不同的构建环境编译好二进制程序并制作相应的安装包。

实例：安装和使用预编译的程序包

本例将新建一个CMake项目，演示如何在该项目中引用前面实例中打包好的静态库。

首先，运行上一实例中打包的安装程序mylib-1.0.0-win64.exe以安装静态库，安装路径可以使用默认值C:\Program Files\mylib 1.0.0，如图6.3所示。

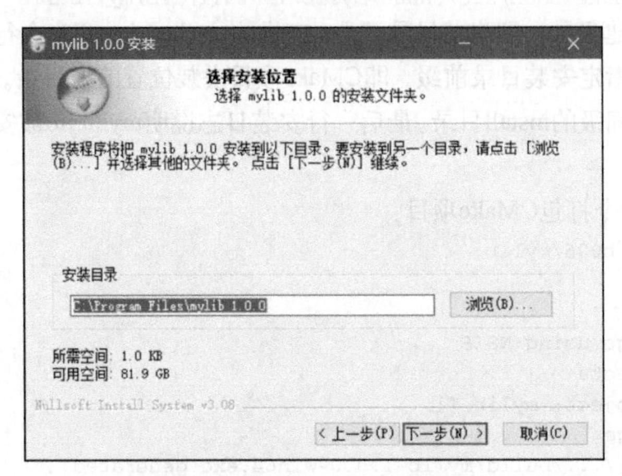

图6.3　安装mylib-1.0.0-win64.exe

然后，创建一个C程序main.c，在其中调用mylib静态库提供的加法函数add，并输出1加2的结果，如代码清单6.3所示。

代码清单6.3　ch006/使用mylib/main.c

```
#include <stdio.h>

extern int add(int, int);

int main() {
    printf("%d\n", add(1, 2));
    return 0;
}
```

该项目的CMake目录程序如代码清单6.4所示。

代码清单6.4　ch006/使用mylib/CMakeLists.txt

```
cmake_minimum_required(VERSION 3.20)

# 定义项目名称
```

```
project(use_mylib VERSION 1.0.0)

# 在默认搜索目录的mylib 1.0.0/lib子目录中查找mylib库
# 将目录路径存入mylib_LIBRARY变量中
find_library(mylib_LIBRARY
    mylib
    PATH_SUFFIXES "mylib 1.0.0/lib"
)

# 输出 "C:/Program Files/mylib 1.0.0/lib/mylib.lib"
message("${mylib_LIBRARY}")

# 添加可执行文件目标main，其源代码包含main.c
add_executable(main main.c)

# 链接mylib库到main程序
target_link_libraries(main ${mylib_LIBRARY})
```

其中，find_library就是用于查找库的CMake命令。它会在系统默认目录中进行查找，包括C:\Program Files目录。同时，命令参数中还指定了查找库的路径后缀 mylib 1.0.0/lib，这样CMake就能找到静态库的具体位置。静态库的绝对路径会被存到find_library命令的第一个参数所指定的变量中。

target_link_libraries命令用于将一系列库文件或库目标链接到指定的构建目标中。其第一个参数为构建目标，其后的参数为一系列库的构建目标名称或路径，这里填写查找到的mylib库的路径。

下面配置生成、构建该项目，并运行主程序进行测试：

```
> cd CMakeBook/src/ch006/使用mylib
> mkdir build
> cd build
> cmake ..
...
C:/Program Files/mylib 1.0.0/lib/mylib.lib
-- Configuring done
-- Generating done
-- Build files have been written to: C:/CMake-Book/src/ch006/使用mylib/build

> cmake --build .
...
> ./Debug/main.exe
3
```

6.2　项目配置与缓存变量

在CMake项目的完整生命周期中，缓存变量始终起着至关重要的作用。在图6.2中可以看到CMake在配置阶段会产生持久化缓存文件。这些持久化缓存文件会在后续执行CMake时直接被加载，因此通常用于存储一些花费较大代价获取的信息。例如，CMake在第一次配置项目时，会检测当前编译环境，搜索确定编译器、链接器等工具的路径，并将这些信息保存到缓存中。总而言之，缓存变量能够被持久化，通常被用于实现对项目的配置。

本节会使用CMake GUI工具，直观地展示CMake在配置阶段做了哪些主要的配置。

6.2.1　使用CMake GUI配置缓存变量

在CMake配置阶段产生的持久化缓存文件CMakeCache.txt中，定义了CMake在该阶段通过对环境（如编译器、构建工具等）的检测所作出的默认配置。下面来了解mylib实例项目中到底有哪些配置吧！

首先，清理之前的build目录，以便重新配置。打开CMake GUI可视化工具，设置好源程序路径及用于构建二进制的路径，点击“Configure”按钮以配置mylib项目，如图6.4所示。

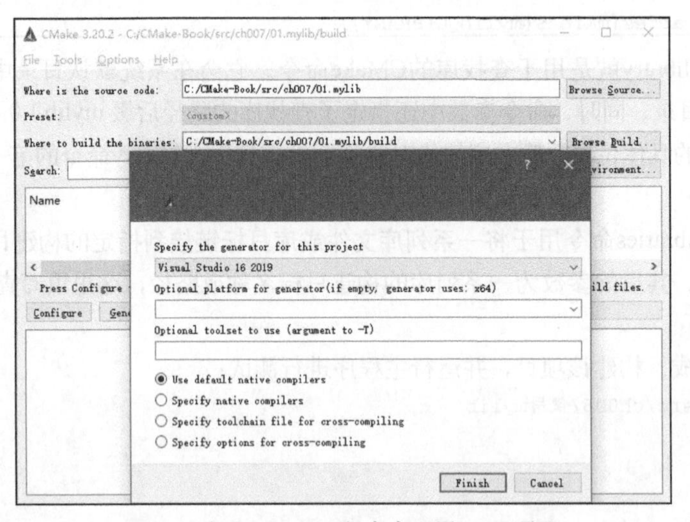

图6.4　在CMake GUI程序中配置mylib项目

第一次配置时，CMake GUI会弹出一个对话框，询问采用何种构建系统。这里选择默认选项即可，直接点击“Finish”按钮完成选择。接着，CMake GUI开始配置阶段的执行，日志会输出到界面下方的文本框中。图6.5中展示了配置完成后的界面。

界面中，以红色高亮显示的缓存变量是当前配置阶段中首次定义的缓存变量。如果再一次点击“Configure”按钮进行配置，大部分红色高亮就会消失。当然，也存在部分项目需要迭代地进行配置，因此第二次配置仍然有部分新的缓存变量被定义，依然以红色高亮显示。对于这类项目，我们应当反复点击“Configure”按钮进行配置，直到再没有红色高亮显示的缓存变量出现。

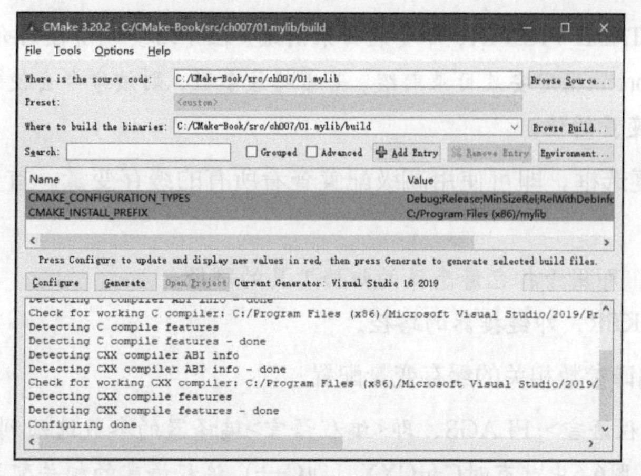

图6.5　CMake GUI程序完成配置阶段

另外，当前显示的缓存变量只有两个，这并非配置阶段定义的全部缓存变量。一般来说，CMake默认只显示用户更关心的缓存变量，而把其他缓存变量隐藏起来。勾选缓存变量列表上方的Advanced（高级配置）复选框可以显示全部缓存变量，如图6.6所示。将鼠标指针悬停在列表项上方，可以查看对应缓存变量的描述文本。

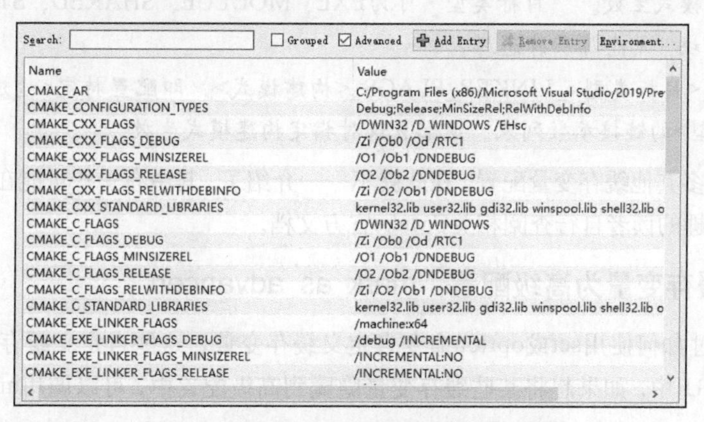

图6.6　在CMake GUI中显示全部缓存变量

6.2.2　常用缓存变量

简单浏览一下部分缓存变量配置。

首先，查看非高级配置，毕竟它们是更需要关注的缓存变量。

- CMAKE_CONFIGURATION_TYPES，即支持的构建模式列表。其中元素取值可为Debug、Release、MinSizeRel、RelWithDebInfo，分别代表调试模式、发布模式、最小大小发布模式、带调试信息的发布模式。

- CMAKE_INSTALL_PREFIX，即安装目录前缀。在介绍安装阶段时介绍过，cmake --install 命令可以用--prefix指定安装目录前缀。若省略该参数，则该命令会使用CMAKE_INSTALL_PREFIX缓存变量的值。

勾选Advanced复选框，即可使用高级配置查看所有的缓存变量。首先是文件路径类型的缓存变量：

- CMAKE_AR，即用于打包静态库的归档工具的路径；
- CMAKE_LINKER，即链接器的路径。

其次是一些与编译参数相关的缓存变量配置。

- CMAKE_<编程语言>_FLAGS，即<编程语言>编译器的参数选项列表。该配置对所有构建模式生效。图6.6中就有对C和CXX（即C++）编程语言的相关配置。
- CMAKE_<编程语言>_FLAGS_<构建模式>，即配置特定<构建模式>下对应<编程语言>编译器的参数选项列表。该配置仅对指定构建模式生效。

接下来是一些与链接器参数相关的缓存变量配置。

- CMAKE_<目标类型>_LINKER_FLAGS，即对应<目标类型>的链接参数列表。该配置对所有构建模式生效。"目标类型"可为EXE、MODLUE、SHARED、STATIC，即可执行程序、模块、动态库和静态库。
- CMAKE_<目标类型>_LINKER_FLAGS_<构建模式>，即配置特定<构建模式>下的对应<目标类型>的链接参数列表。该配置仅对指定构建模式生效。

另外还有很多其他缓存变量配置，在此就不一一介绍了。其中有一些可能在后面的章节中会涉及，建议感兴趣的读者自行查阅相关CMake官方文档。

6.2.3　标记缓存变量为高级配置：mark_as_advanced

第3章介绍过如何使用set或option命令自定义缓存变量。这些自定义缓存变量默认情况下显示在CMake GUI中。如果想将某些缓存变量隐藏到高级配置中，可以调用mark_as_advanced命令：

```
mark_as_advanced([CLEAR|FORCE] <缓存变量>...)
```

该命令可以将指定的若干<缓存变量>设置为高级配置，即使其仅在CMake GUI中勾选Advanced复选框后才显示在缓存变量列表中。

若指定CLEAR参数，指定的缓存变量会被取消标记为高级配置；若指定FORCE参数，则指定的缓存变量不论是否已经被标记，都会被强制标记为高级配置；在不指定这两个参数的默认情况下，该命令只会标记尚未标记的缓存变量为高级配置。

代码清单6.5中是一个实例。

代码清单6.5 ch006/Cache/CMakeLists.txt

```
cmake_minimum_required(VERSION 3.20)

project(cache-var)

set(MY_CACHE "MY_CACHE" CACHE STRING "")
set(MY_ADVANCED_CACHE "MY_ADVANCED_CACHE" CACHE STRING "")
mark_as_advanced(MY_ADVANCED_CACHE)
```

使用CMake GUI配置该项目后，MY_CAHCE默认显示在缓存变量列表中；MY_ADVANCED_CACHE则需要勾选Advanced复选框后才能显示出来。

6.3 CMake命令行的使用

至此，我们已经大致了解了CMake命令行在不同阶段中的用法。在本节中，我们将对本章前面介绍的内容进行总结，并介绍更多的可选参数。

6.3.1 配置和生成

前面提到过CMake是构建系统生成器。因此，为了配置一个CMake项目并为其生成构建系统的配置文件，需要有如下设置。

- 源文件目录（source directory）。该目录中应当包含该项目全部的源程序文件，包括使用CMake脚本语言编写的CMake目录程序。在源文件目录中（非子目录中）应当有一个CMake目录程序作为顶层CMake目录程序，也就是CMake配置项目的入口。
- 构建目录（build directory），又称二进制目录（binary directory）。该目录会被作为生成构建系统配置文件及构建的二进制文件的目标目录。CMake持久化缓存文件也会输出到构建目录中。
- 生成器（generator），即构建系统生成器。CMake支持生成多种构建系统，因此需要选择一个生成器。cmake --help命令可以列举所有可供选择的生成器及默认的生成器，这通常包括Makefile、Visual Studio等生成器。

构建目录一般会在源文件目录之外，以免污染源文件目录。这种在源文件目录之外进行构建的方式，通常称为源外部编译（out-of-source build）。对应地，在源文件目录中直接生成构建的二进制文件的构建方式，称为源内部编译（in-source build）。

下面看看用于配置和生成项目的CMake命令行该如何书写。其一共有三种调用形式：

```
cmake [<其他选项>...] <源文件目录>
cmake [<其他选项>...] <已存在的构建目录>
cmake [<其他选项>...] -S <源文件目录> -B <构建目录>
```

其中，第一种形式只需指定<源文件目录>，使用当前工作目录作为<构建目录>。

当重新配置和生成一个已经生成过的CMake项目时，还可以使用第二种形式，仅指定<已存

在的构建目录>。

第三种形式是设置最全的。由于它不与当前工作目录相关，常常用于自动化构建脚本。

其他常用选项

<其他选项>有很多可选参数可供设置，在4.8节中就介绍过一些控制日志输出的参数，这里仅再列举两个较为常用的参数。完整的参数选项请参考CMake官方文档。

```
-G <生成器名称>
```

上述参数用于指定构建系统生成器的名称。若该参数被省略，CMake会先尝试读取CMAKE_GENERATOR 环境变量中指定的值。若其值仍不存在，则选用默认的生成器。

执行cmake --help命令可以查看CMake支持的全部构建系统生成器。

```
-D <变量>:<类型>=<值>
-D <变量>=<值>
```

上述参数可以指定多次，用于创建或更新若干CMake缓存。该参数定义的CMake缓存值具有最高优先级，也会修改持久化缓存文件CMakeCache.txt，覆盖其中对应缓存变量的值。

若在指定该参数时省略<类型>，则对应缓存变量的类型由持久化缓存文件中定义的类型为准；若持久化缓存文件尚未生成，则根据CMake程序中set命令定义的同名缓存变量的类型来确定；若同名缓存变量从未被set定义过，则认为其没有类型（即文本类型）。若该参数定义的缓存变量被确定为PATH或FILEPATH类型，其值会被转换为绝对路径。

另外，该参数-D与后面变量定义之间的空格可以省略，直接作为一个独立的参数整体，例如，-D<变量>=<值>。

6.3.2 构建

介绍构建阶段时，已经调用过cmake --build命令行形式了，其完整形式如下：

```
cmake --build <构建目录> [<选项>...] [-- <传递给构建系统的选项>...]
```

由于CMake构建命令行实际上会调用其生成的构建系统来完成构建，因此可以看到，这里有两组参数选项：用于CMake构建命令行本身的<选项>参数和<传递给构建系统的选项>参数。其中，<传递给构建系统的选项>参数的取值取决于在CMake配置和生成阶段选用的哪种构建系统，与CMake无关。这里仅介绍部分比较常用的<选项>参数取值。

常用选项

下面这些常用选项均用于CMake构建命令的<选项>参数。

```
--parallel [<并行数量>]
-j [<并行数量>]
```

上述参数用于指定构建项目的最大并行进程数量。<并行数量>参数部分可以省略，省略后，其取值会先尝试从CMAKE_BUILD_PARALLEL_LEVEL环境变量中读取。若该环境变量未定义，则默认为底层构建系统采用的默认并行数量。

```
--target <目标名称>...
-t <目标名称>...
```

上述参数用于构建<目标名称>参数指定的若干目标，多个<目标名称>参数应当使用空格隔开。省略该参数则构建默认构建目标，即构建全部。

```
--config <构建模式>
```

对于支持多构建模式的底层构建系统来说，构建时需通过<构建模式>参数指定采用何种构建模式进行构建，其取值通常为Debug、Release、RelWithDebInfo、MinSizeRel之一。

```
--clean-first
```

上述参数要求构建系统在构建目标之前先清理项目生成的文件，即执行clean指令构建目标。

```
--verbose
-v
```

上述参数用于开启详细的构建日志输出，一般会包含构建的每一步执行的命令行。

若定义了VERBOSE环境变量或CMAKE_VERBOSE_MAKEFILE缓存变量被设置为真值，CMake也会启用详细的构建日志输出。

6.3.3 打开生成的项目

如果采用的构建系统生成器是对应某个集成开发环境的（如Visual Studio、Xcode等生成器），那么生成项目后，可以通过CMake命令行直接用对应的集成开发环境打开项目：

```
cmake --open <构建目录>
```

6.3.4 安装

在前面介绍安装阶段时已经调用过cmake --install命令行了。其完整形式如下：

```
cmake --install <二进制目录> [<选项>...]
```

<二进制目录>参数实际上就是构建目录。通常，在配置生成和构建时会将该目录称为“构建目录”，而在构建出二进制文件后称为“二进制目录”。

常用选项

下面是用于cmake --install命令行的常用选项。

```
--config <构建模式>
```

对于支持多构建模式的构建系统来说，上述参数用于安装以指定<构建模式>构建的二进制文件。

```
--component <组件名称>
```

指定安装的<组件名称>后，CMake安装命令行仅会安装对应组件的二进制文件。组件名称可以通过CMake的install命令的COMPONENT参数设置，具体用法参见 CMake官方文档。

```
--prefix <安装目录前缀>
```

上述参数用于指定<安装目录前缀>。CMake在进行安装时，所有二进制文件都会安装到相对于指定<安装目录前缀>的子目录中。

```
--strip
```

指定上述参数后，CMake在安装前会先清除二进制文件中所包含的调试信息。

```
--default-directory-permissions <默认目录权限>
```

上述参数用于指定安装目录的默认权限。<默认目录权限>的格式为u=rwx,g=rx,o=rw，其中等号前的u、g、o分别代表所有者、所在组和任何人，等号后的r、w、x 则分别代表读权限、写权限和执行权限。

```
--verbose
-v
```

上述参数用于启用详细日志输出。若VERBOSE环境变量被设置为真值，CMake也会启用详细日志输出。

6.3.5 内置命令行工具

CMake还提供了一些内置命令行工具，用于替代常用的Shell命令，以文件系统操作为主。CMake提供这些命令主要是出于跨平台的考虑，避免执行一些系统功能时，还需要对不同平台的Shell进行适配。前面实例中就曾经使用过“${CMAKE_COMMAND} -E echo”这个形式，用于输出指定字符串到标准输出。这些CMake命令行工具通常会配合CMake的execute_command等命令使用。CMake命令行工具的形式主体如下：

```
cmake -E <命令> [<命令参数>...]
```

下面会把<命令>和<命令参数>这两个参数放在一起介绍，毕竟二者是不可分割的。例如，在cmake -E cat a.txt这个命令行调用中，cat是<命令>参数， a.txt是<命令参数>参数。

输出文件内容

```
cmake -E cat <文件名>
```

该命令用于将指定的多个文件的内容同时输出到标准输出中。

切换当前目录

```
cmake -E chdir <目录> <命令行> [<命令行参数>...]
```

该命令用于切换到指定的<目录>，然后执行指定的<命令行>。

比较文件

```
cmake -E compare_files [--ignore-eol] <文件路径1> <文件路径2>
```

该命令用于比较指定的两个文件是否内容相同。若相同，则该命令的退出码为0；若不同，则为1；若参数不正确，则为2。 --ignore-eol参数可用于忽略换行符的不同。

复制文件

```
cmake -E copy <文件路径>... <目标路径>
```

该命令用于复制若干<文件路径>指定的文件到 <目标路径>。其中，<目标路径>可以是一个文件路径或目录路径，但若指定了多个要复制的文件，则<目标路径>必须是一个已存在的目录路径。

该命令在复制时会解析符号链接，即复制符号链接指向的文件或目录。

复制目录

```
cmake -E copy_directory <目录路径>... <目标路径>
```

该命令用于复制若干<目录路径>指定的目录到 <目标路径>。其中，<目标路径>必须是一个目录路径（若不存在，该命令会创建该目标目录）。

该命令在复制时会解析符号链接，即复制符号链接指向的目录。

复制修改的文件

```
cmake -E copy_if_different <文件路径>... <目标路径>
```

该命令仅在文件发生改变时复制文件，其复制行为与copy命令一致。

创建符号链接

```
cmake -E create_symlink <指向路径> <符号链接路径>
```

该命令用于创建一个指向<指向路径>的符号链接。<符号链接路径>的所在目录必须存在。

创建硬链接

```
cmake -E create_hardlink <指向路径> <硬链接路径>
```

该命令用于创建一个指向<指向路径>的硬链接。<硬链接路径> 的所在目录和<指向路径>都必须存在。

输出字符串

```
cmake -E echo [<字符串>...]
```

该命令用于将指定的字符串和一个换行符输出到标准输出中。

输出字符串（不换行）

```
cmake -E echo_append [<字符串>...]
```

该命令用于将指定的字符串输出到标准输出中，最后不换行。

设置环境变量并执行命令

```
cmake -E env [--unset=<要删除的环境变量>]...
             [<环境变量>=<环境变量值>]...
             <命令行> [<命令行参数>...]
```

该命令用于删除或设置环境变量，然后在新的环境变量设置中执行指定的<命令行>程序。

列举环境变量

```
cmake -E environment
```

该命令用于列举所有环境变量。

创建目录

```
cmake -E make_directory <目录>...
```

该命令用于创建若干<目录>。当指定<目录>的父级目录不存在时，该命令也会递归地创建它们；当指定的<目录> 已存在时，该命令会忽略它。

重命名或移动

```
cmake -E rename <原始路径> <目标路径>
```

该命令用于重命名<原始路径>所对应的文件或目录，或将其移动到<目标路径>。若<目标路径>已存在，该命令会将已存在的文件或目录覆盖。

删除文件或目录

```
cmake -E rm [-rRf] <文件或目录路径>...
```

该命令用于删除若干<文件或目录路径>。

-r或-R参数用于递归删除目录。当指定的<文件或目录路径>不存在时，该命令默认返回非0退出码表示发生错误；但指定-f 参数后，则会忽略不存在的路径，退出码为0。

延时

```
cmake -E sleep <秒数>
```

该命令用于延时指定的<秒数>。

打包或提取归档文件

```
cmake -E tar [c|x|t][v][z|j|J] <归档文件路径>
             [--zstd]
             [--files-from=<清单文件路径>]
             [--format=<格式>]
             [--mtime=<修改时间>]
             [--] [<文件路径>...]
```

该命令用于打包或提取归档文件，其参数含义分别如下。

- 指定c参数表示打包归档文件。此时<文件路径>参数用于指定需要被打包的文件，是必须提供的参数。
- 指定x参数表示提取归档文件。此时<文件路径>参数可用于筛选需要被提取的文件（用于筛选的文件路径可通过-t参数查看）。
- 指定t参数表示列举归档文件中的文件路径。此时<文件路径>参数可用于筛选需要被列举的文件。
- 指定v参数表示输出详细日志。
- 指定z参数表示使用gzip压缩归档。
- 指定j参数表示使用bzip2压缩归档。
- 指定J参数表示使用XZ压缩归档。
- --zstd参数表示使用Zstandard压缩归档。
- <清单文件路径>参数用于指定一个清单文件，该文件内容的每一行是一个文件路径。这些文件路径会作为<文件路径>参数。清单文件中的空行会被忽略，另外文件路径不能以“-”开头。如果一定要包含以“-”开头的路径，可以通过为该文件路径添加前缀“--add-file=”的方式将其加入清单文件中。

- <格式>参数用于指定归档格式，其值可为7zip、gnutar、pax[①]、paxr[②]及zip。
- <修改时间>参数用于指定归档中文件的修改时间。
- --参数用于分隔<文件路径>参数和其他参数，即在--之后的参数都会作为<文件路径>，可用于引用横杠开头的文件路径。

计时执行命令

```
cmake -E time <命令行> [<命令行参数>...]
```

该命令用于执行指定的<命令行>程序，并输出执行时间。

Touch文件

```
cmake -E touch <文件>...
```

该命令用于创建指定的<文件>，若其已存在，则将其修改和访问时间更新为当前时间。

Touch文件（不创建）

```
cmake -E touch_nocreate <文件>...
```

该命令用于将指定<文件>的修改和访问时间更新为当前时间，若<文件>不存在，则忽略它。

返回成功

```
cmake -E true
```

该命令仅用于返回成功，即其退出码为0。它不做任何其他操作。

返回错误

```
cmake -E false
```

该命令仅用于返回错误，即其退出码为1。它不做任何其他操作。

生成文件校验和

```
cmake -E md5sum <文件>...
cmake -E sha1sum <文件>...
cmake -E sha224sum <文件>...
cmake -E sha256sum <文件>...
cmake -E sha384sum <文件>...
cmake -E sha512sum <文件>...
```

这些命令用于创建指定的若干<文件>的校验和文件。该命令创建的校验和文件格式可以兼容对应算法的校验工具。例如，使用md5sum工具可以校验cmake -E md5sum命令生成的校验和。

---

① 代表可移植归档交换格式（portable archive exchange）。

② 代表受限可移植归档交换格式（restricted pax），也是默认格式。

获取CMake能力

```
capabilities
```

该命令用于获取当前CMake版本所具有的能力，并通过一个JSON对象输出。该JSON对象具有如下键和子键。

- version，这是一个表示CMake版本信息的JSON对象，其子键如下。
  - string，即CMake版本号的字符串表示，如3.20.2。
  - major，即CMake主版本号，如3。
  - minor，即CMake的次版本号，如20。
  - patch，即CMake的修订版本号，如2。
  - suffix，即CMake的版本后缀字符串，如rc1。
  - isDirty，表示CMake是否从一个修改过的Git目录树中构建。
- generators，这是一个表示受支持的构建系统生成器的JSON对象数组。其中每一个对象的键如下。
  - name，即生成器的名称，如Visual Studio 16 2019。
  - toolsetSupport，即该生成器是否支持工具链设置。
  - platformSupport，即该生成器是否支持平台设置。
  - supportedPlatforms，即该生成器支持的平台名称（当且仅当该生成器支持设置平台时存在该键），例如，Visual Studio 16 2019生成器的supportedPlatforms值包含x64、Win32、ARM和ARM64等。
  - extraGenerators，即与该生成器关联使用的附加生成器的名称数组，关于附加生成器的介绍参见6.1.1节。例如，Unix Makefiles生成器的extraGenerators值包含Kate、Sublime Text 2和CodeBlocks等。
- fileApi，这是一个表示受支持的CMake File API的JSON对象。它具有一个子键requests。
  - requests，即表示受支持的File API请求对象的数组，其中每一个对象的键如下。
    - kind，即File API请求对象的类型。
    - version，即File API请求对象的版本号。这是一个JSON数组，每一个元素代表版本号的一部分。
- serverMode，这是一个表示是否支持CMake服务端模式的布尔值。由于CMake服务端已被弃用，在CMake 3.20版本以后，该值总是false。

6.4　使用Visual Studio打开CMake项目

6.4.1　生成Visual Studio的原生解决方案

使用Visual Studio这个强大的集成开发环境来编辑、调试程序能够极大地提高开发效率。很多构建工具虽然功能强大，但缺少集成开发环境的支持，使得开发效率大大降低，因此很难被广泛的人群采用。CMake作为构建工具的生成器，自然能够更好地解决这一问题——只需使用Visual Studio生成器，将CMake项目配置生成出Visual Studio 支持的解决方案文件。

前面已经介绍过如何使用cmake命令行配置生成项目：

```
> cd CMakeBook/src/ch006/mylib
> mkdir build
> cd build
> cmake -G "Visual Studio 16" ..
...
```

配置生成结束后，build构建目录中会生成出一个名为mylib.sln的解决方案文件。双击打开它，即可启动Visual Studio！在Visual Studio的解决方案资源管理器中，可以看到多个Visual C++项目，它们分别对应该CMake项目的各个构建目标，如图6.7所示。

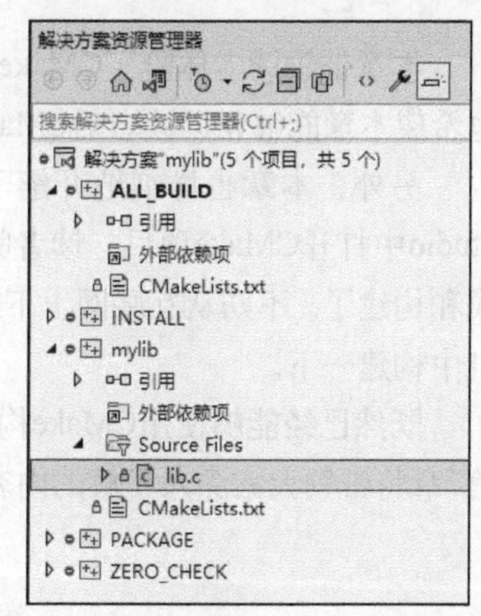

图6.7　Visual Studio的解决方案资源管理器中的构建目标

其中，ALL_BUILD目标表示构建全部，INSTALL目标用于安装项目，mylib目标即创建的静态库目标，PACKAGE目标用于打包项目，ZERO_CHECK目标用于在CMake目录程序发生改变时重新配置生成该项目。

不允许通过Visual Studio的用户界面来为项目添加新的源文件（例如，通过项目的右键菜单来为某个构建目标新建源文件），因为这样创建的文件并不会同步到CMakeLists.txt目录程序中，是没有意义的。应当通过手动修改CMakeLists.txt的方式来添加源文件。

6.4.2　使用Visual Studio直接打开CMake项目

Visual Studio 2015及以前的版本不支持直接打开CMake项目。由于 CMake逐渐成为业界C和C++程序的构建标准，Visual Studio 2017版本终于提供了对CMake的原生支持。

启动Visual Studio，依次选择“文件”→“打开”→“CMake”（或“文件夹”），如图6.8所示。在弹出的打开文件对话框中选择CMake目录程序文件（若刚刚执行的是“文件夹”命令，应选择CMake目录程序所在目录）即可打开该项目。

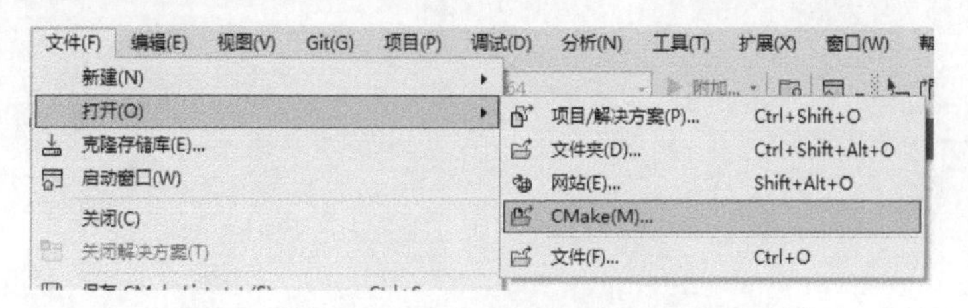

图6.8　使用Visual Studio直接打开CMake项目

有关Visual Studio直接打开CMake项目后提供的各种功能的具体使用方法，请参考Visual Studio的官方文档。

Visual Studio相当于对CMake做了一定的封装，通过用户界面来提供对CMake的各种操作，对初学者比较友好。因此建议先使用第二种方式打开CMake项目。

不过，由于CMake确实非常复杂，Visual Studio提供的封装可能不够全面，有时也不够稳定。如果使用Visual Studio直接打开CMake项目时遇到了问题，那么不妨先生成项目的解决方案后再用Visual Studio打开CMake项目。

6.5　小结

本章带领读者体验了CMake项目从构建到使用的完整生命周期，尽管并未涉及很多细节，但也希望本章能够帮助读者对CMake在构建过程中发挥的作用建立宏观的认识。

另外，本章也详细地介绍了CMake命令行工具和GUI工具的使用方法，以及如何在Visual Studio中打开CMake项目。读者阅读完本章后，应当已经可以通过CMake完成简单项目的配置生成和构建了。不妨从互联网上下载一个使用CMake作为构建工具的开源项目，尝试在自己的计算机中构建一下。

既然已经能够使用CMake构建项目，那么，如何使用CMake组织一个自己的项目呢？这正是第7章将带领大家深入了解的内容。请继续阅读吧！

第7章 构建目标和属性

本章重点关注CMake的构建目标和属性，它们是用来组织项目构建流程的核心概念。毫不夸张地说，如果学习CMake的目标就是组织简单的C和C++小项目的构建流程，那么阅读掌握本章内容就足够了。

本章与第1章的“旅行笔记”遥相呼应，将会逐一介绍如何在CMake 的目录程序（CMakeLists.txt）中定义各种类型的构建目标，包括可执行文件、静态库、动态库、接口库及伪目标等。可以在第1章中找到这些基本概念的对应内容。

7.1 二进制构建目标

还记得二进制构建目标吗？在构建过程中被构建的可执行文件、库文件或目标文件都可以作为二进制构建目标。

二进制构建目标是全局可见的。也就是说，无论在哪个子目录的CMake目录程序中创建了一个二进制构建目标，都可以被当前项目中的其他所有CMake目录程序访问到。

下面将依次介绍各种二进制构建目标的定义方法。

7.1.1 可执行文件目标

第6章的实例中曾经创建过可执行文件类型的构建目标，当时也正是使用的add_executable命令。该命令的参数形式如下：

```
add_executable(<目标名称>
    [WIN32] [MACOSX_BUNDLE]
    [EXCLUDE_FROM_ALL]
    [<源文件>...]
)
```

该命令会创建一个可执行文件类型的构建目标，其中第一个参数<目标名称>是必选参数，且应当在项目中唯一。

目标名称并不一定是最终可执行文件的名称。最终生成的文件名可以通过OUTPUT_NAME目标属性来修改，有关属性的内容将在7.5节中介绍。若未定义上述属性，在默认情况下，其文件名会根据目标名称，结合当前平台的习惯确定。例如，可执行文件目标myProgram在Windows中构建后的可执行文件的名称默认为myProgram.exe。

<源文件>参数用于指定该可执行文件目标的源文件路径。该参数可以被暂时省略，CMake允许先创建构建目标，再通过target_sources命令设置所需的源程序，参见7.6.15小节。

WIN32参数用于将该目标的WIN32_EXECUTABLE属性设置为真值。该属性仅作用于Windows中，表示使用WinMain而不是main作为入口函数，常用于图形界面程序。若省略该参数，则该属性值取决于CMake变量CMAKE_WIN32_EXECUTABLE的值，默认为假值。

MACOSX_BUNDLE参数用于将该目标的MACOSX_BUNDLE属性设置为真值。该属性仅作用于Apple平台中，表示将可执行文件构建为应用程序Bundle，常用于图形界面程序。若省略该参数，则该属性值取决于CMake变量CMAKE_MACOSX_BUNDLE的值。当目标构建系统（即CMAKE_SYSTEM_NAME变量的值）为iOS、tvOS或watchOS时，CMAKE_MACOSX_BUNDLE变量的值默认为真值，否则为假值。

EXCLUDE_FROM_ALL参数用于将该目标的EXCLUDE_FROM_ALL属性设置为真值。该属性表示是否将当前目标排除在表示构建全部的目标（all或ALL_BUILD）之外。当目标的EXCLUDE_FROM_ALL属性为真值时，它在项目构建时默认不会被构建，除非通过命令行参数显式地指定该构建目标，如使用cmake --build命令行的--target参数指定该构建目标。

这里涉及一些与定义构建目标的命令参数紧密相关的目标属性，因此放在这里介绍。本章会在7.5节中详细讲解CMake属性相关的内容。

实例：创建可执行文件构建目标

该实例项目的CMake目录程序如代码清单7.1所示，其中定义了两个可执行文件构建目标。二者的主程序相同，如代码清单7.2所示。这两个目标的唯一不同是myProgramExcludedFromAll目标在被定义时指定了EXCLUDE_FROM_ALL参数。

代码清单7.1　ch007/可执行文件/CMakeLists.txt

```
cmake_minimum_required(VERSION 3.20)

project(myProgram)

add_executable(myProgram main.c)

add_executable(myProgramExcludedFromAll
    EXCLUDE_FROM_ALL
    main.c
)
```

代码清单7.2　ch007/可执行文件/main.c

```
#include <stdio.h>
```

```
int main() { printf("Hello\n"); }
```

下面用Visual Studio生成器按照标准流程构建它：

```
> cd CMakeBook/src/ch007/可执行文件
> mkdir build
> cd build
> cmake ..
...
> cmake --build .
...
myProgram.vcxproj -> ...\Debug\myProgram.exe
> ls Debug
myProgram.exe  myProgram.pdb
```

构建结果中只有可执行文件myProgram.exe及其pdb符号文件，也就是说，只有 myProgram目标被构建。如果想要构建myProgramExcludedFromAll目标，需要手动指定它：

```
> cmake --build . --target myProgramExcludedFromAll
...
myProgramExcludedFromAll.vcxproj -> ...\Debug\myProgramExcludedFromAll.exe
> ls Debug
myProgram.exe  myProgram.pdb
myProgramExcludedFromAll.exe  myProgramExcludedFromAll.pdb
```

7.1.2 一般库目标

一般库目标包括静态库目标、动态库目标和模块库目标，其定义形式如下。

```
add_library(<目标名称> <库类型>
    [EXCLUDE_FROM_ALL]
    [<源文件>...]
)
```

该命令会创建一个一般库类型的构建目标，其中<目标名称>参数是必选参数，且应当在项目中唯一。与可执行文件目标类似，一般库目标最终构建的库文件也是结合当前平台的习惯来命名的，如目标名称为mylib的静态库，在Windows中构建的库文件名称为mylib.lib，在Linux中构建的库文件名称则为libmylib.a。

<库类型>参数有以下三个取值。

- STATIC，代表该构建目标为静态库构建目标。
- SHARED，代表该构建目标为动态库构建目标。动态库构建目标的POSITION_INDEPENDENT_CODE属性会被设置为真值，以支持地址无关代码，相关原理参见第1章。
- MODULE，代表该构建目标为模块库构建目标。模块库是一种插件形式的动态链接库，不会在构建时被链接到任何一个程序中，仅用于运行时动态链接（通过LoadLibrary或dlopen等API）。模块库构建目标的POSITION_INDEPENDENT_CODE属性也会被设置为真值。

若省略<库类型>参数，则目标库类型取决于CMake变量BUILD_SHARED_LIBS的值：若其值为真，则该构建目标为动态库构建目标，否则为静态库构建目标。

如果一个库不导出任何符号名称，则它不能被声明为动态库（SHARED）。例如，Windows中存在一些资源动态链接库（resource DLL）。对于这类库目标，应当使用模块库类型（MODULE）。因为CMake在Windows中使用动态库时，要求该动态库拥有对应的导入库lib文件，而资源动态链接库这类库文件是不具有导入库文件的。

EXCLUDE_FROM_ALL和<源文件>参数的含义与定义可执行文件目标时一致，这里不再赘述。

实例：创建一般库构建目标

下面这个实例中没有显式地指定一般库目标的<库类型>参数，而是使用CMake变量BUILD_SHARED_LIBS来决定该目标的类型。库源文件和CMake目录程序分别如代码清单7.3和代码清单7.4所示。

代码清单7.3　ch007/一般库/lib.c

```
int add(int a, int b) { return a + b; }
```

代码清单7.4　ch007/一般库/CMakeLists.txt

```
cmake_minimum_required(VERSION 3.20)

project(myLib)

add_library(myLib lib.c)
```

首先，在不定义BUILD_SHARED_LIBS变量的情况下构建它：

```
> cd CMakeBook/src/ch007/一般库
> mkdir build
> cd build
> cmake ..
...
> cmake --build .
...
myLib.vcxproj -> ...\Debug\myLib.lib

> ls Debug
myLib.lib  myLib.pdb
```

可以看到，不定义BUILD_SHARED_LIBS变量时，默认构建静态库，构建目录中只有静态库文件myLib.lib及其符号文件。

下面定义BUILD_SHARED_LIBS变量为真值，然后配置生成并构建CMake项目：

```
> rm Debug/myLib.* # 删除刚刚构建的静态库及其符号文件
> cmake -DBUILD_SHARED_LIBS=ON ..
...
> cmake --build .
```

```
...
myLib.vcxproj -> ...\Debug\myLib.dll

> ls Debug
myLib.dll  myLib.pdb
```

果然，这次构建出的就是动态库及其符号文件了。

7.1.3 目标文件库目标

目标文件库类型的构建目标仅编译其包含的源文件，生成一系列目标文件，并不会将这些目标文件打包或链接到某个库文件中。因此目标文件库是一个逻辑上的概念，实际是很多目标文件的集合。创建一个目标文件库目标同样使用add_library命令，参数形式如下：

```
add_library(<目标名称> OBJECT
    [<源文件>...]
)
```

该命令会创建一个目标文件库的构建目标，其参数与创建一般库目标时基本一样。

如果想在构建其他可执行文件或库时链接目标文件库对应的目标文件，只需在add_executable和add_library命令的<源文件>参数中指定下面这个表达式：

```
$<TARGET_OBJECTS:<目标文件库的目标名称>>
```

代码清单7.5所示例程中，可执行文件main目标将链接 myObjLib目标文件库构建的目标文件（即a.c和b.c构建的目标文件）。

代码清单7.5 ch007/目标文件库/CMakeLists.txt

```
cmake_minimum_required(VERSION 3.20)

project(myObjLib)

add_library(myObjLib OBJECT a.c b.c)
add_executable(main main.c $<TARGET_OBJECTS:myObjLib>)
```

7.1.4 指定源文件的方式

本节介绍的二进制构建目标均涉及源文件的构建，因此需要指定<源文件>参数。有时候，某个构建目标可能对应非常多的源文件，难道都要手动一一罗列吗？

答案是最好如此。如果不想深究其原理，那就一一罗列吧！

当然，很多开源项目或网络文章中常有使用file(GLOB)命令或 aux_source_directory命令等获取目录中的全部源文件并将它们传入<源文件>参数的案例。一般来说，如果项目是只读的，不会为构建目标添加新的源文件，那么这样做是没有问题的。但一旦要为构建目标添加新的源文件，问题就来了。CMake怎么知道构建目标添加了新的源文件呢？毕竟，CMakeLists.txt没有改变，CMake就不会重新配置生成项目，那么新建源文件之后尝试构建项目时，它总是会提示项目已经是最新的，无须构建。这时就只能手动重新配置生成CMake项目，然后构建项目了。

当然，file(GLOB)提供了CONFIGURE_DEPENDS参数，用以每次构建时重新执行遍历操作，并在遍历结果发生变化时重新生成项目。没错，但这只是理想情况。现实是，CONFIGURE_DEPENDS参数并不支持全部构建系统生成器。另外，每次构建都去遍历文件是一个非常耗时的操作。

因此，最佳实践是永远一一罗列全部源文件。这样，添加新的源文件必然导致CMakeLists.txt修改。构建项目时，也就会重新配置生成该项目，源文件的变动自然也会被检测到，从而导致相应部分的重新构建。

遍历目录中的源文件：aux_source_directory

尽管遍历源文件作为参数不是最佳实践，但这里还是有必要介绍一下这个命令。毕竟有时候还是会使用它，而且社区中也有很多人已经在使用它。

```
aux_source_directory(<目录> <结果变量>)
```

该命令用于遍历指定<目录>中的源文件，并将它们的路径存入<结果变量>。

7.2　伪构建目标

伪构建目标，指那些并不会被构建二进制文件的目标，通常用于表明仅具有使用要求的可链接的对象。伪构建目标分为接口库目标、导入目标和别名目标三种类型。除导入目标类型的伪构建目标外，其他类型的伪构建目标均为全局可见。

7.2.1　接口库目标

接口库目标通常用于对头文件库的抽象，同样使用add_library命令创建。

```
add_library(<目标名称> INTERFACE)
```

该命令会创建一个目标文件库的构建目标，只有<目标名称>和INTERFACE两个参数。毕竟，接口库自身并不需要被构建，也就无须指定源文件。读者可以回顾第1章中的内容。

接口库虽然不需要被构建，却有责任声明使用要求。7.5节中会详细介绍有关目标属性、构建要求和使用要求的内容。这里仅演示如何为头文件库创建构建目标。

首先，新建一个目录include，在该目录中创建一个头文件a.h，如代码清单7.6所示。

代码清单7.6　ch007/接口库/include/a.h

```
static int add(int a, int b) { return a + b; }
```

然后，回到项目顶层目录中，创建主程序main.c，如代码清单7.7所示。

代码清单7.7　ch007/接口库/main.c

```
#include <a.h>
#include <stdio.h>

int main() {
```

```
    printf("%d\n", add(1, 2));
    return 0;
}
```

本实例的CMake目录程序如代码清单7.8所示。

代码清单7.8 ch007/接口库/CMakeLists.txt

```
cmake_minimum_required(VERSION 3.20)

project(myInterfaceLib)

add_library(myInterfaceLib INTERFACE)

# 声明myInterfaceLib的使用要求：头文件搜索目录应为include
target_include_directories(myInterfaceLib INTERFACE include)

add_executable(main main.c)

# 声明main的构建要求：链接myInterfaceLib库，也就是说
# 将myInterfaceLib接口库的使用要求作为main的构建要求
target_link_libraries(main myInterfaceLib)
```

其中，target_include_directories命令用于声明有关头文件搜索目录的要求，target_link_libraries命令用于声明有关链接库的要求。7.6节中会详细介绍这些命令。

7.2.2 导入目标

导入目标，顾名思义，指导入项目之外的可执行文件或库的目标，但不会构建它。可以想象，导入目标必然有一个与路径相关的属性，指向其导入的那个可执行文件或库。

可执行文件导入目标

使用add_executable命令可以创建一个可执行文件导入目标，对应参数形式如下。

```
add_executable(<目标名称> IMPORTED [GLOBAL])
```

默认情况下，导入目标的作用域为当前目录及其子目录的目录程序。也就是说，在当前目录的CMake目录程序中创建的导入目标，默认不能被其上级目录的目录程序访问。GLOBAL参数则用于打破这个限制，使该目标全局可见。

不过，可执行文件导入进来有什么用？我们又不会链接一个可执行文件！

既然是可执行文件，那当然是用来执行的了！7.8节会介绍如何创建自定义命令形式的构建目标，用于在构建阶段中调用可执行文件。如果在自定义构建规则的命令行参数中提供的不是命令路径，而是一个可执行文件目标的名称，那么它会自动找到目标对应的路径来完成调用。如此一来，不论是调用自己构建的可执行文件，还是外部的可执行文件，都能以统一的目标形式实现。

可执行文件导入目标对应的实际路径通过IMPORTED_LOCATION目标属性来设置。设置属

性的方法将在7.5节详细讲解，这里先看一个简单的例程，目录程序如代码清单7.9所示。

代码清单7.9　ch007/可执行文件导入目标/CMakeLists.txt

```
cmake_minimum_required(VERSION 3.20)

project(import-notepad)

add_executable(notepad_exe IMPORTED)
set_target_properties(notepad_exe PROPERTIES
    IMPORTED_LOCATION "C:/Windows/System32/notepad.exe")

add_custom_target(run-notepad ALL notepad_exe ${CMAKE_CURRENT_LIST_FILE})
```

该例程中包含一个可执行文件导入目标notepad_exe，其IMPORTED_LOCATION属性设置为记事本应用程序所在的路径。最后通过add_custom_target命令创建了一个自定义构建规则的构建目标run-notepad，该自定义构建目标会调用notepad_exe可执行文件目标，调用参数为当前CMake目录程序的路径。7.8节会详细介绍这个命令。

在Windows中尝试配置生成并构建该项目：

```
> cd CMakeBook/src/ch007/可执行文件导入目标
> mkdir build
> cd build
> cmake ..
...
> cmake --build .
...
```

当执行cmake --build.命令后，记事本应用程序将打开，显示本例程的CMake目录程序。

库导入目标

使用add_library命令可以创建一个库导入目标，对应参数形式如下。

```
add_library(<目标名称>
    <STATIC|SHARED|MODULE|UNKNOWN|OBJECT|INTERFACE>
    IMPORTED [GLOBAL])
```

默认情况下，库导入目标的作用域也是当前目录及其子目录的目录程序。命令中的GLOBAL参数同样用于使该目标全局可见。

STATIC、SHARED、MODULE参数分别用于导入外部的静态库、动态库和模块库。对于这三种类型的库导入目标，目标属性IMPORTED_LOCATION用于指定导入库所在路径。

不过在Windows中，动态库导入目标的IMPORTED_IMPLIB属性应指定为动态库对应导入库的路径，而IMPORTED_LOCATION属性（动态库自身的路径）则是可选的。在支持为动态库设置SONAME的平台，如Linux操作系统中，动态库导入目标的IMPORTED_SONAME属性也应当正确设置。如果动态库未设置SONAME，则应当设置其导入目标的IMPORTED_NO_ SONAME属性为真值。

UNKNOWN参数表示导入目标的库类型不确定，一般仅用于自动查找依赖库的功能模块中。

OBJECT参数用于导入外部的目标文件库，其IMPORTED_OBJECTS属性应指定为目标文件的路径。

INTERFACE参数用于导入外部的接口库。接口库本身没有对应的二进制文件，因此无须为它指定任何以IMPORTED_开头的属性，仅设置其使用要求即可。

下面的实例将复用1.5.4小节中引用Boost Regex静态库的程序，将其Makefile构建脚本改写为CMake目录程序，如代码清单7.10所示。

代码清单7.10 ch007/库导入目标/CMakeLists.txt

```
cmake_minimum_required(VERSION 3.20)

project(import-boost)

add_library(boost-regex STATIC IMPORTED)

if(WIN32)
    set(BOOST_REGEX_LIB_PATH
        "C:/boost/stage/lib/libboost_regex-vc142-mt-gd-x64-1_74.lib")
    set(BOOST_INCLUDE_DIR "C:/boost")
else()
    set(BOOST_REGEX_LIB_PATH
        "$ENV{HOME}/boost/stage/lib/libboost_regex.a")
    set(BOOST_INCLUDE_DIR "$ENV{HOME}/boost")
endif()

# 设置boost-regex目标的头文件目录的使用要求
target_include_directories(boost-regex INTERFACE ${BOOST_INCLUDE_DIR})

# 设置boost-regex目标的导入路径
set_target_properties(boost-regex PROPERTIES
    IMPORTED_LOCATION "${BOOST_REGEX_LIB_PATH}")

add_executable(main "../../ch001/09.链接Boost/main.cpp")

# 声明main的构建要求：链接boost-regex库，也就是说
# 将boost-regex导入库的使用要求作为main的构建要求
target_link_libraries(main boost-regex)
```

目录程序中首先利用add_library(... IMPORTED)命令创建了库导入目标，然后通过target_include_directories命令对头文件目录的使用要求进行设置，通过set_target_properties命令设置了IMPORTED_LOCATION属性（即导入库的实际路径）。关于目标属性和使用要求的设置方法参见7.5节和7.6节。

若想成功构建该实例，请先根据第1章中讲解的相关步骤下载并构建安装Boost库。

按构建模式导入

很多第三方软件包都会同时提供调试模式和发布模式构建的两份二进制文件。当发生错误时，调试模式的二进制文件更易于调试；当发布程序时，发布模式的二进制文件能够提供最佳的性能。然而，前面介绍的IMPORTED_LOCATION、IMPORTED_IMPLIB、IMPORTED_OBJECTS等属性均不区分当前构建模式。那么，该如何为不同构建模式导入对应模式下构建的第三方库或可执行文件呢？

首先，将导入目标支持的全部构建模式设置到导入目标的IMPORTED_CONFIGURATIONS属性值：

```
add_library(test SHARED IMPORTED)
set_property(TARGET test PROPERTY
    IMPORTED_CONFIGURATIONS DEBUG;RELEASE
)
```

然后，即可分别为指定的构建模式设置IMPORTED_LOCATION等属性了。换句话说，只需在原属性名称后追加构建模式的后缀，如IMPORTED_LOCATION_DEBUG和IMPORTED_LOCATION_RELEASE，然后分别为它们设置不同的文件路径：

```
set_target_properties(test PROPERTIES
    IMPORTED_LOCATION_DEBUG "testd.so"
    IMPORTED_LOCATION_RELEASE "test.so"
)
```

7.2.3　别名目标

别名目标即另一个构建目标的别名，是只读的构建目标。

有时候，我们希望在构建程序时可以切换依赖的可执行文件或库文件的版本。例如，某个依赖既可以是由项目自带的代码构建的版本，又可以是从外部导入的版本，那么使用别名目标就能方便地满足这一需求：

```
add_executable(<目标名称> ALIAS <指向的实际目标名称>)
add_library(<目标名称> ALIAS <指向的实际目标名称>)
```

上面这两个命令都可以用于创建指向<指向的实际目标名称>的别名目标。当别名目标指向非全局的导入目标时，其作用域同样会被限制在当前目录及其子目录中。

下面将使用别名目标，解决刚才提到的可切换内部或外部构建的依赖库的问题。CMake目录程序如代码清单7.11所示。

代码清单7.11　ch007/别名目标/CMakeLists.txt

```
cmake_minimum_required(VERSION 3.20)

project(alias-target)

add_library(my_liba STATIC "a.cpp")
```

```
if(USE_EXTERNAL_LIBA)
    add_library(liba STATIC IMPORTED)
    set_target_properties(liba PROPERTIES IMPORTED_LOCATION "liba.lib")
else()
    add_library(liba ALIAS my_liba)
endif()
add_executable(main "main.cpp")
target_link_libraries(main liba)
```

目录程序中首先定义了一个静态库目标my_liba，然后通过变量USE_EXTERNAL_LIBA指定是否使用外部的liba库：若其值为真，则导入外部的liba.lib库，并将库导入目标命名为liba；若其值为假，则不导入任何库，仅为my_libs库目标创建别名目标liba。最后，不论是使用内部还是外部构建的liba库，在构建主程序main时让主程序直接链接liba即可。

7.3 子目录

组织源程序文件时，往往都需要创建一些子目录使其结构变得清晰。例如，include目录常用于存放公开的头文件，src目录常用于存放源程序文件，thirdparty目录常用于存放第三方依赖库等。

不同的源程序被安排到了不同的目录，正是因为它们彼此用途不同。而被安排在同一目录的源程序，则自然拥有很多共性。换句话说，同一个目录中的源程序很可能会有相同的构建要求和使用要求。CMake中的每一个目录都可以具有独立的目录属性，这样可以方便地针对不同子目录分别进行构建配置。

加入子目录：add_subdirectory

要将子目录加入到要构建的项目中，可以使用add_subdirectory命令：

```
add_subdirectory(<源文件目录> [<二进制目录>] [EXCLUDE_FROM_ALL])
```

该命令用于将<源文件目录>这个子目录加入项目。该子目录中必须含有一个CMake目录程序，即CMakeLists.txt。当CMake执行该命令时，会立即进入子目录中执行这个目录程序，而当前目录程序（即调用该命令的目录程序）的执行会被暂停，直到子目录的目录程序执行结束。

<源文件目录>可以为绝对路径或相对于当前源文件目录的相对路径。<二进制目录>也可以为绝对路径或相对于当前二进制目录的相对路径。<二进制目录>即存放输出的二进制的目录，省略该参数时，其值根据<源文件目录>的相对位置决定。有关源文件目录和二进制目录的详细介绍参见6.3.1小节。

EXCLUDE_FROM_ALL参数的作用与创建构建目标时的同名参数一致：指定该参数意味着子目录中定义的所有构建目标不会被包括在父目录的“构建全部”目标中。如果想构建这个子目录中的构建目标，就必须显式地指定它们。不过有一个例外：如果父目录中的其他构建目标依赖

了该子目录中的某个构建目标，那么被依赖的构建目标仍然会被默认构建。

7.4　项目：project

项目（project）也是CMake中组织项目的一个逻辑概念。在CMake目录程序中，可以有若干项目。定义在CMake顶层目录程序中的第一个项目称为顶层项目。定义项目的命令有如下两种形式，当无须声明项目的各种属性时，第一种形式最简便。

```
project(<项目名称> [<编程语言>...])
project(<项目名称>
        [VERSION <主版本号>[.<次版本号>[.<补丁版本号>[.<修订版本号>]]]]
        [DESCRIPTION <项目描述>]
        [HOMEPAGE_URL <项目主页URL>]
        [LANGUAGES <编程语言>...])
```

其中，<编程语言>参数支持C、CXX（即C++）、CUDA、OBJC（即Objective-C）、OBJCXX（即Objective-C++）、Fortran、HIP、ISPC和ASM。CMake会在配置阶段检查相应的编译环境等。

通过该命令定义的项目属性，均可以通过CMake变量获取，参见表7.1。表7.1中变量名称的<项目名称>部分除了填写具体的项目名称外，还可以填写PROJECT和CMAKE_PROJECT，它们分别表示获取当前最近项目和顶层项目的相关属性。

表7.1　获取CMake项目相关属性的变量

变量	描述
<项目名称>_SOURCE_DIR	指定项目源文件目录的绝对路径
<项目名称>_BINARY_DIR	指定项目二进制文件目录的绝对路径
<项目名称>_VERSION	指定项目的版本号
<项目名称>_VERSION_MAJOR	指定项目的主版本号
<项目名称>_VERSION_MINOR	指定项目的次版本号
<项目名称>_VERSION_PATCH	指定项目的补丁版本号
<项目名称>_VERSION_TWEAK	指定项目的修订版本号
<项目名称>_DESCRIPTION	指定项目的描述文本
<项目名称>_HOMEPAGE_URL	指定项目的主页URL

另外，还有两个用于获取项目名称的变量：

- PROJECT_NAME，用于获取当前最近项目的名称；
- CMAKE_PROJECT_NAME，用于获取顶层项目的名称。

代码注入

CMake项目支持一项“黑科技”：代码注入。通过设置几个CMake变量的值为CMake脚本程序或模块程序的路径，就可以实现向CMake项目定义的前后注入代码，参见表7.2。

表7.2 与CMake项目代码注入相关的变量

变量	描述
CMAKE_PROJECT_INCLUDE_BEFORE	将CMake程序注入所有项目定义前
CMAKE_PROJECT_INCLUDE	将CMake程序注入所有项目定义后
CMAKE_PROJECT_<项目名称>_INCLUDE_BEFORE	将CMake程序注入指定项目定义前
CMAKE_PROJECT_<项目名称>_INCLUDE	将CMake程序注入指定项目定义后

若同时指定了以CMAKE_PROJECT_和CMAKE_PROJECT_<项目名称>_开头的变量，则以CMAKE_PROJECT_开头的变量所对应的代码会先被注入。

7.5 属性：get_property、set_property

我们已经见过了一些属性，现在，一起正式地了解一下属性吧！CMake中的属性根据作用域分为以下7种类型：

- 全局属性；
- 目录属性；
- 目标属性；
- 源文件属性；
- 缓存变量属性；
- 测试属性；
- 安装文件属性。

本书不涉及测试、安装等内容，因此本节将仅介绍前5种作用域的属性。另外，CMake属性其实非常多，本节仅讲解部分常用属性，以及设置属性的方法等。若想了解CMake提供的全部属性，读者可以自行查阅CMake官方文档。

7.5.1 全局属性

全局属性（global property）即CMake进程所具有的属性，通常用于获取一些全局状态。

获取全局属性

```
get_cmake_property(<结果变量> <全局属性>)
get_property(<结果变量> GLOBAL PROPERTY <全局属性>
    [SET|DEFINED|BRIEF_DOCS|FULL_DOCS])
```

这两个命令均可用于获取<全局属性>，并将值结果存入<结果变量>。当指定属性不存在时，第一个命令中的结果变量会被赋值为NOTFOUND，而第二个命令中的结果变量会被赋空值。

事实上，get_property命令支持对各种属性的获取，后面在介绍其他类型的属性时也会用到该命令。这里的GLOBAL就是用于获取全局属性时特有的参数。最后的可选参数是通用参数，可用于获取各种类型的属性。其取值含义如下。

- 指定SET参数时，结果变量的值为一个布尔值，表示指定的属性是否被设置。
- 指定DEFINED参数时，结果变量的值为一个布尔值，表示指定的属性是否为自定义属性。自定义属性的相关内容参见7.5.7小节。
- 指定BRIEF_DOCS或FULL_DOCS参数时，结果变量将被赋值为指定属性的简介文档或完整文档。若该属性不是自定义属性，则不存在文档，结果变量将被赋值为NOTFOUND。

设置全局属性

```
set_property(GLOBAL [APPEND] [APPEND_STRING]
    PROPERTY <全局属性> [<属性值>...])
```

该命令用于将<全局属性>的值设为<属性值>，多个<属性值>会被视为一个列表。

指定APPEND参数后，<属性值>列表中的每个非空元素将依次被追加到指定属性原值列表的末尾，即属性原值不会清空。指定APPEND_STRING参数时，指定属性的原值与将要追加的<属性值>之间将不会插入分号，也就是直接进行字符串追加。

例如，假设全局属性A的原值为a，指定不同参数设置属性值的结果分别如下。

- set_property(GLOBAL PROPERTY A x y)将覆盖其值为x;y。
- set_property(GLOBAL APPEND PROPERTY A x y)将追加元素，即设置其值为a;x;y。
- set_property(GLOBAL APPEND_STRING PROPERTY A x y)则会进行字符串追加，将其值设置为ax;y。

另外，就像get_property命令一样，set_property命令同样是多种属性通用的，后面还会多次介绍它。

实例：全局属性

事实上，CMake的全局属性很少会被用到。下面这个实例将使用两个不同的命令来获取GENERATOR_IS_MULTI_CONFIG这个只读的全局属性。这是一个比较常用的全局属性，可用于判断当前构建系统生成器是否为多构建模式的生成器（如Visual Studio和Xcode生成器）。CMake目录程序如代码清单7.12所示。

代码清单7.12　ch007/全局属性/CMakeLists.txt

```
cmake_minimum_required(VERSION 3.20)

project(global_property)

get_cmake_property(res GENERATOR_IS_MULTI_CONFIG)
message("GENERATOR_IS_MULTI_CONFIG: ${res}")

get_property(res GLOBAL PROPERTY GENERATOR_IS_MULTI_CONFIG SET)
message("GENERATOR_IS_MULTI_CONFIG is SET: ${res}")
```

可以尝试使用不同的构建系统生成器来配置生成该CMake目录程序，然后观察配置过程中输出的值。例如，使用Visual Studio生成器时，其输出内容如下：

```
> cd CMakeBook/src/ch007/全局属性
> mkdir build
> cd build
> cmake ..
-- ...
GENERATOR_IS_MULTI_CONFIG: 1
GENERATOR_IS_MULTI_CONFIG is SET: 1
-- ...
```

获取和设置全局属性的命令也可用于CMake脚本程序。

7.5.2 目录属性

目录属性（directory property）即作用于目录（包括子目录）的属性，通常用于为目录中的构建目标统一设置编译选项等构建要求，或者获取目录信息。

获取目录属性

```
get_directory_property(<结果变量> [DIRECTORY <目录>] <目录属性>)
get_property(<结果变量> DIRECTORY [<目录>] PROPERTY <目录属性>
    [SET|DEFINED|BRIEF_DOCS|FULL_DOCS])
```

这两个命令均用于获取指定<目录>的<目录属性>，并将其值存入<结果变量>。

其中<目录>参数为可选参数，省略它则默认获取当前目录的目录属性。该参数可以为某个子目录，或子目录对应的二进制目录，并且支持绝对路径或相对于当前源文件目录的相对路径。需要注意的是，使用该命令获取某一子目录的<目录属性>时，该子目录必须已经被add_subdirectory命令加入当前项目。

当指定的目录属性未被定义时，<结果变量>会被赋空值，不过有一种例外：若<目录属性>具有INHERITED特性，即继承特性，则CMake会继续向上层作用域查找同名属性的定义。上层作用域即父目录作用域。属性值的继承过程会递归进行，直至项目顶层目录；若项目顶层目录作用域中仍未定义该属性，它会继承全局作用域中同名全局属性的值。继承特性的相关内容参见7.5.7小节。

设置目录属性

```
set_directory_properties(PROPERTIES <目录属性> <属性值>
    [<目录属性> <属性值>]...)
set_property(DIRECTORY [<目录>] [APPEND] [APPEND_STRING]
    PROPERTY <目录属性> [<属性值>...])
```

这两个命令均用于将<目录属性>的值设为<属性值>。第一个命令仅用于设置当前目录的若干目录属性；第二个命令用于设置指定<目录>的一个目录属性，且其中的多个<属性值>会被视为一个列表。

实例：目录属性

下面这个实例中，分别访问了COMPILE_DEFINITIONS和SUBDIRECTORIES属性，前者用于定义编译时使用的宏，后者用于获取当前目录程序中加入了哪些子目录。顶层目录的目录程序如代码清单7.13所示，主程序源文件如代码清单7.14所示。

代码清单7.13 ch007/目录属性/CMakeLists.txt

```
cmake_minimum_required(VERSION 3.20)

project(directory_property)

add_subdirectory(a)
add_subdirectory(b)

# 获取目录属性SUBDIRECTORIES的值到res
get_directory_property(res SUBDIRECTORIES)
message("SUBDIRECTORIES: ${res}")
```

代码清单7.14 ch007/目录属性/main.c

```
#include <stdio.h>

int main() {
    printf("DIR: %s\n", DIR);
    return 0;
}
```

子目录a中的目录程序如代码清单7.15所示。

代码清单7.15 ch007/目录属性/a/CMakeLists.txt

```
# 设置目录属性COMPILE_DEFINITIONS的值为DIR="a"
set_directory_properties(PROPERTIES COMPILE_DEFINITIONS DIR="a")
add_executable(a ../main.c)
```

子目录b中的目录程序如代码清单7.16所示。

代码清单7.16 ch007/目录属性/b/CMakeLists.txt

```
# 设置目录属性COMPILE_DEFINITIONS的值为DIR="b"
set_directory_properties(PROPERTIES COMPILE_DEFINITIONS DIR="b")
add_executable(b ../main.c)
```

构建该项目，并运行生成的两个可执行文件a和b：

```
> cd CMakeBook/src/ch007/目录属性
> mkdir build
> cd build
> cmake ..
-- ...
```

```
SUBDIRECTORIES: /.../CMake-Book/src/ch007/目录属性/a;/.../CMake-Book/src/ch007/目录属性/b
-- ...
> ./a/a
DIR: a
> ./b/b
DIR: b
```

若使用Visual Studio生成器，执行过程中调用可执行文件的路径应为./a/Debug/a.exe和./b/Debug/b.exe。

可见，对于不同的子目录，编译时的宏定义也是不同的。这就说明设置的目录属性是仅作用于子目录（及其子目录）中的。另外，输出结果中包含顶层目录的CMake目录程序中加入的子目录的绝对路径。

获取和设置目录属性的命令也可用于CMake脚本程序。

7.5.3 目标属性

目标属性（target property）即作用于构建目标的属性，通常用于为构建目标设置构建要求或使用要求，也可以用于获取构建目标信息等。

一般来说，用于定义构建目标使用要求的属性会以INTERFACE开头。

获取目标属性

```
get_target_property(<结果变量> <构建目标> <目标属性>)
get_property(<结果变量> TARGET [<构建目标>] PROPERTY <目标属性>
    [SET|DEFINED|BRIEF_DOCS|FULL_DOCS])
```

这两个命令均用于获取关联到<构建目标>的<目标属性>，并将其值存入<结果变量>。

当指定的目标属性未被定义，且该目标属性不具有INHERITED特性（继承特性）时，第一个命令的结果变量会被赋值为“<结果变量>-NOTFOUND”，而第二个命令的结果变量会被赋空值。若其具有继承特性，CMake会继续向上层作用域查找同名属性的定义；若仍未找到该属性的定义，则将结果变量赋为空值。目标属性的上层作用域即构建目标所在目录的作用域，再向上则与目录属性的上层作用域相同，一直递归查找到项目顶层目录的作用域及全局作用域。

设置目标属性

```
set_target_properties(<构建目标>...
    PROPERTIES <目标属性> <属性值> [<目标属性> <属性值>]...)
set_property(TARGET [<构建目标>...] [APPEND] [APPEND_STRING]
    PROPERTY <目标属性> [<属性值>...])
```

这两个命令均用于将关联到若干<构建目标>的<目标属性>的值设置为<属性值>，其中第二个命令中多个<属性值>会被视为一个列表。这些构建目标可以是在不同目录程序中定义的，但不可以是别名目标，因为别名目标是只读的构建目标。

实例：目标属性

下面这个实例展示了目标属性在构建过程中发挥的重要作用——既可以定义目标的构建要求，又能定义目标的使用要求。

首先，创建一个liba子目录，用于存放liba库的相关程序文件。在liba子目录中再创建两个子目录include和src，分别用于存放如代码清单7.17和代码清单7.18所示的静态库的头文件和源文件。

代码清单7.17 ch007/目标属性/liba/include/liba.h

```
const char *fa();
```

代码清单7.18 ch007/目标属性/liba/src/liba.c

```
#include <liba.h>

const char *fa() { return "liba"; }
```

然后，在liba子目录中创建如代码清单7.19所示的目录程序，定义静态库构建目标及其属性。

代码清单7.19 ch007/目标属性/liba/CMakeLists.txt

```
add_library(a STATIC src/liba.c)

# 设置a的目标属性
set_property(TARGET a PROPERTY
    # 构建要求：将include加入头文件搜索目录
    INCLUDE_DIRECTORIES ${CMAKE_CURRENT_SOURCE_DIR}/include)

# 设置a的目标属性
set_property(TARGET a PROPERTY
    # 使用要求：将include加入（引用者的）头文件搜索目录
    INTERFACE_INCLUDE_DIRECTORIES ${CMAKE_CURRENT_SOURCE_DIR}/include)
```

同样，在项目顶层目录中创建一个子目录include，用于存放主程序所使用的头文件。如代码清单7.20所示，该头文件中定义了一个函数f。

代码清单7.20 ch007/目标属性/include/f.h

```
const char *f() { return "main"; }
```

最后，创建主程序文件，分别调用liba库提供的fa函数和f函数，如代码清单7.21所示。

代码清单7.21 ch007/目标属性/main.c

```
#include <f.h>
#include <liba.h>
#include <stdio.h>

int main() {
    printf("fa: %s\n", fa());
```

```
    printf("f: %s\n", f());
    return 0;
}
```

项目顶层目录的CMake目录程序如代码清单7.22所示。

代码清单7.22 ch007/目标属性/CMakeLists.txt

```
cmake_minimum_required(VERSION 3.20)

project(target_property)

add_executable(main main.c)

# 设置main的目标属性
set_target_properties(main PROPERTIES
    # 构建要求：将include加入头文件搜索目录
    INCLUDE_DIRECTORIES ${CMAKE_CURRENT_SOURCE_DIR}/include
    # 构建要求：链接a库（即传递a库的使用要求到main中作为main的构建要求）
    LINK_LIBRARIES a
)

add_subdirectory(liba)
```

在该实例中，liba.c源文件直接引用了liba.h头文件，main.c源文件直接引用了f.h头文件，尽管它们并不在同一目录中。这说明头文件搜索目录这一目标属性的配置生效了。另外，main.c也能直接引用 liba.h这个库提供的头文件，说明通过LINK_LIBRARIES目标属性定义的目标依赖关系也发挥了作用，成功地将静态库的使用要求传递到了主程序可执行文件目标的构建要求中。本实例涉及的属性将在7.5.6小节中详细介绍。

最后，构建该实例。

```
> cd CMakeBook/src/ch007/目标属性
> mkdir build
> cd build
> cmake ..
...
> cmake --build .
...
> ./main
fa: liba
f: main
```

若使用Visual Studio生成器构建，执行过程中调用可执行文件的路径应为./Debug/main.exe。

尽管通过本例中的目标属性来控制构建目标的构建要求和使用要求，以及建立不同构建目标之间的依赖关系是可行的，但这不是一种推荐的做法。本实例是为了方便读者理解目标属性才这样做的，而7.5.6小节中介绍的一些常用属性专门的设置命令才是推荐的方式。事实上，本小节展示的正是那些命令背后的原理。

7.5.4　源文件属性

源文件属性（source file property）即作用于源文件的属性，通常用于对源文件构建进行配置，也可以用于获取源文件信息等。

获取源文件属性

```
get_source_file_property(<结果变量> <文件路径>
    [DIRECTORY <目录>|TARGET_DIRECTORY <构建目标>]
    <源文件属性>)
get_property(<结果变量> SOURCE <文件路径>
    [DIRECTORY <目录>|TARGET_DIRECTORY <构建目标>]
    PROPERTY <源文件属性>
    [SET|DEFINED|BRIEF_DOCS|FULL_DOCS])
```

这两个命令均用于获取位于<文件路径>的源文件的<源文件属性>，并将其值存入<结果变量>。

同一个源文件可能被用于不同目录中的不同构建目标，而它们又可能具有不同的构建要求，因此源文件属性的作用域是由源文件路径和某个特定目录共同决定的。在不指定DIRECTORY或TARGET_DIRECTORY可选参数的情况下，该命令默认在当前目录中获取源文件属性。

若通过DIRECTORY参数指定<目录>，则该命令会在指定目录中获取源文件属性。<目录>必须是已经加入项目的子目录或项目的根目录，它可以是绝对路径或相对于当前源文件目录的相对路径。若通过TARGET_DIRECTORY参数指定<构建目标>，则该命令会在<构建目标>被创建的源文件目录中获取源文件的属性。<构建目标>必须已经被创建。

当指定的源文件属性未被定义，且该源文件属性不具有INHERITED特性（继承特性）时，第一个命令的结果变量会被赋值为NOTFOUND，而第二个命令的结果变量会被赋空值。若其具有继承特性，CMake会继续向上层作用域查找同名属性的定义；若仍未找到该源文件属性的定义，则将结果变量赋为空值。上层作用域即其所在目录的作用域，再向上则与目录属性的上层作用域相同，一直递归查找到项目顶层目录的作用域及全局作用域。

设置源文件属性

```
set_source_files_properties(<文件路径>...
    [DIRECTORY <目录>...]
    [TARGET_DIRECTORY <构建目标>...]
    PROPERTIES <源文件属性> <属性值> [<源文件属性> <属性值>]...)
set_property(SOURCE [<文件路径>...]
    [DIRECTORY <目录>...]
    [TARGET_DIRECTORY <构建目标>...]
    [APPEND] [APPEND_STRING]
    PROPERTY <源文件属性> [<属性值>...])
```

这两个命令均用于将位于若干<文件路径>的源文件的<源文件属性>的值设置为<属性值>，其中第二个命令中的多个<属性值>会被视为一个列表。

DIRECTORY或TARGET_DIRECTORY参数同样用于指定源文件属性作用于哪些目录，若未指定该参数，定义的源文件属性默认作用于当前源文件目录。

实例：源文件属性

下面的实例中将展示如何在不同目录中为同一个源文件定义不同的源文件属性。

首先，在主程序main.c中输出宏VERSION的值，如代码清单7.23所示。

代码清单7.23 ch007/源文件属性/main.c

```
#include <stdio.h>

int main() {
    printf("VERSION: %s\n", VERSION);
    return 0;
}
```

然后，在a和b这两个子目录中，利用同一份main.c分别创建可执行文件构建目标a和b。这两个子目录的目录程序分别如代码清单7.24和代码清单7.25所示。

代码清单7.24 ch007/源文件属性/a/CMakeLists.txt

```
add_executable(a ../main.c)
```

代码清单7.25 ch007/源文件属性/b/CMakeLists.txt

```
add_executable(b ../main.c)
```

最后，在项目顶层目录的目录程序中加入这两个子目录，并为main.c在不同目录中设置不同的COMPILE_DEFINITIONS（宏定义）源文件属性。宏VERSION的值在a目录中被定义为0.1，在b目录中则被定义为0.2。顶层目录的CMake目录程序如代码清单7.26所示。

代码清单7.26 ch007/源文件属性/CMakeLists.txt

```
cmake_minimum_required(VERSION 3.20)

project(source_file_property)

add_subdirectory(a)
add_subdirectory(b)

set_source_files_properties(main.c DIRECTORY a
    PROPERTIES COMPILE_DEFINITIONS VERSION="0.1")

set_source_files_properties(main.c DIRECTORY b
    PROPERTIES COMPILE_DEFINITIONS VERSION="0.2")
```

构建该实例并执行a和b这2个可执行文件：

```
> cd CMakeBook/src/ch007/源文件属性
> mkdir build
```

```
> cd build
> cmake ..
...
> cmake --build .
...
> ./a/a
VERSION: 0.1
> ./b/b
VERSION: 0.2
```

若使用Visual Studio生成器，执行过程中调用可执行文件的路径应为./a/Debug/a.exe和./b/Debug/b.exe。

7.5.5 缓存变量属性

缓存变量属性（cache entry property）即作用于缓存变量的属性。这类属性很少用到，一般用于获取缓存变量的描述文本、类型、枚举值、是否为高级配置等信息。

获取缓存变量属性

```
get_property(<结果变量> CACHE <缓存变量>
    PROPERTY <缓存变量属性>
    [SET|DEFINED|BRIEF_DOCS|FULL_DOCS])
```

该命令用于获取与<缓存变量>关联的名为<缓存变量属性>的属性，并将其值存入<结果变量>。若指定属性不存在，则结果变量为空值。

设置缓存变量属性

```
set_property(CACHE [<缓存变量>...]
    [APPEND] [APPEND_STRING]
    PROPERTY <缓存变量属性> [<属性值>...])
```

该命令用于设置若干<缓存变量>的<缓存变量属性>为<属性值>，其中多个<属性值>会被视为一个列表。

实例：缓存变量属性

缓存变量属性共有6个，分别如下。

- ADVANCED，其值为布尔值，表示缓存变量是否为高级配置。
- HELPSTRING，其值为缓存变量的描述文本（帮助信息）。
- MODIFIED，其值为缓存变量的修改状态，仅供内部使用。请不要获取或设置该属性。
- STRINGS，其值为缓存变量的枚举值。STRING类型的缓存变量可以拥有一系列枚举值，用以作为CMake GUI下拉框中的选项。
- TYPE，其值为缓存变量类型。该属性可能的取值参见表3.1。另外还有两个取值：STATIC表示CMake内部管理的缓存变量，UNINITIALIZED表示尚未指定类型的缓存变量。

- VALUE，其值为缓存变量的值。通过该属性修改缓存变量的值将不做任何检查，如类型检查，因此应当避免通过该属性设置缓存变量值。

下面的实例将演示如何使用STRINGS缓存变量属性实现CMake GUI中的下拉框选择[1]，目录程序如代码清单7.27所示。

代码清单7.27　ch007/cache/CMakeLists.txt

```
cmake_minimum_required(VERSION 3.20)

project(cache_entry_property)

set(VERSION "" CACHE STRING "")
set_property(CACHE VERSION PROPERTY STRINGS 1.0 2.0)
```

打开CMake GUI配置该项目，在设置VERSION缓存变量的值时可以通过下拉框选择，如图7.1所示。

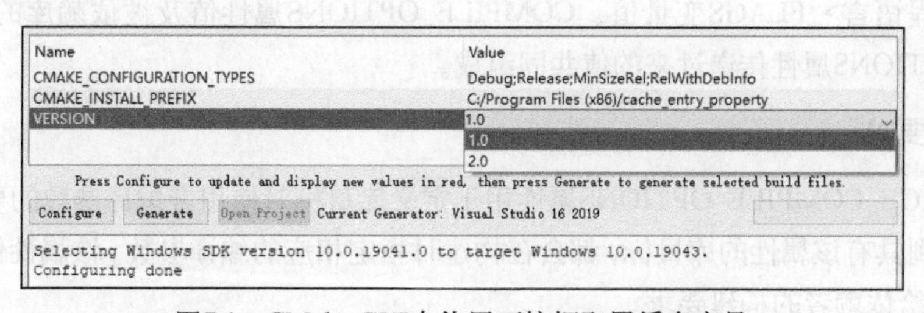

图7.1　CMake GUI中使用下拉框配置缓存变量

7.5.6　构建中常用的属性

本小节介绍一些在构建过程中用于定义构建要求或使用要求的常用属性，其中有很多已经在前面实例中直接或间接地使用过了。之所以说“间接”使用，是因为有些属性并非直接通过set_property命令进行设置，而是由专门的配套命令设置。一般来说，频繁用到的属性都会有专门的命令来简化操作，相关命令参见7.6节。

用于定义构建要求的属性，若无特别说明，往往可以同时作为目录属性、目标属性或源文件属性，分别定义某个目录中构建目标的构建要求、某个构建目标的构建要求及某个源文件的构建要求。而用于定义构建目标使用要求的属性仅可作为目标属性使用，毕竟只有构建目标才会被使用。用于定义使用要求的属性名通常以INTERFACE_开头。

宏定义构建要求

COMPILE_DEFINITIONS属性用于定义编译（预处理）C和C++程序时所用到的宏。该属性

① CMake GUI对中文路径支持不佳，因此该实例的文件夹名称均使用英文。

值为列表字符串，每一个元素都代表一个宏定义。其元素格式为<宏名称>或<宏名称>=<值>。

宏定义使用要求

INTERFACE_COMPILE_DEFINITIONS属性用于定义库目标对使用者的宏定义要求。任何构建目标，若链接到具有该属性的库目标，都会定义该属性所要求的宏。换句话说，该属性作为使用要求，会被自动传递给依赖者的构建要求。

该传递过程由CMake在配置生成阶段隐式地完成，并不会改变依赖者的COMPILE_DEFINITIONS属性。COMPILE_DEFINITIONS属性仅包含为目标自身定义的构建要求，不包含传递过来的构建要求。本小节中介绍的作为使用要求的属性都是如此隐式传递的，下文不再赘述。

编译参数构建要求

COMPILE_OPTIONS属性用于定义作为构建要求的编译参数。该属性值是一个列表字符串。当然，构建目标最终的编译参数不仅仅由构建目标自身的COMPILE_OPTIONS属性决定，而是由CMAKE_<编程语言>_FLAGS变量值、COMPILE_OPTIONS属性值及被依赖库的INTERFACE_COMPILE_OPTIONS属性传递过来的值共同组成。

编译参数使用要求

INTERFACE_COMPILE_OPTIONS属性用于定义库目标对使用者编译参数的要求。任何构建目标，若链接到具有该属性的库目标，都会在构建时指定相应的编译参数。该属性作为使用要求，会被自动传递给依赖者的构建要求。

编译特性构建要求

COMPILE_FEATURES属性用于定义作为构建要求的编译特性，常用于指定C和C++语言标准的版本，也可以用于细粒度控制要求的编译特性，如C++的constexpr特性等。CMake会对编译器支持的编译特性进行检查。该属性仅作为目标属性使用。

CMAKE_<编程语言>_KNOWN_FEATURES全局属性中列举了CMake中能够检测的<编程语言>的全部特性。例如，CMAKE_CXX_KNOWN_FEATURES中就列举了C++的标准版本，以及细粒度的编译特性。下面是其中一些常用的值：

- cxx_std_98，即C++98标准；
- cxx_std_11，即C++11标准；
- cxx_std_14，即C++14标准；
- cxx_std_17，即C++17标准；
- cxx_std_20，即C++20标准；
- cxx_auto_type，即auto自动类型推断特性；
- cxx_constexpr，即constexpr常量表达式特性；

- ❑ cxx_decltype，即decltype表达式类型推断特性。

编译特性的取值还有很多，这里就不一一列举了，有兴趣的读者可以自行查阅CMake官方文档。通常来说，能够根据语言的标准版本要求编译特性就足够了。

CMake还有一个变量CMAKE_<编程语言>_COMPILE_FEATURES，其值为上面这个全局属性取值的子集，表示当前编译器支持的特性列表。

编译特性使用要求

INTERFACE_COMPILE_FEATURES属性用于定义库目标对使用者编译特性的要求。任何构建目标，若链接到具有该属性的库目标，都会要求编译器支持该属性中列举的编译特性，CMake会对编译器支持的编译特性进行检查。

头文件目录构建要求

INCLUDE_DIRECTORIES属性用于定义头文件的搜索目录，这些目录必须是绝对路径。

头文件目录使用要求

INTERFACE_INCLUDE_DIRECTORIES属性用于定义库目标对使用者头文件搜索目录的要求。任何构建目标，若链接到具有该属性的库目标，都会将该属性中列举的目录设置为头文件搜索目录。

链接库构建要求

LINK_LIBRARIES属性用于定义作为构建要求的将要链接的库文件或库目标。如果设置当前构建目标的LINK_LIBRARIES属性值为某个库目标，CMake会将被链接的库目标及其依赖的使用要求递归传递到当前构建目标的构建要求中。同时，若链接的是一般库目标，还会使用链接器链接它构建后生成的库文件到当前构建目标。该属性仅作为目标属性使用。

链接库使用要求

INTERFACE_LINK_LIBRARIES属性用于定义库目标对链接库的使用要求。任何构建目标，若链接到具有该属性的库目标，都会同时链接该属性指定的库文件或库目标，同时传递其中库目标的使用要求到当前构建目标的构建要求中。该属性决定了构建目标的依赖关系，同时赋予这个关系以传递性。该属性仅作为目标属性使用。

举个例子，假设库目标B的INTERFACE_LINK_LIBRARIES属性中包含库目标C，库目标 C的INTERFACE_LINK_LIBRARIES属性中包含库目标D。那么，当目标A链接到库目标B（可以通过设置目标A的 LINK_LIBRARIES属性为B来实现）时，它就会同时链接库目标B、C和D。这就是在介绍链接库构建要求时介绍过的递归传递。

链接目录构建要求

LINK_DIRECTORIES属性用于定义构建时链接器的搜索目录，通常用于设置部分第三方库二进制文件的所在目录。

链接目录使用要求

INTERFACE_LINK_DIRECTORIES属性用于定义库目标对使用者链接器搜索目录的要求。任何构建目标，若链接到具有该属性的库目标，都会将该属性指定的目录加入链接器搜索目录。

链接参数构建要求

LINK_OPTIONS属性用于定义链接器参数，作为动态库目标、模块库目标及可执行文件目标的构建要求。

静态库目标与上述构建目标不同，应使用STATIC_LIBRARY_OPTIONS属性定义作为构建要求的链接器参数。

链接参数使用要求

INTERFACE_LINK_OPTIONS属性用于定义库目标对使用者链接器参数的要求。任何构建目标，若链接到具有该属性的库目标，都会在构建过程中被链接时指定属性要求的链接参数。

源文件构建要求

SOURCES属性用于定义构建目标需要编译的源文件列表。该属性仅作为目标属性使用。

源文件使用要求

INTERFACE_SOURCES属性用于定义当前构建目标使用者需要编译的源文件。任何构建目标，若链接到具有该属性的库目标，都会构建该属性指定的源文件。该属性仅作为目标属性使用。

7.5.7 自定义属性：define_property

CMake允许通过define_property命令自定义应用于不同作用域的属性，并为其添加文档说明。

```
define_property(<GLOBAL|DIRECTORY|TARGET|SOURCE|
    CACHED_VARIABLES|TEST|VARIABLE>
    PROPERTY <属性名称> [INHERITED]
    BRIEF_DOCS <简介文档>
    FULL_DOCS <完整文档>)
```

该命令用于在指定作用域中定义属性并为其添加文档说明。其中，第一个参数用于指定属性的作用域，它的取值如下：

- GLOBAL，即全局作用域；

- DIRECTORY，即目录作用域；
- TARGET，即构建目标作用域；
- SOURCE，即源文件作用域；
- CACHED_VARIABLES，即缓存变量作用域；
- TEST，即测试作用域；
- VARIABLE，该参数仅用于为变量添加文档说明。

INHERITED可选参数用于指定自定义的属性是否会在未被显式设置时，继承上层作用域同一属性的值。继承规则如下。

- 对于DIRECTORY目录作用域而言，上层作用域即父目录作用域。属性值的继承过程会递归进行，直至项目顶层目录。若项目顶层目录作用域中仍未定义该属性，则会继承GLOBAL全局作用域中同一属性的值。
- 对于TARGET构建目标作用域、SOURCE源文件作用域和TEST测试作用域中的属性而言，上层作用域即其所在目录的DIRECTORY作用域。若上层目录作用域仍未定义该属性，则按照目录作用域的继承规则继续从上层作用域中继承属性。

属性继承仅在获取属性值时生效。set_property命令仅会设置直接绑定到指定作用域的属性值。

7.6 属性相关命令

7.5.6小节中介绍了很多在构建时常用的属性。这些属性可以针对宏定义、编译选项等各方面进行配置，而且对于每一方面，都分别会有针对构建要求和使用要求的两种属性。为了简化操作，CMake为大多数常用的属性提供了专门的配置命令，下面一起来了解一下这些命令。

7.6.1 设置目标链接库：target_link_libraries

7.6.2小节将会介绍CMake如何实现使用要求的传递性，这就要求了解如何将库目标链接到当前目标中来。那么，先来看看如何设置目标的链接库属性。

```
target_link_libraries(<构建目标> <库文件|库目标>...)
target_link_libraries(<构建目标>
    <PRIVATE|INTERFACE|PUBLIC> <库文件|库目标>...
    [<PRIVATE|INTERFACE|PUBLIC> <库文件|库目标>...]...
)
```

该命令会将对<库文件|库目标>的链接过程作为<构建目标>的构建要求或使用要求，而具体是作为构建要求还是使用要求，取决于PRIVATE、INTERFACE和PUBLIC参数。

- PRIVATE参数表示将紧跟其后的<库文件|库目标>仅设置为<构建目标>的构建要求。
- INTERFACE参数表示将紧跟其后的<库文件|库目标>仅设置为<构建目标>的使用要求。

- PUBLIC参数表示将紧跟其后的<库文件|库目标>同时设置为<构建目标>的构建要求和使用要求。
- 忽略该参数（即使用第一种命令形式）时，默认采用PUBLIC参数的方式，即将指定的所有<库文件|库目标>同时设置为<构建目标>的构建要求和使用要求。

当参数<库文件|库目标>被指定为一个<库目标>时，CMake会自动建立当前目标与指定<库目标>的依赖关系。建立依赖后，当被依赖的库目标发生改变时，构建系统能够重新链接它到当前构建目标中。

CMake有一个约定：当指定的<库文件|库目标>参数中包含"::"（两个冒号）时，CMake认为该参数值一定是一个导入库目标或别名库目标。

当参数<库文件|库目标>被指定为一个<库文件>时，它可以是<库文件>的文件名或绝对路径。若仅指定库文件名，链接器会自行在系统库目录等默认搜索目录中查找其所在位置。

<构建目标>参数不可以是别名目标，因为别名目标是只读的构建目标。所有用于设置目标属性的命令均不能用于别名目标，后面将不再赘述。

实例：链接库的递归依赖

下面这个实例中会分别创建两个动态库目标a和b，以及一个可执行文件目标c。其中，动态库b会链接动态库a，可执行文件c会链接动态库b。CMake目录程序如代码清单7.28所示。

代码清单7.28　ch007/target_link_libraries/CMakeLists.txt

```
cmake_minimum_required(VERSION 3.20)

project(a)

function(print_link_libraries tgt)
    get_target_property(res ${tgt} LINK_LIBRARIES)
    message("${tgt} LINK_LIBRARIES: ${res}")
    get_target_property(res ${tgt} INTERFACE_LINK_LIBRARIES)
    message("${tgt} INTERFACE_LINK_LIBRARIES: ${res}")
endfunction()

add_library(a SHARED a.c)

add_library(b SHARED b.c)
target_link_libraries(b ${MY_LINK_OPTION} a)
print_link_libraries(b)

add_executable(c c.c)
target_link_libraries(c PRIVATE b)
print_link_libraries(c)
```

在设置目标b如何链接目标a时，这里使用了MY_LINK_OPTION变量，以便展示不同参数的作用，后面配置生成CMake项目时将使用命令行对该变量赋值。另外，目录程序开头的自定义命令print_link_libraries可用于输出指定目标的LINK_LIBRARIES和INTERFACE_LINK_LIBRARIES目标属性。

首先看一下设置变量MY_LINK_OPTION值为PUBLIC时配置生成项目的情况。鉴于使用Makefile构建项目时可以输出清晰简单的日志，这里使用Linux操作系统及 GNU Makefile构建系统生成器进行演示：

```
$ cd CMakeBook/src/ch007/target_link_libraries
$ mkdir build
$ cd build
$ cmake -DMY_LINK_OPTION=PUBLIC ..
...
b LINK_LIBRARIES: a
b INTERFACE_LINK_LIBRARIES: a
c LINK_LIBRARIES: b
c INTERFACE_LINK_LIBRARIES: res-NOTFOUND
...
```

通过输出的属性值可以看出，目标b的链接库构建要求和使用要求都包含目标a。也就是说，构建动态库b时，链接器需要链接动态库a；构建可执行文件c时，由于它链接了动态库b，所以也应同时链接动态库a。

下面通过make工具的VERBOSE=1参数启用详细日志输出，然后构建该项目进行验证：

```
$ cmake --build . -- VERBOSE=1 # 或 make VERBOSE=1，打开详细日志输出
...
[ 33%] Linking C shared library liba.so # 链接动态库 liba.so
...
/usr/bin/cc -fPIC -shared -Wl,-soname,liba.so -o liba.so CMakeFiles/a.dir/a.c.o
...
[ 66%] Linking C shared library libb.so # 链接动态库 libb.so
...
/usr/bin/cc -fPIC -shared -Wl,-soname,libb.so -o libb.so CMakeFiles/b.dir/b.c.o  -Wl,-rpath,/CMake-Book/src/ch007/target_link_libraries/build liba.so
...
[100%] Linking C executable c # 链接可执行文件 c
...
/usr/bin/cc CMakeFiles/c.dir/c.c.o -o c  -Wl,-rpath,/CMake-Book/src/ch007/target_link_libraries/build libb.so liba.so
```

在阅读上面这些命令前，先回顾一下其中出现的一些命令行参数：-fPIC用于启用地址无关代码；-shared用于指定构建动态库；-o用于指定输出文件名；-Wl,-soname用于指定动态库的SONAME属性（一个用于标识动态库ABI版本的属性）；-Wl,-rpath用于指定动态库的RPATH属性（参见1.4.2小节）。

现在分析一下上面的构建日志。动态库a不依赖任何其他库，因此它只需链接其目标文件a.c.o。动态库b链接到了动态库a，因此其构建命令参数中除了包含其自身目标文件b.c.o外，还包

含动态库liba.so。

重点关注可执行文件c，它直接链接的库只有动态库b。不过，动态库b具有使用要求，即链接动态库a，因此可执行文件c也应当链接动态库a。链接可执行文件c的命令行参数最后同时包含了libb.so和liba.so，与预期一致。

至于变量MY_LINK_OPTION值分别设置为INTERFACE或PRIVATE的情况，就留给读者思考了，当然也可以亲自尝试构建一下。

本例使用动态库而非静态库来演示，是因为静态库的链接比较特殊，其构建日志并不完全符合本例中的描述。静态库相当于目标文件的集合，因此构建静态库不需要真正链接其依赖的其他库。静态库及其依赖的库都会在最终被链接到动态库或可执行文件时一起被链接。

7.6.2　PUBLIC、INTERFACE、PRIVATE与传递性

使用要求会被传递到使用者的构建要求中，那么它会一直被递归传递到最顶层的使用者吗？例如，A使用B，B使用C，那么C的使用要求会作为B的构建要求，但是否也会传递到A作为A的构建要求呢？换一种理解，这是不是意味着C的使用要求会被传递到B的使用要求中呢？

其实在1.6.4小节中就讨论过这个问题，使用要求不一定总被一直传递下去，读者可以返回重温一下相关内容。

那么在CMake中，应该如何区分这几种情况呢？这与7.6.1小节中介绍的PRIVATE、INTERFACE和PUBLIC三个参数有关。

- PRIVATE参数表示<构建目标>使用但不传递其后<库目标>的使用要求，即<库目标>的使用要求不作为<构建目标>的使用要求，而仅作为其构建要求。
- INTERFACE参数表示<构建目标>仅传递其后<库目标>的使用要求，即<库目标>的使用要求会作为<构建目标>的使用要求，但不会作为其构建要求。
- PUBLIC参数表示<构建目标>使用并传递其后<库目标>的使用要求，即<库目标>的使用要求会同时作为<构建目标>的使用要求和构建要求。

target_link_libraries命令在<库文件|库目标>参数是一个<库目标>时有两层含义：一方面定义了<构建目标>与<库目标>的依赖关系，另一方面定义了<库目标>使用要求的传递方式。

而这里介绍的三个参数同样具有两重含义：一方面决定了对指定<库文件|库目标>的链接过程是作为<构建目标>的构建要求还是使用要求，这是7.6.1小节介绍过的；另一方面决定了<库目标>的使用要求是作为<构建目标>的构建要求还是使用要求，这是本小节刚刚介绍的。

为什么两重含义可以用一个参数来确定呢？为什么不用两个参数，一个设置链接库文件或库目标是构建要求还是使用要求，另一个设置依赖库的使用要求传递与否？

这是因为这两重含义本就是相互关联的。例如，指定PRIVATE参数时，<构建目标>链接<库目标>，但不要求依赖者继续链接它，那自然就没必要传递<库目标>的使用要求了。其他参数的

情况也同理。简言之，这两重含义可以同时被蕴含在这三个参数中，不必分别设置。

使用要求的传递是CMake在配置生成阶段中隐式完成，并直接体现在最终构建系统的构建规则中的。因此，构建目标的各个属性仅包含直接绑定到当前构建目标的属性值，不包含传递过来的属性值。例如，在7.6.1小节的实例中，我们看到输出的目标“c”的LINK_LIBRARIES属性值仅包含b，而不包含应当传递过来的a。

这三个参数还会在本节中介绍的其他命令中出现，因为这些命令都是用于设置有关构建要求和（或）使用要求的属性的。不过在其他命令中，由于不涉及链接库这种建立依赖关系和传递关系的操作，这三个参数仅具有第一重含义，即仅用于决定定义的属性是作为构建要求还是使用要求。简单总结如下：

- PRIVATE用于定义构建要求，仅影响当前构建目标的构建过程；
- INTERFACE用于定义使用要求，仅影响依赖当前目标的其他构建目标的构建过程；
- PUBLIC用于同时定义构建要求和使用要求。

下面的公式抽象地概括了这三个参数的关系。

```
PUBLIC = PRIVATE (构建要求) + INTERFACE (使用要求)
```

下面总结了一些这三个参数分别对应的具体使用场景，读者可以根据项目的实际需求选择使用的参数：

- 接口库（如头文件库）、导入库等伪构建目标不存在构建过程，所有构建相关的属性都应使用INTERFACE参数定义为使用要求；
- 当构建目标仅在内部代码实现中使用某库，而不暴露依赖库的部分在构建目标的接口（头文件）中时，应使用PRIVATE参数链接依赖的库；
- 当构建目标仅在接口（头文件）中暴露了依赖库的部分，而没有在内部代码实现中使用该依赖库时，应使用INTERFACE参数链接依赖的库；
- 当构建目标在接口（头文件）中暴露了依赖库的部分，同时也在内部代码实现中使用了该依赖库时，应使用PUBLIC参数链接依赖的库。

7.6.3 设置宏定义：add_compile_definitions

```
add_compile_definitions(<宏定义>...)
```

该命令仅对当前目录及其子目录中的构建目标生效，用于设置编译源文件时的<宏定义>。

<宏定义>会被加入到当前目录程序的COMPILE_DEFINITIONS目录属性，以及当前目录程序中定义的构建目标的COMPILE_DEFINITIONS目标属性。

<宏定义>不支持带参数的宏，其格式可为<宏名称>或<宏名称>=<值>。CMake在生成构建系统的构建规则时会自动转义特殊字符。

这里的自动转义只针对构建系统，使用CMake程序语言本身进行传参时仍需自行转义特殊字符。例如，add_compile_definitions("A=\"a\"")这段代码的引号参数中仍需转义宏定义内的引号，

此时<宏定义>的参数值实际上是A="a"。所谓自动转义发生在CMake生成构建系统的构建规则时，例如，生成Makefile时，Makefile中变量C_DEFINES的值将被设置为-DA=\"a\"。

7.6.4　设置目标宏定义：target_compile_definitions

```
target_compile_definitions(<构建目标>
    <PRIVATE|INTERFACE|PUBLIC> <宏定义>...
    [<PRIVATE|INTERFACE|PUBLIC> <宏定义>...]...
)
```

该命令用于设置编译指定<构建目标>的源文件时的<宏定义>。

调用该命令后，<构建目标>的COMPILE_DEFINITIONS属性中会加入PRIVATE和PUBLIC参数后的<宏定义>；<构建目标>的INTERFACE_COMPILE_DEFINITIONS属性中会加入PUBLIC和 INTERFACE参数后的<宏定义>。

7.6.5　设置编译参数：add_compile_options

```
add_compile_options(<编译参数>...)
```

该命令仅对当前目录及其子目录中的构建目标生效，用于设置编译源文件时的<编译参数>。

调用该命令后，<编译参数>会被加入到当前目录程序的COMPILE_OPTIONS目录属性，以及当前目录程序中定义的构建目标的COMPILE_OPTIONS目标属性中。

7.6.6　设置目标编译参数：target_compile_options

```
target_compile_options(<构建目标>
    <PRIVATE|INTERFACE|PUBLIC> <编译参数>...
    [<PRIVATE|INTERFACE|PUBLIC> <编译参数>...]...
)
```

该命令用于设置编译指定<构建目标>的源文件时的<编译参数>。

调用该命令后，<构建目标>的COMPILE_OPTIONS属性中会加入PRIVATE和 PUBLIC参数后的<编译参数>；<构建目标>的INTERFACE_COMPILE_OPTIONS属性中会加入PUBLIC和INTERFACE参数后的<编译参数>。

7.6.7　设置目标编译特性：target_compile_features

```
target_compile_features(<构建目标>
    <PRIVATE|INTERFACE|PUBLIC> <编译特性>...
    [<PRIVATE|INTERFACE|PUBLIC> <编译特性>...]...
)
```

该命令用于设置编译指定<构建目标>的源文件时所需的<编译特性>，CMake会自动设置相应的编译参数。另外，<编译特性>必须是在CMake变量CMAKE_<编程语言>_COMPILE_FEATURES中存在的值，否则CMake会报错。关于编译特性属性值，参见7.5.6小节中对编译特性构建要求的介绍。

调用该命令后，<构建目标>的COMPILE_FEATURES属性中会加入PRIVATE和 PUBLIC参数后的<编译特性>； <构建目标>的INTERFACE_COMPILE_FEATURES属性中会加入PUBLIC和INTERFACE参数后的<编译特性>。

编译特性属性只能作为目标属性，因此仅能针对构建目标设置。如果想为某个目录下的构建目标统一设置C和C++标准版本，可以通过设置CMake变量CMAKE_<编程语言>_STANDARD来实现。例如，设置CMAKE_CXX_STANDARD为17，可以使得当前目录及其子目录中的构建目标默认使用C++17标准。

7.6.8 设置头文件目录：include_directories

```
include_directories([AFTER|BEFORE] [SYSTEM] <目录>...)
```

该命令仅对当前目录及其子目录中的构建目标生效，用于将<目录>设置为构建目标的头文件搜索目录。<目录>可以是绝对路径或相对于当前源文件目录的相对路径。

调用该命令后,<目录>会被同时加入到当前目录程序的INLCUDE_DIRECTORIES目录属性,以及当前目录程序中定义的构建目标的INLCUDE_DIRECTORIES目标属性中。

AFTER和BEFORE参数用于控制<目录>是追加至头文件搜索目录列表的末尾还是插入到其开头，省略该参数时则默认采用AFTER行为，即追加至末尾。该默认行为可以通过设置CMake变量CMAKE_INCLUDE_DIRECTORIES_BEFORE的值来修改。

SYSTEM参数用于在构建时告知编译器这些目录中的头文件是系统头文件。有些编译器会针对系统头文件做一些特殊处理，如禁用编译警告等。

7.6.9 设置目标头文件目录：target_include_directories

```
target_include_directories(<构建目标>
    [SYSTEM] [AFTER|BEFORE]
   <PRIVATE|INTERFACE|PUBLIC> <目录>...
    [<PRIVATE|INTERFACE|PUBLIC> <目录>...]...
)
```

该命令用于将<目录>加入到<构建目标>的头文件搜索目录列表中。<目录>可以是绝对路径或相对于当前源文件目录的相对路径。其他参数与include_directories命令中的对应参数功能一致。

调用该命令后，<构建目标>的INCLUDE_DIRECTORIES属性中会加入PRIVATE和 PUBLIC参数后的<目录>； <构建目标>的INTERFACE_INCLUDE_DIRECTORIES属性中会加入PUBLIC和 INTERFACE参数后的<目录>。

若指定了SYSTEM参数，那么PUBLIC或INTERFACE参数后指定的<目录>会同时被加入INTERFACE_SYSTEM_INCLUDE_DIRECTORIES目标属性。

7.6.10　设置链接库：link_libraries

```
link_libraries([库文件或库目标]...)
```

该命令仅对当前目录及其子目录中的构建目标生效，用于将<库文件或库目标>链接到构建目标中。只有在该命令调用之后创建的构建目标会被设置链接库属性。

不推荐使用该命令。建议先考虑使用能够更加清晰地管理依赖关系的target_link_libraries命令，参见7.6.1小节。

7.6.11　设置链接目录：link_directories

```
link_directories([AFTER|BEFORE] <目录>...)
```

该命令仅对当前目录及其子目录中的构建目标生效，用于将<目录>设置为构建目标的链接库搜索目录。<目录>可以是绝对路径或相对于当前源文件目录的相对路径。

调用该命令后，<目录>会被加入当前目录程序的LINK_DIRECTORIES目录属性，以及当前目录程序中定义的构建目标的LINK_DIRECTORIES目标属性。

AFTER和BEFORE参数用于控制<目录>是追加至头文件搜索目录列表的末尾还是插入到其开头，省略该参数时默认采用AFTER行为，即追加至末尾。该默认行为可以通过设置CMake变量CMAKE_LINK_DIRECTORIES_BEFORE的值来修改。

7.6.12　设置目标链接目录：target_link_directories

```
target_link_directories(<构建目标>
    [BEFORE]
    <PRIVATE|INTERFACE|PUBLIC> <目录>...
    [<PRIVATE|INTERFACE|PUBLIC> <目录>...]...
)
```

该命令用于将<目录>设置为<构建目标>的链接库搜索目录。<目录>可以是绝对路径或相对于当前源文件目录的相对路径。

指定BEFORE参数后，<目录>会被插入到<构建目标>的链接库搜索目录列表的开头。默认情况下，它们会被追加到列表末尾。

调用该命令后，<构建目标>的LINK_DIRECTORIES属性中会加入PRIVATE和PUBLIC参数后的<目录>；<构建目标>的INTERFACE_LINK_DIRECTORIES属性中会加入PUBLIC和INTERFACE参数后的<目录>。

借助CMake提供的依赖库的查找和导入机制，能够实现比手动指定链接目录提供更好的可移植性。因此通常不需要手动指定链接目录。9.3节会介绍CMake中的查找模块。

7.6.13　设置链接参数：add_link_options

```
add_link_options(<链接参数>...)
```

该命令仅对当前目录及其子目录中的构建目标生效，用于设置链接构建目标时所需的<链接

参数>。

调用该命令后，<链接参数>会被加入当前目录程序的LINK_OPTIONS目录属性及当前目录程序中定义的构建目标的LINK_OPTIONS目标属性。

7.6.14 设置目标链接参数：target_link_options

```
target_link_options(<构建目标> [BEFORE]
    <PRIVATE|INTERFACE|PUBLIC> <链接参数>...
    [<PRIVATE|INTERFACE|PUBLIC> <链接参数>...]...
)
```

该命令用于设置链接指定的<构建目标>时所需的<链接参数>。

指定BEFORE参数后，<链接参数>会被插入到<构建目标>的链接参数列表的开头。默认情况下，它们会被追加到列表末尾。

调用该命令后，<构建目标>的LINK_OPTIONS属性中会加入PRIVATE和PUBLIC参数后的<链接参数>，<构建目标>的INTERFACE_LINK_OPTIONS属性中会加入PUBLIC和INTERFACE参数后的<链接参数>。

7.6.15 设置目标源文件：target_sources

```
target_sources(<构建目标>
    <PRIVATE|INTERFACE|PUBLIC> <源文件>...
    [<PRIVATE|INTERFACE|PUBLIC> <源文件>...]...
)
```

该命令用于设置构建指定的<构建目标>时所需的<源文件>，<源文件>可以是绝对路径或相对于当前源文件目录的相对路径。

调用该命令后，<构建目标>的SOURCES属性中会加入PRIVATE和PUBLIC参数后的<链接参数>；<构建目标>的INTERFACE_SOURCES属性中会加入PUBLIC和INTERFACE参数后的<链接参数>。

有了这个命令，就不必在创建目标的时候把全部源文件设置好了，甚至可以在创建目标时不提供任何源文件，而后再通过该命令为构建目标设置源文件。例如：

```
add_executable(main)
target_sources(main PRIVATE main.c)
```

7.6.16 无须递归传递的例程

这里将用CMake重新组织1.6.4小节中涉及的两个重要例程之一——无须递归传递的例程。

这个例程中创建了两个静态库：A和B。其中，库B在内部实现中依赖了库A，但并未暴露库A的任何接口函数或类型等。另外，该例程中还包含一个可执行文件main，它会调用库B的函数。

为了更好地展示CMake程序本身，这里直接复用1.6.4小节中的源文件。库A的头文件和源文件参见代码清单1.32和代码清单1.33，库B的头文件和源文件参见代码清单1.34和代码清单1.35，主程序的代码参见代码清单1.36。

下面为该例程创建CMake目录程序，如代码清单7.29所示。

代码清单7.29　ch007/无须传递/CMakeLists.txt

```
cmake_minimum_required(VERSION 3.20)

project(no-transition)

add_library(A STATIC "../../ch002/无须传递/liba/a.cpp")
target_include_directories(A PUBLIC "../../ch002/无须传递/liba")

add_library(B STATIC "../../ch002/无须传递/libb/b.cpp")
target_include_directories(B PUBLIC "../../ch002/无须传递/libb")
target_link_libraries(B PRIVATE A)

add_executable(main "../../ch002/无须传递/main.cpp")
target_link_libraries(main PRIVATE B)
```

因为库B仅在内部实现中依赖库A且并未暴露其接口，因此在设置库B 链接库A时应当使用PRIVATE参数。这样，库A的使用要求就仅会作为库B的构建要求，而不会进一步传递到可执行文件main中。

7.6.17　存在间接引用的例程

本例将用CMake重新组织1.6.4小节中涉及的另一个重要例程。该例程与前者的主要区别在于：库B不仅仅在内部实现中使用了库A，还将库A中定义的类型暴露在了库B自身的接口中，因此可执行文件main可以访问库A中定义的类型。这意味着该例程中存在间接引用，因此库B需要递归传递库A的使用要求。

这里仍然直接复用源文件，修改后的库B的头文件和源文件参见代码清单1.39和代码清单1.40。

针对本例创建的CMake目录程序如代码清单7.30所示。

代码清单7.30　ch007/间接引用/CMakeLists.txt

```
cmake_minimum_required(VERSION 3.20)

project(transitive-usage-for-indirect-reference)

add_library(A STATIC "../../ch002/间接引用/liba/a.cpp")
target_include_directories(A PUBLIC "../../ch002/间接引用/liba")

add_library(B STATIC "../../ch002/间接引用/libb/b.cpp")
target_include_directories(B PUBLIC "../../ch002/间接引用/libb")
target_link_libraries(B PUBLIC A)
```

```
add_executable(main "../../ch002/间接引用/main.cpp")
target_link_libraries(main PRIVATE B)
```

本例与前一例程的CMake目录程序的唯一区别就是在设置库B链接库A时，使用了PUBLIC参数而非PRIVATE参数。如此一来，库A的使用要求不仅会作为库B的构建要求，还会进一步递归传递下去，同时作为可执行文件main的构建要求。

7.7 自定义构建规则：add_custom_command

至此，我们已经了解了CMake中定义的各类构建目标，它们的生成过程和属性的传递过程都由CMake掌控。不过有时候，开发者也需要掌控一些构建过程。例如，通过一系列命令行调用来生成构建时所需的数据文件，或者在构建某个构建目标之前或之后执行一些外部的命令行来完成环境配置或清理操作等。因此，自定义构建规则是构建过程中的常见需求。

在Makefile中，自定义构建规则非常简单，只需像下面这样定义一个新的构建目标：

```
custom_rule: <依赖目标>
    <调用命令行工具>...
```

在CMake中，可以通过调用add_custom_command命令实现类似的功能，本节将对它进行详细的介绍。

7.7.1 生成文件

add_custom_command命令有两种形式，先来看第一种用于生成文件的形式。

```
add_custom_command(OUTPUT <生成文件1> [<生成文件2>...]
    COMMAND <命令1> [ARGS] [<命令行参数>...]
    [COMMAND <命令2> [ARGS] [<命令行参数>...] ...]
    [BYPRODUCTS [<副产品文件>...]]
    [MAIN_DEPENDENCY <主依赖文件>]
    [DEPENDS [<依赖文件>...]]
    [IMPLICIT_DEPENDS <编程语言1> <隐式依赖文件>
        [<编程语言2> <隐式依赖文件>] ...]
    [DEPFILE <依赖清单文件>]
    [WORKING_DIRECTORY <工作目录>]
    [COMMENT <注释>]
    [VERBATIM] [APPEND]
    [COMMAND_EXPAND_LISTS]
    [JOB_POOL <Ninja构建工具的Job Pool>]
    [USES_TERMINAL]
)
```

该命令用于将一系列<命令>定义为生成若干<生成文件>的生成规则。当<生成文件>已存在，且<依赖文件>未发生改变时，该生成规则不会重复执行。该命令相当于在Makefile中定义如下构建规则：

```
生成文件1: 依赖文件...
    命令1 命令行参数
```

```
    命令2 命令行参数
    ...

生成文件2: 生成文件1
...
```

需要注意的是，该命令仅用于定义如何生成文件，但生成规则对应的命令并不会立即执行，因此文件也不会在命令调用后立即生成。只有当该命令指定的<生成文件>在构建过程中被引用时，这些生成规则对应的命令才会执行，文件才会被生成。例如，可以在add_library或target_sources等命令的源文件参数中指定某个自定义构建规则中的<生成文件>，当然也可以将当前自定义构建规则中的<生成文件>设置为另一个自定义构建规则的<依赖文件>。

生成文件与副产品文件

<生成文件>参数应为相对于当前二进制目录（注意，不是源文件目录）的相对路径，该参数部分支持生成器表达式（不支持目标相关表达式）。有关生成器表达式的介绍参见第8章。

BYPRODUCTS参数应为相对于当前二进制目录的相对路径，用于指定生成文件时可能产生的<副产品文件>。该参数同样部分支持生成器表达式（不支持目标相关表达式）。

<副产品文件>可以被其他自定义构建规则作为<依赖文件>，它主要服务于Ninja构建工具。Ninja要求每一个<依赖文件>都有明确对应的构建规则生成它，即必须是<生成文件>或<副产品文件>。

<副产品文件>与<生成文件>的区别在于，构建系统在决定是否需要重新生成文件时，只会判断<生成文件>的时间戳是否早于<依赖文件>的时间戳，而不会考虑 <副产品文件>。在生成文件的过程中，可能存在一些未必总是需要重新生成的文件。这些文件不适合用于对比时间戳，也就应当作为<副产品文件>。

命令相关设置

<命令>参数用于指定构建规则中需要执行的命令，多个命令会被顺序执行。<命令>若为可执行文件目标的名称，CMake会自动将其替换为该目标对应可执行文件的路径。

多个命令在执行时并不保证共享执行环境，例如，前一个命令设置的环境变量，后一个命令未必能获取到。

<命令>中可以包含生成器表达式。若其中包含TARGET_FILE或 TARGET_<文件类型>_FILE这些与构建目标文件相关的表达式，CMake会自动建立该自定义构建规则对相关构建目标的依赖关系。

ARGS这个可选参数是历史遗留下来的，仅为了兼容性而存在，因此一般省略它即可。

<工作目录>参数用于指定执行<命令>的工作目录，支持绝对路径或相对于当前二进制目录的相对路径。其默认值为当前二进制目录。该参数中也可以包含生成器表达式。

<注释>参数的值会在自定义构建规则将被执行时输出到日志中。

命令行参数自动转义

指定VERBATIM参数后，CMake会针对不同构建系统将<命令行参数>自动转义，以确保最终调用的命令行参数与该命令参数一致。推荐始终指定VERBATIM参数，以避免跨平台时出现不一致的行为。例如，下面的自定义构建规则在使用Makefile生成器时，就不能正常执行：

```
add_custom_command(OUTPUT output
    COMMAND ${CMAKE_COMMAND} -E echo "1;2"
    COMMAND ...
    DEPENDS input)
```

这是因为它生成的Makefile对应构建规则为：

```
output: input
    /usr/local/bin/cmake -E echo 1;2
    ...
```

而分号在Shell脚本语言中是有特殊含义的，可作为语句分隔符。因此执行该规则时，2会被当作独立的一个命令，导致错误“2: not found”。

若指定了VERBATIM参数，则其生成的Makefile对应构建规则变更为：

```
output: input
    /usr/local/bin/cmake -E echo "1;2"
    ...
```

该参数保证了引号被自动转义到Makefile构建系统的规则中，这样就不会再出现上面的错误了。

命令行参数列表展开

指定COMMAND_EXPAND_LISTS参数后，CMake会将<命令行参数>中的列表字符串展开为多个参数。仍然复用上面的例子，加上该参数来做个对比：

```
add_custom_command(OUTPUT output
    COMMAND ${CMAKE_COMMAND} -E echo "1;2")
    COMMAND ...
    DEPENDS input
    VERBATIM COMMAND_EXPAND_LISTS
```

该CMake程序生成的Makefile对应构建规则为：

```
output: input
    /usr/local/bin/cmake -E echo 1 2
    ...
```

其中，传入的列表字符串参数1;2被转换成了1和2两个独立的参数。

依赖相关设置

DEPENDS用于指定生成文件时的<依赖文件>。<依赖文件>可以是文件的绝对路径或相对路径，也可以是构建目标的名称。其路径解析规则如下。

1．若其值为构建目标名称，则建立对<依赖文件>指定的构建目标的依赖关系。另外，若指定的构建目标是一个库目标或可执行文件目标，则当它被重新构建时，当前的自定义构建规则也会重新执行。

2．若其值为绝对路径，则建立对该路径对应文件的依赖关系。

3．若其值为一个已知的源文件的名称，则建立对该源文件的依赖关系。

4．若其值为相对路径，则首先认为该路径是相对于当前源文件目录的相对路径，检查文件是否存在：若存在，则建立对该文件的依赖关系；否则，认为它是相对当于前二进制目录的相对路径，并建立对该路径对应文件的依赖关系。

<依赖文件>参数中支持生成器表达式。

IMPLICIT_DEPENDS参数用于指定一些源文件（或头文件）依赖，并让CMake在构建时自动解析这些源文件的#include语句等，找到它们的间接依赖，同时作为当前构建规则的依赖文件。这样，当任何一个间接依赖的头文件发生改变时，该构建规则都会重新执行。这里的<隐式依赖文件>应使用绝对路径，<编程语言>仅支持C和CXX。另外，该参数仅支持Makefile构建系统生成器，因此不建议用于跨平台构建。

MAIN_DEPENDENCY用于指定生成文件时的<主依赖文件>。任何一个文件都只能被作为主依赖文件一次，因此如果设置某个源文件为主依赖文件，那么CMake自动为该源文件生成的构建规则会被覆盖。例如，构建如代码清单7.31所示的CMake程序时，构建工具会报找不到main.c对应目标文件的错误，这正是编译main.c到对应目标文件的规则被覆盖所导致的。主依赖文件参数主要是为了与Visual Studio构建系统的CustomBuild任务相对应，应当谨慎使用。

代码清单7.31　使用MAIN_DEPENDENCY的CMake程序

```
add_executable(main main.c)
add_custom_command(OUTPUT main2.c
    COMMAND cp main.c main2.c
    MAIN_DEPENDENCY main.c)
```

自定义依赖清单

DEPFILE用于指定自定义的<依赖清单文件>，应指定相对于当前二进制目录的相对路径。自定义<依赖清单文件>通常由该构建规则的<命令>生成，这样能够细粒度控制每个<生成文件>的<依赖文件>。下面将介绍一个实例。

在本例的CMake目录程序中，依赖清单模板将被首先填充并生成到二进制目录中。然后，创建自定义构建规则以生成main2.c文件，同时创建一个可执行文件目标main2，它使用生成的main2.c作为源文件。CMake目录程序如代码清单7.32所示。

代码清单7.32　ch007/自定义构建规则/自定义依赖清单/CMakeLists.txt

```
cmake_minimum_required(VERSION 3.20)

project(custom-depfile)
```

```
add_executable(main2 main2.c)

configure_file(mydep.d ${CMAKE_BINARY_DIR}/mydep.d)

add_custom_command(OUTPUT main2.c
    COMMAND ${CMAKE_COMMAND} -E copy ${CMAKE_SOURCE_DIR}/main.c main2.c
    DEPENDS main.c
    DEPFILE mydep.d
)
```

在当前项目目录中创建1.txt和2.txt这两个文件，内容任意。依赖清单文件模板如代码清单7.33所示，其中声明了main2.c依赖1.txt和2.txt。

代码清单7.33 ch007/自定义构建规则/自定义依赖清单/mydep.d

```
main2.c: \
    @CMAKE_SOURCE_DIR@/1.txt \
    @CMAKE_SOURCE_DIR@/2.txt \
```

接下来使用Makefile生成器构建一次该实例。

```
$ cd CMakeBook/src/ch007/自定义构建规则/自定义依赖清单
$ mkdir build
$ cd build
$ cmake ..
...
$ make
[ 33%] Generating main2.c
[ 66%] Building C object CMakeFiles/main2.dir/main2.c.o
[100%] Linking C executable main2
[100%] Built target main2
```

可以再重复构建几次该实例，会发现Generating main2.c这个日志不会再出现，因为该自定义构建规则的依赖文件均未发生改变，它便不再执行了。此时若修改 main.c、1.txt或2.txt任一文件，再次构建该实例时，该自定义构建规则会重新执行。

追加规则

指定APPEND参数后，当前自定义构建规则的<命令>和<依赖文件>将被追加到<生成文件>的前一条自定义构建规则中。它要求程序中确实已经声明过<生成文件>的自定义构建规则。若指定了多个<生成文件>，则该自定义构建规将仅追加到第一个<生成文件>的对应规则中。

其他构建系统相关的设置

指定USES_TERMINAL参数后，<命令>将尽可能在终端命令行中执行以访问标准输入输出。该参数主要用于Ninja构建系统，可以使其将该自定义构建规则的执行放置于console的Job Pool中。

JOB_POOL参数用于指定该自定义构建规则在执行<命令>时所在的Ninja构建工具的Job Pool。相关概念请参阅Ninja构建工具文档。

7.7.2　响应构建事件

add_custom_command命令的第二种形式用于响应构建事件。

```
add_custom_command(TARGET <构建目标>
    PRE_BUILD | PRE_LINK | POST_BUILD
    COMMAND <命令1> [ARGS] [<命令行参数>...]
    [COMMAND <命令2> [ARGS] [<命令行参数>...] ...]
    [BYPRODUCTS [<副产品文件>...]]
    [WORKING_DIRECTORY <工作目录>]
    [COMMENT <注释>]
    [VERBATIM] [COMMAND_EXPAND_LISTS]
    [USES_TERMINAL]
)
```

该命令用于将一系列<命令>声明为当<构建目标>的指定构建事件触发时需要执行的自定义构建规则。构建事件有如下三种。

- PRE_BUILD事件，即构建前事件。对于Visual Studio构建系统生成器而言，它会在任何<构建目标>的构建规则执行前触发；对于其他生成器而言，它会在源文件编译之后、PRE_LINK事件之前触发。
- PRE_LINK事件，即链接前事件。它会在源文件编译之后，目标文件被链接之前（对于静态库而言则是归档打包工具被调用之前）触发。该事件要求<构建目标>不能是自定义构建目标。
- POST_BUILD事件，即构建后事件。它会在<构建目标>的所有构建规则执行后触发。

该子命令的其他参数与生成文件的子命令中的参数基本一致，这里不再赘述。下面通过一个简单实例展示该命令的使用。CMake目录程序如代码清单7.34所示。

代码清单7.34　ch007/自定义构建规则/响应构建事件/CMakeLists.txt

```
cmake_minimum_required(VERSION 3.20)

project(PRE_BUILD_vs_PRE_LINK)

add_executable(main main.c)

add_custom_command(TARGET main PRE_BUILD
    COMMAND ${CMAKE_COMMAND} -E echo "run PRE_BUILD"
    VERBATIM)

add_custom_command(TARGET main PRE_LINK
    COMMAND ${CMAKE_COMMAND} -E echo "run PRE_LINK"
    VERBATIM)

add_custom_command(TARGET main POST_BUILD
    COMMAND ${CMAKE_COMMAND} -E echo "run POST_BUILD"
    VERBATIM)
```

使用Makefile构建系统构建该实例。这里调用make命令时指定了VERBOSE=1参数，可以启用详细日志输出，以方便观察构建过程中调用的命令。其具体执行过程如下。

```
$ cd CMakeBook/src/ch007/自定义构建规则/响应构建事件
$ mkdir build
$ cd build
$ cmake ..
...
$ make VERBOSE=1
...
[50%] Building C object CMakeFiles/main.dir/main.c.o
...
[100%] Linking C executable main
/usr/local/bin/cmake -E echo "run PRE_BUILD"
run PRE_BUILD
/usr/local/bin/cmake -E echo "run PRE_LINK"
run PRE_LINK
/usr/local/bin/cmake -E cmake_link_script CMakeFiles/main.dir/link.txt --verbose=1
/usr/bin/cc CMakeFiles/main.dir/main.c.o -o main
/usr/local/bin/cmake -E echo "run POST_BUILD"
run POST_BUILD
...
```

由执行过程可知，PRE_BUILD事件最先触发，然后是PRE_LINK事件，而且这两个事件都在链接之前触发。另外，对于除Visual Studio之外的构建系统而言，它们也都在源文件编译之后触发，该实例的构建过程便是如此。POST_BUILD事件则最后触发。

PRE_BUILD事件本意是构建前事件，但事实上只有Visual Studio构建系统能够正确支持该事件，并在源文件编译之前触发它。其他构建系统从原理上无法实现这一事件，因此对于它们而言，PRE_BUILD事件与PRE_LINK事件没有本质区别，仅仅是二者之间有个先后顺序。

7.8 自定义构建目标：add_custom_target

7.7节介绍的自定义构建规则可以用于生成其他构建目标依赖的文件或响应构建事件，但并不作为一个独立的构建目标。换句话说，我们并不能通过cmake --build命令行的--target参数执行指定的自定义构建规则。

本节将要介绍的自定义构建目标命令add_custom_target则会真正创建一个构建目标，其命令形式如下。

```
add_custom_target(<构建目标名称> [ALL]
    [<命令1> [<命令行参数>...]]
    [COMMAND <命令2> [<命令行参数>...] ...]
    [DEPENDS [<依赖文件>...]]
    [BYPRODUCTS [<副产品文件>...]]
    [WORKING_DIRECTORY <工作目录>]
    [COMMENT <注释>]
    [JOB_POOL <Ninja构建工具的Job Pool>]
    [VERBATIM] [COMMAND_EXPAND_LISTS]
```

```
    [USES_TERMINAL]
    [SOURCES <源文件>...]
)
```

该命令用于创建一个名为<构建目标名称>的构建目标，其对应构建规则为指定的一系列<命令>。不像7.7节中的自定义构建规则仅在依赖文件改变或构建事件触发时执行，自定义构建目标总被认为是“过期”的，因此每次构建都会重新执行其对应的构建规则。

不过，自定义构建规则在默认情况下不会在构建全部时被构建。ALL参数用于指定是否将当前创建的目标包含在all目标（即表示“构建全部”的目标）之内。也就是说，在不指定<ALL>参数的默认情况下，自定义构建目标的EXCLUDE_FROM_ALL属性为真值。当目标的EXCLUDE_FROM_ALL属性为真值时，不指定构建目标参数，直接调用CMake或构建系统的构建命令是不会构建该目标的。

创建自定义构建目标命令与创建自定义构建规则的命令的参数几乎一致，仅多了<源文件>参数。该参数主要用于在IDE中显示与自定义构建目标相关联的源文件。其他参数在这里不再赘述。

下面来看一个实例，CMake目录程序如代码清单7.35所示。

代码清单7.35　ch007/自定义构建目标/CMakeLists.txt

```
cmake_minimum_required(VERSION 3.20)

project(custom-target)

add_custom_target(a
    ${CMAKE_COMMAND} -E echo "custom target: a"
    SOURCES a.c
    VERBATIM)

add_custom_target(b ALL
    ${CMAKE_COMMAND} -E echo "custom target: b"
    SOURCES b.c
    VERBATIM)
```

构建该实例的过程如下：

```
> cd CMakeBook/src/ch007/自定义构建目标
> mkdir build
> cd build
> cmake ..
...
> cmake --build .
...
custom target: b
...
```

可以看到，默认情况下，只有指定ALL参数创建的自定义构建目标b可以被默认构建。如果希望同时构建自定义构建目标a和b，必须在命令行参数中显式指定它们：

```
> cmake --build . --target a b
...
custom target: a
custom target: b
...
```

另外，该实例还通过SOURCES参数指定了与自定义构建目标相关联的源文件，这主要是为了便于在IDE中编辑使用。

使用Visual Studio生成器生成该项目，并使用Visual Studio打开生成的解决方案文件。在“解决方案资源管理器”中可以看到该例定义的两个自定义构建目标，以及与它们相关联的源文件，如图7.2所示。

图7.2 使用Visual Studio查看与自定义构建目标相关联的源文件

7.9 设置依赖关系：add_dependencies

有时候我们希望构建目标A在构建目标B构建之后再构建，也就是说，构建目标A依赖构建目标B。通常来说，如果通过target_link_libraries为构建目标A链接了构建目标B，那么这个依赖关系会自动被建立。不过有时，这两个构建目标并没有这种明显的链接关系，如某个可执行文件可能在运行时依赖模块库（参见7.1.2小节），但模块库并不能被链接。此时就需要借助add_dependencies命令来显式地指定二者的依赖关系：

```
add_dependencies(<构建目标> [<依赖的构建目标>]...)
```

该命令可以使<构建目标>依赖若干指定的<依赖的构建目标>。换句话说，<依赖的构建目标>一定会在构建<构建目标>之前被构建。

注意将该命令与自定义构建规则及自定义构建目标中的DEPENDS参数区分。该命令用于设置构建目标间的依赖关系，而DEPENDS参数则主要用于设置对文件的依赖关系。

7.10 小结

本章先介绍了在CMake中创建一般构建目标的方法，以及添加子目录、声明项目的方法等，这些都是通过CMake组织一个完整项目结构所需的核心知识。

紧接着，本章介绍了构建过程中会接触到的一些常用属性，以及读写属性的相关命令。为了便于使用，很多属性都有专门的设置命令，而且常常是一对命令：一个用于设置目录属性及目录中构建目标的属性，如include_directories；一个用于设置指定构建目标的属性，如target_include_directories。

如果读者见过多年前的CMake 2.0时代的程序，应该会看到大量直接对目录属性进行设置的命令，毕竟那时还没有对目标属性进行设置的命令。CMake 3.0以后的版本之所以被称为现代CMake，正是因为它开创了面向目标的构建配置时代。总而言之，面向目标的属性设置能够将构建目标的配置相互解耦，是现代CMake推崇的做法。

本章最后主要介绍了自定义构建规则和自定义构建目标。借助它们，可以将外部命令行作为构建规则的一部分，甚至直接作为一个可以通过命令行独立执行的构建目标。

本章基本上全面涵盖了组织项目结构所需的各类功能特性，而且大部分概念都是本书第1章中引入的概念，读者不妨对比CMake和Makefile的不同，体会CMake对项目结构的抽象带来的便利性。至此，CMake的核心功能基本介绍完毕，我们将在后续章节中开始逐步探索CMake中的一些常用特性，第8章将介绍本章经常提到的生成器表达式。

第8章 生成器表达式

生成器表达式（generator expression）是由CMake生成器进行解析的表达式，因此，这些表达式只有在CMake的生成阶段才被解析为具体的值。

CMake在生成阶段，能够根据具体选用的构建系统生成器生成特定的配置，因此生成器表达式常常用于获取与构建系统相关的信息，如当前构建模式（Debug或Release等）、构建目标对应的二进制文件名称等。一般来说，这些信息在构建系统生成器确定之前，也就是在配置阶段时，是无从知晓的。当然也有一些特殊情况，如对于单构建模式的构建系统来说，当前构建模式是在配置阶段由CMAKE_BUILD_TYPE变量确定的。不过，生成器表达式对它们同样有效，因此更为通用。

在构建跨平台程序的过程中，可能涉及不同的构建系统，而生成器表达式对它们之间的差异做了很好的封装隐藏，因此不可避免地会用到生成器表达式。CMake中很多与构建相关的命令都支持生成器表达式作为参数的一部分。本章将介绍一些常用的生成器表达式及其在一些常见命令中的用法。

生成器表达式大体分为两类：布尔型生成器表达式和字符串生成器表达式，后面将会依次介绍它们。

8.1 支持生成器表达式的命令

在介绍各种生成器表达式之前，首先来了解一下它们到底能用在哪些命令中。其实，有很多命令支持将生成器表达式作为参数的一部分。基本上只要在生成阶段工作的命令都会对生成器表达式有所支持。早在介绍string命令和file命令时，就已经提到过生成器表达式了，下面做个简单回顾。

- string(GENEX_STRIP)命令用于删除输入字符串中的生成器表达式。事实上，该命令与生成器表达式的解析无关，因为它仅仅是根据语法删除字符串中的生成器表达式。该命令在CMake配置阶段执行。
- file(GENERATE)命令用于在CMake生成阶段为每一个构建模式生成一个指定的文件。其中与输出文件名、文件内容、生成条件、构建目标等相关的参数中均可包含生成器表达式。该命令常用于调试生成器表达式的值。

message命令在CMake配置阶段执行，不能正确解析并输出生成器表达式的值。这也是为什么常使用file(GENERATE)命令调试生成器表达式的值，而不能用 message命令。

8.1.1 创建构建目标的命令

还记得第7章讲过的下面几个命令吗？它们分别用于创建可执行文件目标和一般库目标：

```
add_executable(<目标名称> [<源文件>...])
add_library(<目标名称> <库类型> [<源文件>...])
```

这些命令的<源文件>参数中可以使用生成器表达式。这样，就可以根据不同的构建模式使用不同的源文件来编译构建目标。下面的实例展示了这一用途，其中涉及尚未讲解的生成器表达式$<CONFIG>及其语法，读者暂时不必深究。

实例

首先，为Debug和Release两种构建模式分别创建不同的主程序源文件，用于输出不同的字符串，如代码清单8.1和代码清单8.2所示。

代码清单8.1　ch008/构建模式与源文件/debug.c

```c
#include <stdio.h>

int main() {
    printf("Debug\n");
    return 0;
}
```

代码清单8.2　ch008/构建模式与源文件/release.c

```c
#include <stdio.h>

int main() {
    printf("Release\n");
    return 0;
}
```

然后，在CMake目录程序中创建一个源文件目标，使用$<CONFIG>生成器表达式分别为Debug和Release两种构建模式设置不同的源文件，如代码清单8.3所示。

代码清单8.3　ch008/构建模式与源文件/CMakeLists.txt

```cmake
cmake_minimum_required(VERSION 3.20)

project(build_config_and_sources)

add_executable(main
```

```
    $<$<CONFIG:Debug>:debug.c>
    $<$<CONFIG:Release>:release.c>
)
```

项目创建完毕，接下来着手构建该项目。

使用Visual Studio构建实例

Visual Studio支持多构建模式，使用该构建系统来构建该项目的过程如下：

```
> cd CMakeBook\src\ch008\构建模式与源文件
> mkdir build
> cd build
> cmake ..
...
> cmake --build . --config Debug
...
> cmake --build . --config Release
...
```

至此，我们成功构建了Debug和Release两种构建模式的main.exe可执行文件。下面立刻运行一下它们：

```
> .\Debug\main.exe
Debug
> .\Release\main.exe
Release
```

果然！两个可执行文件分别编译了不同的源文件，输出了不同的内容。

使用Makefile构建实例

这里同样演示一下如何使用Makefile构建系统来构建该项目。Makefile构建系统仅支持单构建模式，因此一个构建目录中只能使用一种构建模式来构建项目，而且在CMake配置生成阶段还要通过CMAKE_BUILD_TYPE变量指定构建模式。该项目Debug模式的构建过程如下：

```
> cd CMakeBook/src/ch008/构建模式与源文件
> mkdir build_debug
> cd build_debug
> cmake -DCMAKE_BUILD_TYPE=Debug ..
...
> cmake --build .
...
> ./main
Debug
```

可以看到最终可执行文件输出的正是“Debug”字符串。Release模式的构建过程几乎一样，这里不再赘述，读者可以自己动手尝试一下。

8.1.2 属性相关命令

除了link_libraries命令外，第7章介绍的用于设置目录属性及目标属性的命令也都支持使用生成器表达式作为参数。因此，我们可以为目录或构建目标针对不同的构建模式设置不同的属性值。

8.1.3 自定义构建规则和目标

下面是第7章中介绍的两个命令，它们分别用于创建自定义构建规则和自定义构建目标：

```
add_custom_command
add_custom_target
```

关于这两个命令中的哪些参数支持生成器表达式，第7章中均已介绍，这里不再赘述。

调试生成器表达式

前面提到file(GENERATE)命令可以用于调试生成器表达式。不过这仍稍显麻烦，需要通过输出文件来查看生成器表达式的值。其实，借助自定义构建目标，可以在构建过程中输出生成器表达式的值。代码清单8.4所示的CMake目录程序展示了这一用法。

代码清单8.4 ch008/输出表达式/CMakeLists.txt

```cmake
cmake_minimum_required(VERSION 3.20)

project(output_gen_exp)

# 构建debug-gen-exp自定义目标，以输出当前构建模式
add_custom_target(debug-gen-exp
    COMMAND ${CMAKE_COMMAND} -E echo "CONFIG: $<CONFIG>"
)
```

使用Visual Studio生成器配置生成该项目，并构建"debug-gen-exp"自定义目标。其构建过程如下：

```
> cd CMakeBook\src\ch008\输出表达式
> mkdir build
> cd build
> cmake ..
...
> cmake --build . --config Debug --target debug-gen-exp
...
CONFIG: Debug
...
> cmake --build . --config Release --target debug-gen-exp
...
CONFIG: Release
...
```

如果使用仅支持单构建模式的生成器，如Makefile生成器，请务必在配置生成阶段指定CMake变量CMAKE_BUILD_TYPE的值为某个构建模式。否则，<CONFIG>生成器表达式的值将为空值。

8.2 布尔型生成器表达式

在生成阶段，布尔型生成器表达式会被解析为0或1。布尔型生成器表达式通常作为分支条件的参数嵌套在字符串生成器表达式中。有关分支型字符串生成器表达式的内容参见8.3.2小节。

此前在介绍CMake命令参数时，表示生成器表达式的语法形式为“$<生成器表达式>”，其中尖括号是语法的组成部分。因此，本章介绍生成器表达式中的参数时，将不再使用尖括号表示参数占位符，而是使用花括号{和}。

8.2.1 转换字符串为布尔值：BOOL

```
$<BOOL:{字符串}>
```

该表达式会把{字符串}转换为0或1。仅当下列情况之一成立时，其值为0：

- {字符串}为空；
- {字符串}为假值常量，即NOTFOUND、IGNORE、OFF、NO、N、FALSE、0或以-NOTFOUND结尾（均不区分大小写）。

其他情况下，其值为1。

8.2.2 逻辑运算

本小节中的生成器表达式用于执行逻辑运算，如表8.1所示。其中{条件}参数可以是嵌套的布尔型生成器表达式。

表8.1 用于逻辑运算的生成器表达式

表达式	描述
$<AND:{条件1}[,{条件2}]...>	逻辑与运算，当所有{条件}都为真时，其值为1，否则为0
$<OR:{条件1}[,{条件2}]...>	逻辑或运算，当任一{条件}为真时，其值为1，否则为0
$<NOT:{条件}>	逻辑非运算，当{条件}为假时，其值为1，否则为0

实例

下面是展示上述用于逻辑运算的生成器表达式的实例，其中会使用自定义构建目标命令来调试生成器表达式的值。其CMake目录程序如代码清单8.5所示。

代码清单8.5 ch008/逻辑运算/CMakeLists.txt

```
cmake_minimum_required(VERSION 3.20)

project(logical_calc)

add_custom_target(debug-gen-exp ALL
    COMMAND ${CMAKE_COMMAND} -E echo
```

```
        "$<BOOL:ABC>" # 输出: 1
    COMMAND ${CMAKE_COMMAND} -E echo
        "$<BOOL:NO>" # 输出: 0
    COMMAND ${CMAKE_COMMAND} -E echo
        "$<NOT:$<BOOL:NO>>" # 输出: 1
    COMMAND ${CMAKE_COMMAND} -E echo
        "$<AND:$<BOOL:A>,$<BOOL:X-NOTFOUND>>" # 输出: 0
    COMMAND ${CMAKE_COMMAND} -E echo
        "$<OR:$<BOOL:A>,$<BOOL:X-NOTFOUND>>" # 输出: 1
)
```

8.2.3 关系比较

本小节中的生成器表达式均用于进行关系的比较或判断。

数值相等：EQUAL

```
$<EQUAL:{数值1},{数值2}>
```

当{数值1}与{数值2}相等时，该表达式的值为1，否则为0。该表达式仅支持比较整数。

字符串相等：STREQUAL

```
$<STREQUAL:{字符串1},{字符串2}>
```

当{字符串1}与{字符串2}相等时，该表达式的值为1，否则为0。该比较是区分大小写的，如果希望比较时不区分大小写，可以使用LOWER_CASE或 UPPER_CASE字符串变换表达式将字符串大小写统一（参见8.3.3小节）。

列表元素判断：IN_LIST

```
$<IN_LIST:{字符串},{列表}>
```

当{字符串}是{列表}（分号分隔的列表字符串）中的一个元素时，该表达式的值为1，否则为0。字符串的比较是区分大小写的。

版本号关系比较：VERSION_

用于版本号关系比较的生成器表达式如表8.2所示。

表8.2　用于版本号关系比较的生成器表达式

表达式	比较关系
$<VERSION_LESS:{版本号1},{版本号2}>	小于
$<VERSION_LESS_EQUAL:{版本号1},{版本号2}>	小于等于
$<VERSION_EQUAL:{版本号1},{版本号2}>	等于
$<VERSION_GREATER_EQUAL:{版本号1},{版本号2}>	大于等于
$<VERSION_GREATER:{版本号1},{版本号2}>	大于

当{版本号1}和{版本号2}满足对应关系时，该表达式的值为1，否则为 0。版本号的具体比较规则参见3.8.4小节中对版本号比较的双参数条件的介绍。

实例

下面是展示上述用于关系比较的生成器表达式的实例。其CMake目录程序如代码清单8.6所示。

代码清单8.6 ch008/关系比较/CMakeLists.txt

```
cmake_minimum_required(VERSION 3.20)

project(comparison)

add_custom_target(debug-gen-exp ALL
    COMMAND ${CMAKE_COMMAND} -E echo
        "$<EQUAL:0,-0>" # 输出: 1
    COMMAND ${CMAKE_COMMAND} -E echo
        "$<STREQUAL:0,-0>" # 输出: 0
    COMMAND ${CMAKE_COMMAND} -E echo
        "$<IN_LIST:2,1;2;3>" # 输出: 1
    COMMAND ${CMAKE_COMMAND} -E echo
        "$<VERSION_LESS:1.1.2,1.2.0>" # 输出: 1
)
```

8.2.4 谓词查询

本小节中的生成器表达式均用于查询某些谓词的结果是否满足一定的条件，通常用来判断当前构建系统的环境配置等信息是否满足要求。

构建目标存在性：TARGET_EXISTS

```
$<TARGET_EXISTS:{构建目标}>
```

当{构建目标}存在时，该表达式的值为1，否则为0。

当前构建模式：CONFIG

```
$<CONFIG:{构建模式1}[,{构建模式2}]...>
```

当当前构建模式是指定的{构建模式}之一时，该表达式的值为1，否则为0。该表达式在比较构建模式的字符串时不区分大小写。

当前操作系统：PLATFORM_ID

```
$<PLATFORM_ID:{操作系统1}[,{操作系统2}]...>
```

当当前操作系统是指定的{操作系统}之一时，该表达式的值为1，否则为0。当前操作系统的值即变量CMAKE_SYSTEM_NAME的值，一般为Linux、 Windows或Darwin（macOS）之一。

当前编译器：{编程语言}_COMPILER_ID

```
$<{编程语言}_COMPILER_ID:{编译器1}[,{编译器2}]...>
```

当前对指定{编程语言}使用的编译器是指定的{编译器}之一时，该表达式的值为1，否则为0。其中{编程语言}仅支持如下取值：

- C；
- CXX，即C++；
- CUDA；
- OBJC，即Objective-C；
- OBJCXX，即Objective-C++；
- Fortran；
- HIP；
- ISPC。

当前编译器的值即变量CMAKE_<编程语言>_COMPILER_ID的值，最常见的取值如下：

- AppleClang，即Apple的Clang编译器；
- Clang，即LLVM的Clang编译器；
- GNU，即GNU的GCC编译器；
- Intel，即Intel的编译器；
- MSVC，即Microsoft Visual C++编译器；
- NVIDIA，即NVIDIA的CUDA编译器。

当前编译器版本号：{编程语言}_COMPILER_VERSION

```
$<{编程语言}_COMPILER_VERSION:{版本号}...>
```

当前对指定{编程语言}使用的编译器版本号与指定的{版本号}匹配时，该表达式的值为1，否则为0。{编程语言}的取值与"当前编译器"表达式中对应参数的取值一致。

当前编译器版本号的值即变量CMAKE_<编程语言>_COMPILER_VERSION的值。

当前支持的编译特性：COMPILE_FEATURES

```
$<COMPILE_FEATURES:{编译特性1}[,{编译特性2}]...>
```

当前编译器支持的编译特性包含全部指定的{编译特性}时，该表达式的值为1，否则为0。

当前编程语言：COMPILE_LANGUAGE

```
$<COMPILE_LANGUAGE:{编程语言1}[,{编程语言2}]...>
```

当前编译单元对应的编程语言是指定的{编程语言}之一时，该表达式的值为1，否则为0。使用该表达式，可以在使用多种编程语言构建的目标中对不同编程语言的源文件进行不同的属性设置，包括编译选项、宏定义、头文件目录的设置。

对于Visual Studio和Xcode生成器而言，CMake无法分别对C和C++语言的源文件设置不同的宏定义或头文件目录；对于Visual Studio生成器而言，甚至不能为C和C++语言设置不同的编译选项。在使用这两个生成器时，当目标的源文件中包含C++源文件时，该表达式一律按编程语言为CXX来匹配参数，否则按编程语言为C进行匹配。

当前编程语言和编译器：COMPILE_LANG_AND_ID

```
$<COMPILE_LANG_AND_ID:{编程语言},{编译器1}[,{编译器2}]...>
```

该表达式等价于下面的复合表达式，可以同时对当前编译单元对应的编程语言及其使用的编译器进行判断：

```
$<AND:$<COMPILE_LANGUAGE:{编程语言}>,$<{编程语言}_COMPILER_ID:{编译器1}[,{编译器2}]...>
```

实例："当前编程语言"表达式的应用

本小节涉及的表达式较多，这里仅对"当前编程语言"表达式进行实例展示。CMake目录程序如代码清单8.7所示。其中定义了一个可执行文件目标main，它包含三个源文件：a.c、b.cpp和main.c。然后，在该目录程序中分别为C语言和C++语言的编译单元设置了不同的宏定义：A=1和A=10，这里结合了"当前编程语言"表达式及尚未介绍的条件表达式来实现条件定义。有关条件表达式的内容参见8.3.2小节。

代码清单8.7 ch008/当前编程语言/CMakeLists.txt

```
cmake_minimum_required(VERSION 3.20)

project(compile_lang)

add_executable(main a.c b.cpp main.c)
target_compile_definitions(main PRIVATE
    $<$<COMPILE_LANGUAGE:C>:A=1>
    $<$<COMPILE_LANGUAGE:CXX>:A=10>
)
```

可执行文件的三个源文件的代码分别如代码清单8.8、代码清单8.9和代码清单8.10所示。

代码清单8.8 ch008/当前编程语言/a.c

```
#include <stdio.h>

void print_c() { printf("%d\n", A); }
```

代码清单8.9 ch008/当前编程语言/b.cpp

```
#include <iostream>

extern "C" void print_cpp() { std::cout << A << std::endl; }
```

代码清单8.10　ch008/当前编程语言/main.c

```
extern void print_c();
extern void print_cpp();

int main() {
    print_c();
    print_cpp();
    return 0;
}
```

主程序分别调用了定义在a.c和b.cpp中的函数print_c和 print_cpp，用于输出各自编译单元（即源文件）中宏A的值。

由于Visual Studio生成器无法很好地区分C语言和C++语言的编译单元，下面使用Makefile生成器构建该项目，并执行构建生成的可执行文件，过程如下：

```
$ cd CMakeBook/src/ch008/当前编程语言
$ mkdir build
$ cd build
$ cmake ..
...
$ cmake --build . # 或make
...
$ ./main
1
10
```

可见，对于使用不同编程语言的编译单元，宏定义的设置不同，执行程序后输出的值也就不同。

8.3　字符串生成器表达式

顾名思义，字符串生成器表达式在生成阶段会被解析为一段字符串。与布尔型生成器表达式一样，字符串生成器表达式也可以嵌套使用在其他表达式的参数中。

8.3.1　字符转义

```
$<ANGLE-R> # 转义为">"
$<COMMA> # 转义为","
$<SEMICOLON> # 转义为";"
```

“>”“,”“;”这三个字符通常用于构成生成器表达式的语法结构，因此需要通过字符转义表达式来表示。

8.3.2　条件表达式：IF

```
$<IF:{条件},{字符串1},{字符串2}>
```

该表达式的值取决于{条件}的值：当其为1时，该表达式的值将被解析为{字符串1}，否则将被解析为{字符串2}。

如果给定的{字符串2}为空字符串，那么不妨使用下面这个简化的形式：

```
$<{条件}:{字符串}>
```

实例

下面这个实例可以在构建过程中输出当前的构建模式是否是调试模式，CMake目录程序如代码清单8.11所示。

代码清单8.11 ch008/条件表达式/CMakeLists.txt

```
cmake_minimum_required(VERSION 3.20)

project(condition)

add_custom_target(debug-gen-exp ALL
    COMMAND ${CMAKE_COMMAND} -E echo
        "Is Debug: <$<IF:$<CONFIG:Debug>,Yes,No>$<ANGLE-R>"
    VERBATIM
)
```

读者可以分别使用Debug和Release模式配置生成该项目，然后构建debug-gen-exp目标，看看是否会分别输出“Is Debug: <Yes>”和“Is Debug: <No>”。注意，目录程序中还使用了$<ANGLE-R>生成器表达式来转义右尖括号。

8.3.3 字符串变换

分隔符连接：JOIN

```
$<JOIN:{列表字符串},{分隔符}>
```

该表达式会将{列表字符串}中的每一个元素以指定的{分隔符}分隔并连接在一起，作为最终的值。例如，“$<JOIN:1;2;3,$<COMMA>>”将被解析为“1,2,3”。

大小写转换：LOWER_CASE和UPPER_CASE

```
$<LOWER_CASE:{字符串}> # 转小写
$<UPPER_CASE:{字符串}> # 转大写
```

这两个表达式的值分别为其{字符串}参数转换为小写和大写后的结果。

移除重复元素：REMOVE_DUPLICATES

```
$<REMOVE_DUPLICATES:{列表字符串}>
```

该表达式会将{列表字符串}中重复的元素移除，并将最终的列表字符串作为表达式的值。

列表筛选：FILTER

```
$<FILTER:{列表字符串},INCLUDE|EXCLUDE,{正则表达式}>
```

该表达式会将{列表字符串}中能够匹配到{正则表达式}的元素保留（若指定了INCLUDE参数）或移除（若指定了EXCLUDE参数），并将最终的列表字符串作为表达式的值。

生成C标识符：MAKE_C_IDENTIFIER

```
$<MAKE_C_IDENTIFIER:{字符串}>
```

该表达式会将{字符串}转换为合法的C标识符，并作为最终的值。与string(MAKE_C_IDENTIFIER) 命令一样，它也将非字母或数字的字符转换为下画线。

转换为Shell路径：SHELL_PATH

```
$<SHELL_PATH:{绝对路径列表字符串}>
```

该表达式会将{绝对路径列表字符串}中的每一个绝对路径的格式转换为当前Shell所需的路径格式。

例如，在Windows操作系统中，如果使用命令提示符或者PowerShell生成该项目，这些路径会被转换为以反斜杠作为路径分隔符的格式；如果使用MSYS或者Cygwin等Shell生成该项目，这些路径就会被转换为以斜杠作为路径分隔符的POSIX路径格式。

若参数中有多个路径，那么用于分隔多个路径的分隔符也会被转换为平台中的相关字符：在Windows操作系统中为分号“;”，在类UNIX操作系统中为冒号“:”。

8.3.4　目标相关表达式

本小节中的表达式均与构建目标相关，用于查询目标相关的属性等。需要注意的是，由于这类表达式较为特殊，与特定构建目标相关，有一些支持包含生成器表达式的命令参数可能并不支持这一类表达式。这一点通常在对应命令的官方文档中都会有所强调。

目标名称：TARGET_NAME_IF_EXISTS

```
$<TARGET_NAME_IF_EXISTS:{目标}>
```

当指定{目标}存在时，该表达式解析后的值即{目标}的名称，否则其值为空。

目标的二进制文件：TARGET_FILE

```
$<TARGET_FILE:{目标}>
```

该表达式解析后的值即{目标}构建后生成的二进制文件的绝对路径。

如果希望获取路径的不同组成部分，还可以使用表8.3中的这些生成器表达式。

表8.3　与目标二进制文件路径相关的生成器表达式（示例对应的文件绝对路径为/a/libbase.so）

表达式	描述	示例
$<TARGET_FILE:{目标}>	绝对路径	/a/libbase.so
$<TARGET_FILE_BASE_NAME:{目标}>	基本名称	base
$<TARGET_FILE_PREFIX:{目标}>	前缀	lib
$<TARGET_FILE_SUFFIX:{目标}>	后缀	.so
$<TARGET_FILE_NAME:{目标}>	文件名称	libbase.so
$<TARGET_FILE_DIR:{目标}>	目录名称	/a

目标的链接文件：TARGET_LINKER_FILE

```
$<TARGET_LINKER_FILE:{目标}>
```

该表达式解析后的值即链接{目标}时所需文件的绝对路径。一般来说，它和TARGET_FILE是一致的；但在Windows操作系统中，在链接动态链接库时，链接器链接的文件是其导入库文件，也就是说，Windows动态链接库的TARGET_LINKER_FILE是其.lib导入库的路径。

该表达式同样拥有类似于表8.3中的变种，读者可以根据需要选用。

目标的带SONAME的文件：TARGET_SONAME_FILE

```
$<TARGET_SONAME_FILE:{目标}>
```

该表达式解析后的值即{目标}对应的带SONAME的文件（如扩展名为.so.1的文件）的绝对路径。{目标}参数必须是一个动态库目标的名称。

该表达式仅拥有下面两个变种以获取路径的不同部分，具体描述请参考表8.3：

```
$<TARGET_SONAME_FILE_NAME:{目标}> # 文件名称
$<TARGET_SONAME_FILE_DIR:{目标}> # 目录名称
```

目标的PDB文件：TARGET_PDB_FILE

```
$<TARGET_PDB_FILE:{目标}>
```

该表达式解析后的值即{目标}对应的.pdb符号文件的绝对路径。该表达式仅适用于MSVC编译器，因此往往在if(MSVC)的条件分支中使用。

该表达式同样拥有类似于表8.3中的变种，读者可以根据需要选用。

目标的BUNDLE目录：TARGET_BUNDLE_DIR

```
$<TARGET_BUNDLE_DIR:{目标}>
```

该表达式解析后的值即{目标}对应的Bundle目录的绝对路径。{目标}参数必须是一个Bundle目标（具有MACOSX_BUNDLE属性的可执行文件目标或具有FRAMEWORK或BUNDLE属性的库目标）的名称。

如果想获取目标Bundle内容中的目录路径，可以用下面这个表达式：

```
$<TARGET_BUNDLE_CONTENT_DIR:{目标}
```

目标属性：TARGET_PROPERTY

```
$<TARGET_PROPERTY:{目标},{目标属性}>
$<TARGET_PROPERTY:{目标属性}>
```

这两个表达式可用于获取构建目标的{目标属性}，属性值会作为表达式最终的值。其中，第一个表达式可以指定{目标}参数，而第二个表达式则会根据所在上下文来确定用于获取属性的目标。代码清单8.12所示的部分CMake目录程序中展示了这一点。

代码清单8.12 ch008/目标属性/CMakeLists.txt（第5行～第9行）

```
add_executable(main main.c)
set_target_properties(main PROPERTIES A 1)
```

```
target_compile_definitions(main PRIVATE
    A=$<TARGET_PROPERTY:A> # 等价于 A=$<TARGET_PROPERTY:main,A>
)
```

有一点需要格外注意：如果使用要求中存在该生成器表达式，其被解析的上下文并非定义该使用要求的构建目标，而是它被传递到的构建目标，如代码清单8.13所示。代码清单8.12中，最终主程序main中宏B的值是1而非2。这是因为lib的使用要求定义宏B为表达式$<TARGET_PROPERTY:A>的值，将被传递到构建目标main中，并在main的上下文中被解析成main的目标属性A的值，也就是1。

代码清单8.13　ch008/目标属性/CMakeLists.txt（第11行～第16行）

```
add_library(lib dummy.c)
set_target_properties(lib PROPERTIES A 2)
target_compile_definitions(lib PUBLIC
    B=$<TARGET_PROPERTY:A>
)
target_link_libraries(main PRIVATE lib)
```

目标的目标文件：TARGET_OBJECTS

```
$<TARGET_OBJECTS:{目标}>
```

该表达式解析后的值即{目标}对应的目标文件的列表。{目标}参数必须是一个目标文件库目标的名称，具体应用参见7.1.3小节。

8.3.5　解析生成器表达式

本小节介绍的生成器表达式更为特殊，其值是将其参数作为生成器表达式解析后的结果值，其作用类似"元生成器表达式"。

解析一般表达式：GENEX_EVAL

```
$<GENEX_EVAL:{生成器表达式}>
```

该表达式会将指定的{生成器表达式}参数在当前上下文中解析为具体的值，并作为该表达式的值。一般来说，这种用例通常出现在构建目标的自定义目标属性中，如代码清单8.14所示。

代码清单8.14　ch008/GENEX_EVAL/CMakeLists.txt

```
cmake_minimum_required(VERSION 3.20)

project(genex_eval)

add_executable(main main.c)

# 设置main的自定义目标属性CUSTOM_EXP的值
set_property(TARGET main PROPERTY CUSTOM_EXP "$<CONFIG>")
```

```
add_custom_target(debug-gen-exp ALL
    COMMAND ${CMAKE_COMMAND} -E echo # 输出Debug或Release等
    "$<GENEX_EVAL:$<TARGET_PROPERTY:main,CUSTOM_EXP>>"
)
```

解析目标相关表达式：TARGET_GENEX_EVAL

有时，需要在构建目标的上下文中解析生成器表达式。例如，要解析的{生成器表达式}中包含$<TARGET_PROPERTY:{属性}>表达式时，可以使用下面这个TARGET_GENEX_EVAL表达式。

```
$<TARGET_GENEX_EVAL:{构建目标},{生成器表达式}>
```

该表达式会将指定的{生成器表达式}参数在{构建目标}的上下文中解析为具体的值，并作为该表达式的值。代码清单8.15所示CMake目录程序展示了该表达式的用法。

代码清单8.15 ch008/TARGET_GENEX_EVAL/CMakeLists.txt

```
cmake_minimum_required(VERSION 3.20)

project(genex_eval)

add_executable(main main.c)
add_executable(main2 MACOSX_BUNDLE main.c)

set_property(TARGET main PROPERTY A "$<TARGET_PROPERTY:A>")
set_property(TARGET main2 PROPERTY A "main2.A")

add_custom_target(debug-gen-exp ALL
    COMMAND ${CMAKE_COMMAND} -E echo # 输出main2.A
    "$<TARGET_GENEX_EVAL:main2,$<TARGET_PROPERTY:main,A>>"
)
```

8.4 小结

本章首先介绍了CMake中可以使用生成器表达式的常用命令，然后将CMake中常用的生成器表达式进行了分类讲解。

生成器表达式是初学者学习CMake时的一个难点，因为它们的语法和用途与CMake中其他的参数形式有很大的不同，不容易理解。其实，只需时刻牢记生成器表达式是在CMake的生成阶段解析的，很多问题就容易理解了。

由于CMake是构建系统的生成器，它自身不会独立进行程序的构建，所以CMake在生成阶段就不得不与目标构建系统有所耦合，很多信息也不得不等到生成阶段才能获得。笔者认为，CMake作为构建系统的生成器，有利有弊。一方面，它总能生成用户习惯使用的构建系统的项目文件，以便发挥原生构建系统的最大优势；另一方面，它也带来了不够完美的封装性，增加了目录程序编写的复杂度。

生成器表达式其实就是为了尽可能减少这一复杂度而生的，相当于对不同构建系统的差异性做了抽象封装。例如，不同平台或不同构建系统针对同一构建目标生成的文件名称可能有所不同，而TARGET_FILE表达式能将这一不同隐藏起来，让CMake程序更容易跨平台。

总而言之，生成器表达式是CMake的一个重要特性，能够让CMake程序更加简洁易读、易维护，读者可以在实际项目中多多尝试，体会这一特性的好处。第9章，我们将一起了解CMake中另一重要的特性——模块。

第9章 模块

第3章在讲解基础语法的时候，就提到过CMake程序的三种类型之一：模块程序。CMake模块程序与脚本程序具有相同的扩展名，都是.cmake，但不同的是，脚本程序可以看作一个入口程序，或者说主程序，能够独立执行，而模块程序则是代码复用单元，通常用于提供一些辅助功能等，如同CMake语言的类库，通常会被CMake目录程序或脚本程序引用。

本章将带领大家认识一些CMake预置的模块，这些模块有的能够用于更好地调试CMake程序，有的能够用于检查系统、编译环境配置等，有的能够用于便捷地生成一些构建所需的文件……此外，还有一种更特殊的模块：查找模块。它能极大地简化引用第三方依赖库这种繁琐的操作。另外，本章末尾还会为大家介绍如何编写和使用自定义模块。

由于CMake预置的模块相当多，本章将仅介绍一些较为常用的部分模块。对更多CMake预置模块感兴趣的读者，可以在日后的开发中自行查阅CMake官方文档。另外，CMake预置的模块程序均位于CMake安装目录的share/…/Modules子目录中，读者也可以直接查阅其源码学习。

9.1 引用功能模块

第4章中介绍过include命令可以在CMake程序中引用一个功能模块，include命令的参数即模块的名称（不含扩展名.cmake），如下所示：

```
include(CMakePrintSystemInformation)
```

另外，还可以使用include命令引用自己编写的功能模块。有关include命令的详细介绍参见4.10.1小节。

9.2 常用的预置功能模块

本节将介绍一些较为常用的CMake预置的功能模块。

9.2.1 用于调试的模块

本小节中介绍的功能模块可以通过输出一些信息或检查一些配置来帮助调试CMake程序。

输出系统信息：CMakePrintSystemInformation

引用这个模块后，CMake程序会直接输出一系列内部变量的值以供调试参考，如代码清单9.1所示。

代码清单9.1　ch009/CMakePrintSystemInformation/CMakeLists.txt

```
cmake_minimum_required(VERSION 3.20)
project(print-system-info)
include(CMakePrintSystemInformation)
# 输出:
# CMAKE_SYSTEM is Windows-...
# CMAKE_SYSTEM file is Platform/Windows
# CMAKE_C_COMPILER is ...
# CMAKE_CXX_COMPILER is ...
# CMAKE_SHARED_LIBRARY_CREATE_C_FLAGS is -shared
# ...
```

输出辅助函数：CMakePrintHelpers

该模块中提供了如下两个命令，分别用于辅助输出属性和变量的值。

```
cmake_print_properties([TARGETS <构建目标>...]
                       [SOURCES <源文件>...]
                       [DIRECTORIES <目录>...]
                       [TESTS <测试目标>...]
                       [CACHE_ENTRIES <缓存变量>...]
                       PROPERTIES <属性>...)
```

该命令可用于输出作用于若干<构建目标>、<源文件>、<目录>、<测试目标>或<缓存变量>的指定<属性>的值，但每次调用该函数时仅可指定同一类型的作用域。例如，不能同时指定TARGETS <构建目标>和SOURCES <源文件>。

```
cmake_print_variables(<变量>...)
```

该命令可以输出指定<变量>的名称和值，相比使用message命令将多个变量的名称和值同时输出要简便很多。

下面的实例中演示了上述两个命令的用法，CMake目录程序如代码清单9.2所示。

代码清单9.2　ch009/CMakePrintHelpers/CMakeLists.txt

```
cmake_minimum_required(VERSION 3.20)
project(print-helpers VERSION 1.0)
include(CMakePrintHelpers)

cmake_print_properties(DIRECTORIES .
    PROPERTIES
        BINARY_DIR
        SOURCE_DIR
)
# 输出:
```

```
# --
#  Properties for DIRECTORY .:
#    ..BINARY_DIR = "C:/CMake-Book/src/ch009/CMakePrintHelpers/build"
#    ..SOURCE_DIR = "C:/CMake-Book/src/ch009/CMakePrintHelpers"
#

cmake_print_variables(PROJECT_NAME PROJECT_VERSION)
# 输出:
# -- PROJECT_NAME="print-helpers" ; PROJECT_VERSION="1.0"
```

9.2.2　用于检查环境的模块

检查是否可编译：CheckSourceCompiles

该模块中提供了如下命令：

```
check_source_compiles(<编程语言> <源程序> <结果缓存变量>
                      [FAIL_REGEX <正则表达式>...]
                      [SRC_EXT <扩展名>])
```

该命令用于检查<源程序>是否可以被指定<编程语言>的编译器编译成可执行文件，并将检查结果在配置阶段输出，同时向<结果缓存变量>中存入一个真值常量或假值常量。

<源程序>参数的值应为源程序代码，而非文件路径。若想检查某个源文件能否编译，可以先使用file(READ)命令将源文件的内容读取到变量中，再将变量值传入该命令。另外，<源程序>会被尝试编译为可执行文件，因此必须包含主函数入口。

该命令会将<源程序>写入临时文件，作为源文件输入到编译器。SRC_EXT参数用于指定这个临时源文件的<扩展名>。省略该参数时，该命令会采用<编程语言>对应的默认扩展名。

<结果缓存变量>是一个INTERNAL类型的缓存变量，因此检查结果会被持久化缓存。也就是说，该检查不会在CMake配置阶段重复执行。这就要求每一个检查命令对应的结果变量名称应当唯一。

FAIL_REGEX参数用于自定义检查失败的标准。当编译器输出的日志能够匹配到任一<正则表达式>时，认为检查失败。

另外，有一些CMake变量可以影响编译检查过程中编译器所采用的参数，如表9.1所示。

表9.1　用于配置编译检查环境的CMake变量

变量名	说明
CMAKE_<编程语言>_FLAGS	用于指定向对应<编程语言>的编译器传递的额外编译选项参数列表
CMAKE_REQUIRED_FLAGS	用于指定向所有编译器传递的额外编译选项参数列表。它传递的参数在CMAKE_<编程语言>_FLAGS之后
CMAKE_REQUIRED_DEFINITIONS	用于指定宏定义列表，如-DA;-DB=1
CMAKE_REQUIRED_INCLUDES	用于指定头文件搜索目录列表。该命令不会考虑INCLUDE_DIRECTORIES目录属性中的头文件搜索目录。也就是说，include_directories命令设置的目录对该命令无效

续表

变量名	说明
CMAKE_REQUIRED_LINK_OPTIONS	用于指定链接选项列表
CMAKE_REQUIRED_LIBRARIES	用于指定链接库列表。其元素可以是系统库的名称或导入库目标的名称
CMAKE_REQUIRED_QUIET	用于设置是否关闭检查结果的输出。若将其设置为真值常量，则该命令将不会在配置阶段的日志中输出检查结果

该命令是通过try_compile命令实现的，由于try_compile命令过于复杂，CMake通过该模块提供了这个简化的命令。

下面的实例演示了该命令的使用。CMake目录程序如代码清单9.3所示。

代码清单9.3　ch009/CheckSourceCompiles/CMakeLists.txt

```
cmake_minimum_required(VERSION 3.20)
project(check-source-compiles)
include(CheckSourceCompiles)

check_source_compiles(C "int main() { return 0; }" res) # 输出:
# -- Performing Test res
# -- Performing Test res - Success
message("${res}") # 输出: 1

set(CMAKE_REQUIRED_QUIET True)
check_source_compiles(C "invalid code" res2) # 输出:
# -- Performing Test res2
# -- Performing Test res2 - Failed
message("${res2}") # 输出空值
```

检查是否可运行：CheckSourceRuns

该模块中提供了如下命令：

```
check_source_runs(<编程语言> <源程序> <结果缓存变量>
                  [SRC_EXT <扩展名>])
```

该命令用于检查<源程序>是否可以被指定<编程语言>的编译器编译成可执行文件并成功运行。检查结果会在配置阶段输出，同时也会存入<结果缓存变量>。

该命令的参数和用法均与check_source_compiles相同，此处不再赘述。影响编译选项的变量也同样适用，如表9.1所示。

检查编译选项：CheckCompilerFlag

该模块中提供了如下命令：

```
check_compiler_flag(<编程语言> <选项> <结果缓存变量>)
```

该命令用于检查当前<编程语言>的编译器是否支持<选项>指定的命令行参数，并将检查结果在配置阶段的日志中输出，同时向<结果缓存变量>中存入一个真值常量或假值常量。

该命令实际上就是通过check_source_compiles命令实现的，因此也可以通过如表9.1所示的变量来改变编译选项。需要注意的是，如果这些变量值中存在非法的选项参数，将导致检查失败。

检查C语言符号存在性：CheckSymbolExists

该模块中提供了如下命令：

```
check_symbol_exists(<符号> <头文件列表> <结果缓存变量>)
```

该命令用于检查程序在引用了<头文件列表>中任意的头文件后是否会存在指定的<符号>。检查结果会在配置阶段的日志中输出，并存入<结果缓存变量>。

该命令可以检查的符号类型包括宏、可以链接的变量和函数等，前面介绍的影响编译选项的变量同样适用于该命令。类型、枚举值、内建函数（intrinsic）等无法被作为符号检查，建议使用CheckSourceCompiles命令检查它们的存在性。

下面的实例用于检查stdio.h头文件中是否存在printf符号。CMake目录程序如代码清单9.4所示。

代码清单9.4　ch009/CheckSymbolExists/CMakeLists.txt

```
cmake_minimum_required(VERSION 3.20)
project(check-symbol-exists)
include(CheckSymbolExists)

check_symbol_exists(printf "stdio.h" res) # 输出:
# -- Looking for printf
# -- Looking for printf - found
message("${res}") # 输出: 1
```

该命令仅适用于C语言，若想检查C++语言的符号存在性，如带命名空间的符号“std::cout”等，可以使用CheckCXXSymbolExists模块提供的check_cxx_symbol_exists命令。两个模块的命令参数和用法是一致的。

检查结构体成员：CheckStructHasMember

该模块中提供了如下命令：

```
check_struct_has_member(<结构体> <成员变量> <头文件列表> <结果缓存变量>
                        [LANGUAGE <编程语言>])
```

该命令用于检查<结构体>（可以是struct或class）是否存在指定的<成员变量>。另外，为了使用这些<结构体>，程序需要引用<头文件列表>中的头文件。检查结果会在配置阶段的日志中输出，并存入<结果缓存变量>中。影响编译选项的变量也同样适用，如表9.1所示。

<编程语言>参数仅支持C和CXX（即C++）两个取值。默认情况下，其值为C。下面的实例检查std::pair<int, int>结构体是否存在first成员。CMake目录程序如代码清单9.5所示。

代码清单9.5　ch009/CheckStructHasMember/CMakeLists.txt

```
cmake_minimum_required(VERSION 3.20)
project(check-struct-member)
```

```
include(CheckStructHasMember)

check_struct_has_member("std::pair<int,int>" "first" "utility" res
    LANGUAGE CXX) # 输出:
# -- Performing Test res
# -- Performing Test res - Success
```

检查函数原型：CheckPrototypeDefinition

该模块中提供了如下命令：

```
check_prototype_definition(<函数名> <函数原型> <返回值>
                           <头文件列表> <结果缓存变量>
                           [LANGUAGE <编程语言>])
```

该命令用于检查程序在引用<头文件列表>中的头文件后，是否存在一个名为<函数名>的函数，其原型与<函数原型> 相匹配。函数原型即用于声明函数的函数签名。检查结果会在配置阶段的日志中输出，并存入<结果缓存变量> 中。影响编译选项的变量也同样适用，如表9.1所示。

<返回值>可以是任意一个满足<函数原型>中返回值类型的值，该值用于生成检查所用的代码。

<编程语言>参数仅支持C和CXX（即C++）两个取值。默认情况下，其值为C。下面的实例中将检查math.h头文件中定义的sinf函数的原型。CMake目录程序如代码清单9.6所示。

代码清单9.6　ch009/CheckPrototypeDefinition/CMakeLists.txt

```
cmake_minimum_required(VERSION 3.20)
project(check-prototype-def)
include(CheckPrototypeDefinition)

check_prototype_definition(sinf
    "float sinf(float a)" "0"
    "math.h" res) # 输出:
# -- Checking prototype sinf for res
# -- Checking prototype sinf for res - True

check_prototype_definition(sinf
    "double sinf(float a)" "0"
    "math.h" res2) # 输出:
# -- Checking prototype sinf for res2
# -- Checking prototype sinf for res2 - False
```

检查选项状态栈：CMakePushCheckState

本小节介绍的与检查环境相关的模块中的命令，大都会受到如表9.1所示的几个变量的影响。这里将再次列举除与特定编程语言相关的CMAKE_<编程语言>_FLAGS以外的变量：

- CMAKE_REQUIRED_FLAGS；

- CMAKE_REQUIRED_DEFINITIONS；
- CMAKE_REQUIRED_INCLUDES；
- CMAKE_REQUIRED_LINK_OPTIONS；
- CMAKE_REQUIRED_LIBRARIES；
- CMAKE_REQUIRED_QUIET。

如果想通过上述变量为不同的检查命令设置不同的编译选项，那么就需要频繁清空、设置这些变量的值。CMakePushCheckState模块可以对上述变量维护一个状态栈，便于频繁更改其设置。该模块提供了如下三个命令：

```
cmake_push_check_state([RESET]) # 压栈（保存）状态
cmake_pop_check_state() # 出栈（还原）状态
cmake_reset_check_state() # 清空栈
```

这三个命令分别用于保存、还原和清空上述几个变量的当前值。

cmake_push_check_state命令用于接收一个可选参数RESET，指定它时，该命令会在保存状态之后，清空变量的值（相当于调用了cmake_reset_check_state命令）。

检查是否支持链接时优化：CheckIPOSupported

该模块中提供了如下命令：

```
check_ipo_supported([RESULT <结果变量>] [OUTPUT <输出变量>]
                    [LANGUAGES <编程语言>...])
```

该命令用于检查指定的若干<编程语言>对应的编译器是否支持过程间优化（InterProcedural Optimization，IPO），也称链接时优化（Link-Time Optimization，LTO）。

检查结果会以真值或假值常量的形式存入<结果变量>中。若省略该参数，则检查失败会直接造成致命错误，终止CMake程序的运行。

OUTPUT参数指定的<输出变量>用于存放检查过程中的详细错误。

检查通过后，将构建目标的INTERPROCEDURAL_OPTIMIZATION属性设置为真值，即可启用链接时优化。代码清单9.7所示的实例中演示了启用链接时优化的两种方式。

代码清单9.7 ch009/CheckIPOSupported/CMakeLists.txt

```
cmake_minimum_required(VERSION 3.20)
project(check-ipo-supported)
include(CheckIPOSupported)

add_executable(main main.c)

# 强制IPO：若检查失败，则报告致命错误并终止执行
check_ipo_supported()
set_property(TARGET main PROPERTY INTERPROCEDURAL_OPTIMIZATION TRUE)

# 可选IPO：若检查失败，则输出警告且不启用IPO
```

```
check_ipo_supported(RESULT result OUTPUT output)
if(result)
    set_property(TARGET main PROPERTY INTERPROCEDURAL_OPTIMIZATION TRUE)
else()
    message(WARNING "不支持链接时优化: ${output}")
endif()
```

9.2.3 用于生成导出头文件的模块：GenerateExportHeader

在开发供外部使用的静态库或动态库时，需要编写一个接口头文件，在其中声明库中所有的接口函数、类型等。尤其是在开发动态库时，往往还需要设置接口函数的导出属性等，同时通过设置编译选项来默认隐藏其他未导出的符号，从而隐藏实现细节。

然而，在实现过程中会遇到一些很现实的问题：各个编译器对导出接口所需的属性不同，隐藏符号的编译选项也不同；另外，有时需要更灵活地配置接口，使其能够同时用于静态库和动态库；又或者需要通过一些宏来标记某些过时的接口为弃用状态……

通常我们都会编写一个头文件，用宏来判断不同的编译器，再定义一些宏来对应不同的属性设置等，以此将不同编译器的差异隐藏起来。每次开发一个库时，恐怕都会这样“重复造轮子”。

CMake提供了GenerateExportHeader模块，它可以将这些宏按要求定义好。该模块提供了如下命令：

```
generate_export_header(<库目标>
    [EXPORT_FILE_NAME <导出头文件名称>]
    [BASE_NAME <基本名称>]
    [EXPORT_MACRO_NAME <导出接口宏名称>]
    [NO_EXPORT_MACRO_NAME <非导出接口宏名称>]
    [DEPRECATED_MACRO_NAME <已弃用接口宏名称>]
    [NO_DEPRECATED_MACRO_NAME <非弃用接口宏名称>]
    [DEFINE_NO_DEPRECATED]
    [INCLUDE_GUARD_NAME <头文件卫哨宏名称>]
    [STATIC_DEFINE <静态库宏名称>]
    [PREFIX_NAME <宏前缀名称>]
    [CUSTOM_CONTENT_FROM_VARIABLE <追加内容变量>]
)
```

该命令将在当前二进制目录中创建一个头文件，该头文件中会定义用于导出接口的常用宏。其中各个参数的含义参见表9.2。

表9.2 generate_export_header的参数

参数	描述	默认值
<导出头文件名称>	用于设置生成的头文件的名称	<库目标>_export.h（<库目标>会转为小写）
<基本名称>	默认命名的重要组成部分（会被转为大写的合法C标识符）	<库目标>
<导出接口宏名称>	用于标记导出接口的宏的名称	<基本名称>_EXPORT

续表

参数	描述	默认值
<非导出接口宏名称>	用于标记非导出接口的宏的名称	<基本名称>_NO_EXPORT
<已弃用接口宏名称>	用于标记已弃用接口的宏的名称	<基本名称>_DEPRECATED
<忽略弃用接口宏名称>	用于忽略弃用接口的宏的名称（该宏是否定义取决于下面的参数）	<基本名称>_NO_DEPRECATED
DEFINE_NO_DEPRECATED	用于定义忽略弃用接口宏	—
<头文件卫哨宏名称>	用于指定头文件的卫哨宏的名称	<导出接口宏名称>_H
<静态库宏名称>	用于判断是否为静态库的宏的名称（仅用于判断，并无定义）	<基本名称>_STATIC_DEFINE
<宏前缀名称>	用于为上面涉及的宏名称增加前缀	空
<追加内容变量>	将<追加内容变量>的内容追加到头文件最后	空

除了表9.2中涉及的宏定义，该命令还会在头文件中使用或定义如下三个宏。

- <库目标>_EXPORTS（<库目标>会转为合法C标识符），用于判断当前是在构建该库还是使用该库的接口，以定义不同的导出接口宏的值。该宏仅用于判断，因此同静态库宏一样，仅在生成的头文件中作判断使用，并无定义。用户应当在构建<库目标>时使用PRIVATE参数为目标定义该宏，使其仅作用于该库。
- <基本名称>_DEPRECATED_EXPORT，该宏等价于同时使用已弃用接口宏和导出接口宏。
- <基本名称>_DEPRECATED_NO_EXPORT，该宏等价于同时使用已弃用接口宏和非导出接口宏。

至此，该命令涉及的全部宏定义都已经介绍完毕，但也许读者仍然不知道如何使用它们。接下来，我们会通过不同应用场景的代码实例来展示这些宏的具体用法。

实例：导出接口

本例将创建一个动态库，构建目标名称为print，它有一个导出接口函数void print()。接口头文件的定义如代码清单9.8所示。

代码清单9.8 ch009/GenerateExportHeader/print.h

```
#ifndef PRINT_H
#define PRINT_H

#include "print_export.h"

PRINT_EXPORT void print();
PRINT_NO_EXPORT void _internal();

#ifndef PRINT_NO_DEPRECATED
PRINT_DEPRECATED_EXPORT void old_print();
```

```
#endif // PRINT_NO_DEPRECATED

#endif // PRINT_H
```

其中，print_export.h就是接下来要通过GenerateExportHeader模块生成的头文件。为了进行演示，接口头文件中还增加了一个不会导出的内部函数void _internal()，以及已弃用的导出接口函数void old_print()。

代码清单9.9所示的部分CMake目录程序展示了如何配置该动态库目标。

代码清单9.9　ch009/GenerateExportHeader/CMakeLists.txt（第1行～第23行）

```
cmake_minimum_required(VERSION 3.20)
project(export-api)
include(GenerateExportHeader)

add_library(print SHARED print.c)
generate_export_header(print
    # DEFINE_NO_DEPRECATED # 取消注释以定义忽略弃用接口宏
) # 导出头文件会被生成到二进制目录中

# 将当前二进制目录追加到头文件搜索目录中
target_include_directories(print PUBLIC ${CMAKE_CURRENT_BINARY_DIR})

# 定义print_EXPORTS宏，表明正在构建该库（若不定义，则表示使用该库）
target_compile_definitions(print PRIVATE print_EXPORTS)

# 设置目标属性，默认隐藏符号和内联函数
set_target_properties(print PROPERTIES
    CXX_VISIBILITY_PRESET hidden
    VISIBILITY_INLINES_HIDDEN 1
)
# 也可以通过下面两个变量，设置上述两个目标属性的默认值
# set(CMAKE_CXX_VISIBILITY_PRESET hidden)
# set(CMAKE_VISIBILITY_INLINES_HIDDEN 1)
```

其中，在调用generate_export_header命令时没有提供任何可选参数，因此所有宏名称都采用默认值，如接口头文件print.h中用到的宏PRINT_EXPORT和PRINT_NO_EXPORT都是默认的宏名称。

最后，print.c源文件中简单定义了上面几个接口函数的具体实现，如代码清单9.10所示。

代码清单9.10　ch009/GenerateExportHeader/print.c

```
#include "print.h"
#include <stdio.h>

void print() { printf("Hello\n"); }
void _internal() {}
```

```
#ifndef PRINT_NO_DEPRECATED
void old_print() { printf("Hi\n"); }
#endif // PRINT_NO_DEPRECATED
```

实例：使用接口

现在已经有了print动态库，提供了print和old_print函数接口。下面看看如何调用它。

首先，创建一个主程序main.c，其中引用了print.h头文件，并调用了它提供的两个函数，如代码清单9.11所示。

代码清单9.11 ch009/GenerateExportHeader/main.c

```
#include "print.h"

int main() {
    print();
    old_print();
    return 0;
}
```

然后，在目录程序中追加主程序对应的可执行文件目标，如代码清单9.12所示。

代码清单9.12 ch009/GenerateExportHeader/CMakeLists.txt（第25行～第31行）

```
# 主程序
add_executable(main main.c)
target_link_libraries(main PRIVATE print)
if(MSVC)
    # 为MSVC编译器启用级别3的警告
    target_compile_options(main PRIVATE /W3)
endif()
```

就是这么简单！读者可以尝试在各个平台中使用不同的编译器构建该项目。在构建main目标时，编译器应当会报告old_print函数已被废弃的警告。

实例：忽略弃用接口

现在解释接口头文件print.h及其对应源文件中是如何声明和定义已弃用的接口函数old_print的，对应代码分别如代码清单9.13和代码清单9.14所示。

代码清单9.13 ch009/GenerateExportHeader/print.h（第9行～第11行）

```
#ifndef PRINT_NO_DEPRECATED
PRINT_DEPRECATED_EXPORT void old_print();
#endif // PRINT_NO_DEPRECATED
```

代码清单9.14 ch009/GenerateExportHeader/print.c（第7行～第9行）

```
#ifndef PRINT_NO_DEPRECATED
void old_print() { printf("Hi\n"); }
```

```
#endif // PRINT_NO_DEPRECATED
```

代码中使用了预处理器#ifndef来判断是否定义了忽略弃用接口宏PRINT_NO_DEPRECATED，并仅在其未定义时包含已弃用的接口函数的声明和定义。这样一来，如果在编译时定义了忽略弃用接口宏，这些已弃用的接口就不再包含在最终的接口头文件及其源文件中。

忽略弃用接口宏无须使用target_compile_definitions来定义，在使用generate_export_header命令时指定DEFINE_NO_DEPRECATED参数即可定义它。

实例：同时构建静态库

如果想在复用动态库代码的同时构建一个静态库print_static，应该怎么做呢？其实也非常简单。generate_export_header命令生成的导出头文件已经考虑到了这一点。只需定义静态库宏就可以了。对应于print这个目标的静态库宏名称是PRINT_STATIC_DEFINE，因此在目录程序中追加如代码清单9.15所示的内容即可。

代码清单9.15　ch009/GenerateExportHeader/CMakeLists.txt（第33行～第36行）

```
# 静态库
add_library(print_static STATIC print.c)
target_include_directories(print_static PUBLIC ${CMAKE_CURRENT_BINARY_DIR})
target_compile_definitions(print_static PUBLIC PRINT_STATIC_DEFINE)
```

事实上，定义了静态库宏之后，并没有什么神奇的事情发生，它仅仅是定义导出接口宏PRINT_EXPORT和非导出接口宏PRINT_NO_EXPORT为空值而已，毕竟静态库接口中的符号都是外部可见的。

9.3　查找模块

查找模块（find module）是一系列用于搜索第三方依赖软件包（包括库或可执行文件）的模块。对查找模块的引用一般不使用include命令，而是使用find_package命令。

9.3.1　查找软件包命令：find_package（模块模式）

CMake中的find_package命令可以用于搜索第三方依赖软件包，获得其路径、版本等信息，以便在程序中链接或使用它。

find_package命令有两种模式：模块模式和配置模式。其中，配置模式涉及导入依赖与分发软件包等相关内容。本书仅介绍第一种模式——模块模式。在模块模式下，该命令的形式如下。

```
find_package(<软件包名> [<版本号>] [EXACT] [QUIET] [MODULE]
             [REQUIRED] [[COMPONENTS] [<子组件>...]]
             [OPTIONAL_COMPONENTS <可选子组件>...]
             [NO_POLICY_SCOPE])
```

该命令会调用名为“Find<软件包名>.cmake”的查找模块来完成对软件包的搜索。它首先在

CMAKE_MODULE_PATH变量定义的路径列表中搜索查找模块，若找不到，则从CMake安装目录中搜索符合该名称的CMake预置的查找模块。如果仍未找到对应的查找模块，该命令会切换到配置模式再进行处理。

<版本号>参数用于指定查找的软件包的版本应当满足的条件，它支持如下两种限制条件。

- 直接指定版本号，其格式为“主版本号[.次版本号[.补丁版本号[.修订版本号]]]”，如1.2或1.2.3.4。该条件要求查找的软件包的版本号应当兼容指定的版本号，如比指定的版本号大（软件包一般都会向后兼容，即新版本会兼容旧版本）。
- 指定版本号区间，其格式为“最小版本号...[<]最大版本号”，如1.2...1.4或1.2.1...<2.0.0。该条件要求查找的软件包的版本号落在指定区间内。区间默认为闭区间，指定“<”后则是左闭右开区间。

EXACT参数表示版本号必须与指定的<版本号>一致。指定该参数后，要求<版本号>参数采用第一种直接指定版本号的条件格式。

QUIET参数用于启用静默模式，即关闭部分查找信息的输出。

MODULE参数用于指定该命令仅采用模块模式。指定该参数后，即使不存在对应软件包的查找模块，该命令也不会切换到配置模式再进行处理。

REQUIRED参数表示该软件包是构建过程所必需的，查找失败将导致致命错误，并使程序终止。

部分软件包可能由多个子组件组成，如Boost库可以作为一个软件包，其中包含了container、date_time、filesystem等组件。但我们在使用Boost库时往往只会使用其中提供的部分组件，此时可以使用COMPONENTS参数指定<子组件>。指定的<子组件>中只要有一个没有被查找到，该命令就会认为该软件包没有被成功查找。

当指定了REQUIRED参数时，可以省略COMPONENTS参数，直接在REQUIRED参数后列举所需的<子组件>。另外，REQUIRED参数也会使得该命令在任一子组件未被成功查找时报告致命错误，终止程序执行。

OPTIONAL_COMPONENTS参数用于指定<可选子组件>。可选子组件是否能够被成功查找不影响软件包是否被成功查找的判断。即使指定了REQUIRED参数，可选子组件未被成功查找也不会导致致命错误。

该命令执行后会定义一个变量<软件包名>_FOUND，当软件包被成功查找时，它会被设置为真值，否则会被设置为假值。查找模块可能还会定义其他与软件包信息相关的变量，查阅相关查找模块的文档可以了解这些变量的定义。

最后一个参数NO_POLICY_SCOPE的用法可参见10.3.4小节。

9.3.2 实例：使用FindThreads引用线程库

在Linux操作系统中开发多线程应用时，应该都遇到过下面这个报错：

```
undefined reference to `pthread_create'
```

该报错表示未定义对pthread_create的引用。通常的解决办法就是为编译器添加一个编译选项-lpthread，也就是链接pthread这个线程库。

那么，该如何在CMake目录程序中设置链接线程库呢？最直接的方法就是判断当前的操作系统，如果是Linux操作系统，就为编译器设置上面提到的编译选项。除此之外，还可使用CMake专门提供的查找模块FindThreads。FindThreads查找模块可以针对不同的平台找到对应的线程库，并为它创建好方便易用的导入目标，无须关心平台之间的差异。代码清单9.16所示的CMake目录程序展示了该查找模块的用法。

代码清单9.16　ch009/FindThreads/CMakeLists.txt

```cmake
cmake_minimum_required(VERSION 3.20)
project(find-threads)

# 调用FindThreads模块，它会创建一个导入目标Threads::Threads
find_package(Threads)

add_executable(main main.cpp)
# 如果不链接Threads::Threads，在Linux环境中构建会出错：
# undefined reference to `pthread_create'
target_link_libraries(main PRIVATE Threads::Threads)
```

其中主程序main.cpp的代码如代码清单9.17所示。

代码清单9.17　ch009/FindThreads/main.cpp

```cpp
#include <cstdio>
#include <thread>

void worker(int i) { printf("worker%d\n", i); }

int main() {
    std::thread th(worker, 0);
    th.join();
    return 0;
}
```

9.3.3 实例：使用FindBoost引用Boost库

除了导入线程库，CMake还提供了大量的查找模块用于导入其他第三方依赖。本小节将以Boost库为例，展示如何使用预置的FindBoost查找模块导入Boost库。

还记得在介绍find_package命令时提到的<子组件>参数吗？对于Boost而言，子组件可以是

Boost库集合中提供的每一个库。这些库不带前后缀的名称可以作为<子组件>参数的取值，如filesystem、date_time等。

查找条件变量

通过设置一些查找条件变量的值，可以指定Boost库的位置、版本等条件，以提示或要求FindBoost模块。表9.3列举了部分常用的查找条件变量。

表9.3 作用于FindBoost查找模块的常用查找条件变量

变量名	描述
BOOST_ROOT或BOOSTROOT	Boost库的安装根目录
BOOST_INCLUDEDIR	Boost库的头文件目录
BOOST_LIBRARYDIR	Boost库的库文件目录
Boost_NO_SYSTEM_PATHS	只在查找条件变量设置的路径中搜索Boost库。若为ON则表示仅搜索变量设置的路径。默认为OFF，即同时搜索系统默认路径
Boost_ADDITIONAL_VERSIONS	Boost库的版本号。由于Boost的安装目录路径中可能出现版本号，FindBoost查找模块只有能够识别版本号才能正确解析Boost库的路径。一般情况下，Boost版本号能够被自动识别，若部分版本号无法被识别，可用该变量进行设置
Boost_USE_<DEBUG|RELEASE>_LIBS	Boost库的构建模式，用于指定查找Debug还是Release模式构建的Boost库
Boost_USE_STATIC_LIBS	查找Boost静态库
Boost_USE_MULTITHREAD	使用Boost多线程库（库文件名带mt）
Boost_USE_STATIC_RUNTIME	使用链接到静态C++运行时的Boost库（库文件名带s）
Boost_USE_DEBUG_RUNTIME	使用链接到Debug模式C++运行时的Boost库（库文件名带g）
Boost_DEBUG	启用FindBoost查找模块的调试模式。启用后会输出一些调试信息，便于定位查找失败的问题

查找结果变量

FindBoost查找模块执行后会将查找结果存入查找结果变量中。表9.4列举了一些常用的查找结果变量。

表9.4 FindBoost查找模块设置的常用查找结果变量

变量名	描述
Boost_FOUND	是否成功查找到指定的库（需同时查找到全部必要的子组件）
Boost_INCLUDE_DIRS	查找到的Boost的头文件目录列表
Boost_LIBRARY_DIRS	查找到的Boost库文件目录列表
Boost_LIBRARIES	查找到的Boost各个组件的库文件的列表
Boost_<子组件>_FOUND	是否成功查找到指定的<子组件>
Boost_<子组件>_LIBRARY	指定<子组件>的库文件
Boost_VERSION	查找到的Boost库的版本号

借助这些查找结果变量，可以将Boost库链接到程序中，如代码清单9.18所示。

代码清单9.18　借助查找结果变量链接Boost库的示例程序片段

```
find_package(Boost REQUIRED COMPONENTS filesystem)
include_directories(${Boost_INCLUDE_DIRS})
add_executable(main main.cpp)
target_link_libraries(main ${Boost_LIBRARIES})
```

导入目标

除了设置结果变量，FindBoost查找模块还会创建一些导入目标，以方便链接Boost库，如表9.5所示。

表9.5　FindBoost查找模块定义的导入目标

导入目标名称	描述
Boost::boost或Boost::headers	代表Boost全部头文件库的导入库目标。Boost的头文件库一般均位于同一个头文件目录，具有相同的使用要求，因此被统一到一个导入目标
Boost::<子组件>	代表指定Boost<子组件>的导入库目标
Boost::diagnostic_definitions	该目标设置了-DBOOST_LIB_DIAGNOSTIC宏定义使用要求，用于启用Boost自动链接相关的调试信息
Boost::disable_autolinking	该目标设置了-DBOOST_ALL_NO_LIB宏定义使用要求，用于禁用Boost库针对MSVC编译器的自动链接特性
Boost::dynamic_linking	该目标设置了-DBOOST_ALL_DYN_LINK宏定义使用要求，用于启用Boost库针对MSVC编译器的动态链接特性

FindBoost查找模块会自动处理好子组件间的依赖关系，因此在使用导入目标链接Boost指定的组件库时，只需在target_link_libraries中指定想要链接到的组件库对应的导入目标，而不必关心它依赖哪些库。例如，当链接Boost::algorithm目标时，Boost::range、Boost::assert等目标也会作为其依赖被链接。

代码清单9.19所示为一个借助导入目标链接Boost库的实例。

代码清单9.19　借助导入目标链接Boost库的示例程序片段

```
find_package(Boost REQUIRED COMPONENTS date_time filesystem)
add_executable(main main.cpp)
target_link_libraries(foo Boost::date_time Boost::filesystem)
```

可见，借助导入目标链接Boost库更加简洁清晰。那么，还有必要使用结果变量吗？

面向目标的CMake毕竟是现代CMake。在CMake 3.5及后续版本中，FindBoost查找模块才开始创建这些导入目标。因此在过去，使用结果变量是唯一的选择。现在，使用导入目标当然是更推荐的做法。然而，相比使用结果变量，导入目标仍然存在限制：如果多次使用不同的参数选项和条件变量调用 find_package(Boost)命令，FindBoost模块可能会查找到不同位置的Boost库，并将它们的信息设置到结果变量中，但不会覆盖首次调用时创建的导入目标。因此导入目标仅代表了首次查找Boost库的结果，若想多次获取不同Boost库的路径等信息，就只能使用结果变量。

实例：使用Boost Regex库

第1章曾使用Makefile构建了一个使用Boost Regex静态库的程序，其主程序参见代码清单1.25。本例将复用该主程序，并借助FindBoost查找模块，改用CMake来完成其构建。CMake目录程序如代码清单9.20所示。

代码清单9.20 ch009/FindBoost/CMakeLists.txt

```
cmake_minimum_required(VERSION 3.20)

project(find-boost)

if(WIN32)
    set(BOOST_ROOT "C:/boost_prebuilt") # 使用预编译的Boost库
    # set(BOOST_ROOT "C:/boost/stage") # 使用自己构建的Boost库
else()
    # 默认在系统目录查找Boost库，无须设置条件变量
    # set(BOOST_ROOT "$ENV{HOME}/boost") # 取消注释以使用自己构建的Boost库
endif()
find_package(Boost REQUIRED COMPONENTS regex)

add_executable(main "../../ch001/链接Boost/main.cpp")
target_link_libraries(main Boost::regex)
```

9.4 编写自定义查找模块

尽管CMake内置了相当多软件包的查找模块，但难免还会有特殊的需求。本节将介绍如何自己编写一个查找模块。

在查找模块的实现中，往往需要查找软件包所需的可执行文件、库文件、头文件目录等路径。CMake提供了一系列命令用以辅助完成这些工作。下面先介绍这些命令。

9.4.1 查找文件：find_file

该命令有两种形式，一种是简单形式，另一种是完整形式：

```
find_file(<结果缓存变量> <文件名> [<候选路径...>]) # 简单形式

find_file(<结果缓存变量> # 完整形式
    <文件名> | NAMES <候选文件名>...
    [HINTS|PATHS [<候选路径>|ENV <候选路径环境变量>]...]
    [PATH_SUFFIXES <子目录>...]
    [DOC <结果缓存变量的描述>]
    [REQUIRED]
    [<搜索路径选项>...]
    [CMAKE_FIND_ROOT_PATH_BOTH |
    ONLY_CMAKE_FIND_ROOT_PATH |
    NO_CMAKE_FIND_ROOT_PATH]
)
```

该命令用于查找<文件名>对应文件的绝对路径，并将其存入<结果缓存变量>。若该命令执行前<结果缓存变量>不为空值，则该命令不会执行，以免重复查找。若想强制重新查找文件，可以编辑CMakeCache.txt，删除对应缓存变量的值。当文件查找失败时，<结果缓存变量>会被赋值为<结果缓存变量>-NOTFOUND。

NAMES参数可以指定若干<候选文件名>，该命令会依次查找，并将第一个查找到的文件名的绝对路径作为查找结果。

find_file命令在查找指定文件时，会从一系列默认搜索路径中查找，HINTS或PATHS参数可用于补充搜索的<候选路径>。该参数同时支持通过ENV指定<候选路径环境变量>，候选路径会从指定的环境变量中读取。

PATH_SUFFIXES参数用于指定若干用于追加到<候选路径>的<子目录>。find_file命令在候选路径中查找文件时，会同时在这些候选路径对应目录的子目录中查找文件（不追加子目录的候选路径本身也会被搜索）。

DOC参数用于设置<结果缓存变量的描述>。在介绍使用set命令定义缓存变量时，就提到过用于设置<变量描述>的参数，其值可以在CMake GUI中看到。DOC参数就是用于设置<结果缓存变量>描述文本的。

REQUIRED参数用于指定该文件是必需的。当文件未能成功查找时，CMake会报告错误并终止执行。

搜索顺序与搜索路径选项

<搜索路径选项>有很多选项参数可以指定，分别用于禁用一些默认的搜索路径。表9.6将按照find_file搜索各类路径的顺序，依次介绍各类路径及禁用对应搜索路径类别所需的选项参数。

表9.6　find_file命令搜索路径（按搜索顺序排列）

路径类型	路径样例	禁用选项参数
软件包根目录	<软件包根目录>/include[/<架构>]	NO_PACKAGE_ROOT_PATH
CMake变量路径	${CMAKE_PREFIX_PATH}/include[/<架构>] ${CMAKE_INCLUDE_PATH} ${CMAKE_FRAMEWORK_PATH}	NO_CMAKE_PATH
CMake环境变量路径	$ENV{CMAKE_PREFIX_PATH}/include[/<架构>] $ENV{CMAKE_INCLUDE_PATH} $ENV{CMAKE_FRAMEWORK_PATH}	NO_CMAKE_ENVIRONMENT_PATH
HINTS候选路径	<候选路径>	—
系统环境变量路径	$ENV{INCLUDE} $ENV{PATH}	NO_SYSTEM_ENVIRONMENT_PATH
平台相关路径	${CMAKE_SYSTEM_PREFIX_PATH} ${CMAKE_SYSTEM_INCLUDE_PATH} ${CMAKE_SYSTEM_FRAMEWORK_PATH}	NO_CMAKE_SYSTEM_PATH
PATHS候选路径	<候选路径>	—

下面对表9.6进行一些补充说明。

- 软件包根目录（package root path）即查找模块查找到的软件包的根目录，也就是<软件包>_ROOT变量或环境变量的值。因此，该路径仅对通过find_package命令调用的查找模块中的find_file命令有效。如果查找模块被嵌套调用，则每一层的软件包根目录都会被维护于栈结构中。这些目录对应的 include[/架构]子目录都会被作为搜索路径，搜索顺序则为当前软件包根目录、父级软件包根目录，以此类推。
- 平台相关路径涉及的CMake变量值由CMake根据平台预定义，尽管也可以被修改，但并不建议。通过修改CMake变量路径或CMake环境变量路径涉及的变量值来自定义搜索路径是推荐的做法。其中平台相关路径${CMAKE_SYSTEM_PREFIX_PATH}的值，在Windows操作系统中包括C:\Program Files、C:\Program Files (x86)等目录；在类UNIX操作系统中，包括/usr/local等目录。
- 在Windows操作系统中，系统环境变量路径$ENV{PATH}中的值一般会被追加include子目录后作为搜索路径。若环境变量存在以bin或sbin结尾的值，则取其上层目录并追加include[/<架构>]作为搜索路径。
- PATHS参数指定的<候选路径>优先级最低，往往用于一些写死的目录。find_file简单形式中的<候选路径>参数等价于这里的路径。
- 若CMAKE_LIBRARY_ARCHITECTURE变量被定义，那么路径中涉及[/<架构>]的可选部分将会存在，且<架构>的值即该变量的值。
- 除了表9.6中的禁用选项参数，还有一个NO_DEFAULT_PATH。指定它将禁用全部默认搜索路径，仅根据参数提供的<候选路径>和<子目录>来搜索。
- find_file一般用于在头文件目录中搜索头文件，这也是为什么大多数搜索路径都会包含include子目录。

重定向根目录

CMake变量CMAKE_FIND_ROOT_PATH可以用于重定向前面提到的所有搜索路径所对应的根目录，且可以设置为若干目录。

例如，假设CMAKE_PREFIX_PATH变量的值为/a，那么默认情况下find_file命令会搜索/a/include；但如果设置CMAKE_FIND_ROOT_PATH变量的值为/b;/c，那么它就会在/b/a/include和/c/a/include这两个目录中搜索了。如果搜索不到，它才会再次尝试搜索未被重定向的路径。

find_file命令的最后一个参数为三选一的选项，可以用于改变这一搜索逻辑，如下所示：

- CMAKE_FIND_ROOT_PATH_BOTH，即按照默认重定向根目录的搜索顺序搜索；
- NO_CMAKE_FIND_ROOT_PATH，即禁用重定向根目录，忽略CMAKE_FIND_ROOT_ PATH变量；

❑ ONLY_CMAKE_FIND_ROOT_PATH，即仅搜索重定向根目录后的路径。当搜索不到时，不再考虑重定向前的路径。

重定向根目录这个特性往往用于交叉编译，因为交叉编译工具链中库的目录结构与系统库的目录结构一般是相同的，将根目录重定向到编译工具链的安装根目录，即可查找位于编译工具链子目录中的文件。

实例

由于find_file在CMake脚本程序中也可以使用，为方便起见，这里直接使用脚本程序编写实例。CMake脚本程序如代码清单9.21所示。

代码清单9.21　ch009/find_file/find_file.cmake

```
if(WIN32)
    find_file(notepad_path notepad.exe)
    message("${notepad_path}") # 输出: C:/Windows/System32/notepad.exe
endif()

# 使用tree .查看当前目录的树形结构
# ├──a
# │   └──b
# │       └──1.txt
# ├──b
# │   └──a
# │       └──1.txt
# └──find_file.cmake

find_file(res1 1.txt HINTS a b PATH_SUFFIXES b)
message("${res1}") # 输出: .../CMake-Book/src/ch009/find_file/a/b/1.txt

find_file(res2 1.txt HINTS a b PATH_SUFFIXES a)
message("${res2}") # 输出: .../CMake-Book/src/ch009/find_file/b/a/1.txt
```

9.4.2　查找库文件：find_library

与find_file类似，find_library命令也有两种形式，参数几乎完全一样，下面将仅择其特殊之处介绍：

```
find_library(<结果缓存变量> <库名称> [<候选路径...>]) # 简单形式

find_library(<结果缓存变量> # 完整形式
    <库名称> | NAMES <候选库名称>... [NAMES_PER_DIR]
    [HINTS|PATHS [<候选路径>|ENV <候选路径环境变量>]...]
    [PATH_SUFFIXES <子目录>...]
    [DOC <结果缓存变量的描述>]
    [REQUIRED]
    [<搜索路径选项>...]
```

```
    [CMAKE_FIND_ROOT_PATH_BOTH |
    ONLY_CMAKE_FIND_ROOT_PATH |
    NO_CMAKE_FIND_ROOT_PATH]
)
```

该命令用于查找<库名称>对应库文件的绝对路径，并将其存入<结果缓存变量>中。

库名称参数可以仅指定库的原始名称，无须包含前缀后缀，如a。该命令在查找库文件时会根据当前平台的惯例补齐文件名，例如，在Linux中可能会搜索liba.a，而在Windows中可能会搜索a.lib。

find_library命令一般用于查找库文件，因此默认搜索的路径与find_file会有所不同，但这些路径的类别和顺序是相似的，如表9.7所示。

表9.7 find_library命令搜索路径（按搜索顺序排列）

路径类型	路径样例	禁用选项参数
软件包根目录	<软件包根目录>/lib[/<架构>]	NO_PACKAGE_ROOT_PATH
CMake变量路径	${CMAKE_PREFIX_PATH}/lib[/<架构>] ${CMAKE_LIBRARY_PATH} ${CMAKE_FRAMEWORK_PATH}	NO_CMAKE_PATH
CMake环境变量路径	$ENV{CMAKE_PREFIX_PATH}/lib[/<架构>] $ENV{CMAKE_LIBRARY_PATH} $ENV{CMAKE_FRAMEWORK_PATH}	NO_CMAKE_ENVIRONMENT_PATH
HINTS候选路径	<候选路径>	—
系统环境变量路径	$ENV{LIB} $ENV{PATH}	NO_SYSTEM_ENVIRONMENT_PATH
平台相关路径	${CMAKE_SYSTEM_PREFIX_PATH} ${CMAKE_SYSTEM_LIBRARY_PATH} ${CMAKE_SYSTEM_FRAMEWORK_PATH}	NO_CMAKE_SYSTEM_PATH
PATHS候选路径	<候选路径>	—

在Windows操作系统中，系统环境变量路径$ENV{PATH}中的值一般会被追加lib子目录后作为搜索路径。若环境变量存在以bin或sbin结尾的值，则取其上层目录并追加lib[/<架构>]作为搜索路径。

另外，该命令还有一个NAMES_PER_DIR参数，用于改变查找库文件的策略。默认情况下，如果通过NAMES参数指定了多个候选的<库名称>，该命令会依次搜索候选的<库名称>，并且对每一个<库名称>都会遍历全部搜索路径。但如果指定了NAMES_PER_DIR参数，那么就会反过来依次在每一个搜索路径中尝试查找全部的候选<库名称>。换句话说，默认是库优先搜索，指定该参数后则是目录优先搜索。代码清单9.22所示的CMake目录程序展示了该参数的作用。

代码清单9.22 ch009/find_library/CMakeLists.txt

```
cmake_minimum_required(VERSION 3.20)
project(find-library)
```

```
# 使用tree .查看当前目录的树形结构
# ├──CMakeLists.txt
# ├──dir1
# │   ├──b.lib
# │   └──libb.a
# └──dir2
#     ├──a.lib
#     └──liba.a
# 注意，在不同平台中的输出结果不同
find_library(res1 NAMES a b HINTS dir1 dir2)
message("${res1}") # 输出.../find_library/dir2/ liba.a 或 a.lib

find_library(res2 NAMES a b NAMES_PER_DIR HINTS dir1 dir2)
message("${res2}") # 输出.../find_library/dir1/ libb.a 或 b.lib
```

9.4.3 查找目录：find_path

find_path命令同样有两种形式：

```
find_path(<结果缓存变量> <库名称> [<候选路径...>]) # 简单形式

find_path(<结果缓存变量> # 完整形式
    <文件名> | NAMES <文件名>...
    [HINTS|PATHS [<候选路径>|ENV <候选路径环境变量>]...]
    [PATH_SUFFIXES <子目录>...]
    [DOC <结果缓存变量的描述>]
    [REQUIRED]
    [<搜索路径选项>...]
    [CMAKE_FIND_ROOT_PATH_BOTH |
    ONLY_CMAKE_FIND_ROOT_PATH |
    NO_CMAKE_FIND_ROOT_PATH]
)
```

该命令用于查找指定<文件名>所在目录的绝对路径，并将其存入<结果缓存变量>。尽管该命令的结果是一个目录路径，但也需要先搜索到指定的文件，因此该命令的参数及搜索路径的顺序等均与find_file命令对应一致，这里不再赘述。

9.4.4 查找可执行文件：find_program

find_program命令同样有两种形式：

```
find_program(<结果缓存变量> <库名称> [<候选路径...>]) # 简单形式

find_program(<结果缓存变量> # 完整形式
    <文件名> | NAMES <文件名>... [NAMES_PER_DIR]
    [HINTS|PATHS [<候选路径>|ENV <候选路径环境变量>]...]
    [PATH_SUFFIXES <子目录>...]
    [DOC <结果缓存变量的描述>]
    [REQUIRED]
```

```
    [<搜索路径选项>...]
    [CMAKE_FIND_ROOT_PATH_BOTH |
    ONLY_CMAKE_FIND_ROOT_PATH |
    NO_CMAKE_FIND_ROOT_PATH]
)
```

该命令用于查找<文件名>对应的可执行文件的绝对路径，并将其存入<结果缓存变量>中。该命令的参数与find_library一致，这里不再赘述。表9.8中展示了该命令的搜索路径类型。

表9.8 find_program命令搜索路径（按搜索顺序排列）

路径类型	路径样例	禁用选项参数
软件包根目录	<软件包根目录>/lib[/<架构>]	NO_PACKAGE_ROOT_PATH
CMake变量路径	${CMAKE_PREFIX_PATH}/lib[/<架构>] ${CMAKE_PROGRAM_PATH} ${CMAKE_APPBUNDLE_PATH}	NO_CMAKE_PATH
CMake环境变量路径	$ENV{CMAKE_PREFIX_PATH}/lib[/<架构>] $ENV{CMAKE_PROGRAM_PATH} $ENV{CMAKE_APPBUNDLE_PATH}	NO_CMAKE_ENVIRONMENT_PATH
HINTS候选路径	<候选路径>	—
系统环境变量路径	$ENV{PATH}	NO_SYSTEM_ENVIRONMENT_PATH
平台相关路径	${CMAKE_SYSTEM_PREFIX_PATH} ${CMAKE_SYSTEM_PROGRAM_PATH} ${CMAKE_SYSTEM_APPBUNDLE_PATH}	NO_CMAKE_SYSTEM_PATH
PATHS候选路径	<候选路径>	—

下面的实例展示了该命令的用法。CMake目录程序如代码清单9.23所示。

代码清单9.23 ch009/find_program/find_program.cmake

```
find_program(res NAMES cmake)
message("${res}") # 输出的值应与${CMAKE_COMMAND}一致
```

9.4.5 与查找参数相关的变量

find_package命令会调用名为Find<软件包名>.cmake的查找模块来完成对软件包的搜索，那么我们自己编写的Find<软件包名>.cmake查找模块如何获取调用find_package命令时提供的参数呢？

事实上，find_package命令被调用时，会根据调用者提供的参数定义一系列变量来描述查找的要求，如表9.9所示。它们仅作用于查找模块的作用域。

表9.9 与查找参数相关的变量

变量名称	描述
CMAKE_FIND_PACKAGE_NAME	当前搜索中的<软件包名>
<软件包名>_FIND_REQUIRED	是否指定了REQUIRED参数
<软件包名>_FIND_QUIETLY	是否指定了QUIET参数

续表

变量名称	描述
<软件包名>_FIND_VERSION_EXACT	是否指定了EXACT参数
<软件包名>_FIND_COMPONENTS	要搜索的软件包子组件的列表，包括必要组件和可选组件
<软件包名>_FIND_REQUIRED_<子组件>	<子组件>是否是必要组件
<软件包名>_FIND_VERSION_COMPLETE	指定的<版本号>参数原始字符串
<软件包名>_FIND_VERSION	要搜索的软件包版本号的完整字符串
<软件包名>_FIND_VERSION_MAJOR <软件包名>_FIND_VERSION_MINOR <软件包名>_FIND_VERSION_PATCH <软件包名>_FIND_VERSION_TWEAK	要搜索的软件包版本号的指定部分。若对应部分未明确指定，则变量值为0
<软件包名>_FIND_VERSION_COUNT	用于描述软件包版本号指定了几部分

若要搜索的版本号是以版本号区间形式指定的，则表9.9中后三个与版本号相关的变量将根据指定区间的最低版本号来确定值。这样，即便调用的查找模块仅支持按固定版本号搜索软件包的逻辑，也可以兼容区间形式的版本号搜索，即搜索区间下限，也就是最低版本。与此同时，使用区间形式版本号时，表9.10中列举的变量也会被额外定义。

表9.10　与版本号区间查找参数相关的变量

变量名称	描述
<软件包名>_FIND_VERSION_RANGE	版本号区间的完整字符串
<软件包名>_FIND_VERSION_RANGE_MIN	版本号区间的下限（最低版本）是否被包含在区间内。其值必然为INCLUDE，即包含
<软件包名>_FIND_VERSION_RANGE_MAX	版本号区间的上限（最高版本）是否被包含在区间内。其值可为INCLUDE或EXCLUDE，分别表示包含和不包含
<软件包名>_FIND_VERSION_MIN	版本号区间的最低版本的完整字符串
<软件包名>_FIND_VERSION_MAX	版本号区间的最低版本的完整字符串
<软件包名>_FIND_VERSION_MIN_MAJOR；<软件包名>_FIND_VERSION_MIN_MINOR；<软件包名>_FIND_VERSION_MIN_ PATCH；<软件包名>_FIND_VERSION_MIN_TWEAK	版本号区间的最低版本的指定部分。若对应部分未明确指定，则变量值为0
<软件包名>_FIND_VERSION_MIN_COUNT	描述版本号区间的最低版本指定了几个部分
<软件包名>_FIND_VERSION_MAX_MAJOR <软件包名>_FIND_VERSION_MAX_MINOR <软件包名>_FIND_VERSION_MAX_PATCH <软件包名>_FIND_VERSION_MAX_TWEAK	版本号区间的最高版本的指定部分。若对应部分未明确指定，则变量值为0
<软件包名>_FIND_VERSION_MAX_COUNT	描述版本号区间的最高版本指定了几个部分

下面这个实例展示了在查找模块中部分上述变量的取值。该实例不涉及构建过程，采用CMake脚本程序编写，主脚本程序和自定义查找模块的程序分别如代码清单9.24 和代码清单9.25所示。

代码清单9.24 ch009/查找要求变量/main.cmake

```
set(CMAKE_MODULE_PATH "${CMAKE_CURRENT_LIST_DIR};${CMAKE_MODULE_PATH}")
find_package(Custom 2.1...<2.3 REQUIRED COMPONENTS a)
```

代码清单9.25 ch009/查找要求变量/FindCustom.cmake

```
message("${CMAKE_FIND_PACKAGE_NAME}") # 输出: Custom
message("${Custom_FIND_REQUIRED}") # 输出: 1
message("${Custom_FIND_VERSION_COMPLETE}") # 输出: 2.1...2.3
message("${Custom_FIND_VERSION}") # 输出: 2.1
message("${Custom_FIND_VERSION_COUNT}") # 输出: 2
message("${Custom_FIND_VERSION_RANGE}") # 输出: 2.1...2.3
message("${Custom_FIND_VERSION_RANGE_MAX}") # 输出: EXCLUDE
message("${Custom_FIND_VERSION_MIN}") # 输出: 2.1
message("${Custom_FIND_VERSION_MAX}") # 输出: 2.3
message("${Custom_FIND_COMPONENTS}") # 输出: a
```

9.4.6 查找条件变量

前面介绍FindBoost查找模块时提到过查找条件变量。它们可以用来提示查找模块在哪里查找、查找满足何种条件的库。之所以说是“提示”，是因为即使不设置这些变量，查找模块往往也能够自动搜索软件包的相关路径信息，并设置好这些变量的值。

查找条件变量一般是可以修改编辑的缓存变量，这样，当用户未定义它们时，查找模块就可以借助前面介绍的find_file、find_library等命令查找相关文件或目录的路径，并设置这些缓存变量；当用户定义了这些缓存变量时，它们对应的查找命令也可以自动跳过。查找模块支持的查找条件变量应当由查找模块的制作者在程序注释中详细描述，一般来说，查找模块都会提供如表9.11所示的查找条件变量。

表9.11 常见的查找条件变量

变量名称	描述
<软件包名>_LIBRARY	用于设置库文件的路径。该变量通常作为find_library的结果变量（该变量仅适用于只包含一个库文件的软件包）
<软件包名>_<库名>_LIBRARY	用于设置软件包中<库名>对应的库文件的路径。该变量也通常作为find_library的结果变量
<软件包名>_INCLUDE_DIR	用于设置头文件搜索目录。该变量通常作为find_path的结果变量
<软件包名>_<库名>_INCLUDE_DIR	用于设置软件包中<库名>对应的库的头文件搜索目录。该变量也通常作为find_path的结果变量

9.4.7 查找结果变量

查找模块最终会将查找到的第三方软件包的相关信息存入一些变量中，这些变量的命名遵循一定惯例：通常都将<软件包名>_作为前缀（大小写也应一致）。这样可以避免不同查找模块的结果变量的名称出现冲突。

表9.12中是一些常见的查找结果变量。

表9.12 常见的查找结果变量

变量名称	描述
<软件包名>_INCLUDE_DIRS	头文件搜索目录列表
<软件包名>_LIBRARIES	库列表。其中的元素可以是库目标的名称、库文件的绝对路径，或位于库文件搜索目录的库名称
<软件包名>_DEFINITIONS	作为使用要求的编译器宏定义
<可执行文件名>_EXECUTABLE	可执行文件的绝对路径。该变量名称的前缀未必是 <软件包名>，也可以是搜索到的可执行文件的名称（一般全大写），通常用于存放该软件包提供的工具的路径。该变量通常是缓存变量，作为find_program的结果变量
<软件包名>_<可执行文件名>_EXECUTABLE	可执行文件的绝对路径。该变量通常是缓存变量，作为 find_program的结果变量。该变量可以用于避免不同查找模块所查找的可执行文件重名
<软件包名>_LIBRARY_DIRS	库文件搜索目录
<软件包名>_RUNTIME_LIBRARY_DIRS	运行时库文件搜索目录。在Windows操作系统中，该变量的值通常用于设置PATH环境变量；在类UNIX操作系统中，该变量的值通常用于设置LD_LIBRARY_PATH环境变量
<软件包名>_ROOT_DIR	软件包的根目录路径
<软件包名>_FOUND	软件包是否成功查找到
<软件包名_<子组件>_FOUND	软件包对应<子组件>是否成功查找到。这些变量通常被调用者用于判断可选子组件是否成功查找到，以确定最终链接哪些子组件
<软件包名>_VERSION <软件包名>_VERSION_STRING	查找到的软件包的版本号
<软件包名>_VERSION_MAJOR <软件包名>_VERSION_MINOR <软件包名>_VERSION_PATCH	查找到的软件包的版本号的指定部分

<软件包名>_INCLUDE_DIRS和<软件包名>_LIBRARIES这两个结果变量很容易和查找条件变量<软件包名>_INCLUDE_DIR和<软件包名>_LIBRARY混淆。查找条件变量是缓存变量，经常直接用作 find_file等命令的结果缓存变量，可以支持自定义路径，避免重复查找。而这里的查找结果变量是最终的结果变量，可能包含多个路径。一般情况下，直接将全部查找条件变量的值赋给查找结果变量即可。

9.4.8 FindPackageHandleStandardArgs模块

FindPackageHandleStandardArgs模块是一个CMake预置的功能模块，可不要因为它的名称以Find开头就认为它是查找模块。

该模块提供了两个命令，可以在自定义查找模块中判断结果变量是否都已正确赋值，同时还能检查查找到的软件包版本号等信息是否满足查找的要求。

检查条件变量：find_package_handle_standard_args

该命令的名称与模块名称一致，也是该模块提供的最重要的命令。它具有如下简单形式和完整形式：

```
find_package_handle_standard_args(<软件包名>    #简化形式
    DEFAULT_MSG|<自定义错误>
    <待检查的变量>...
)

find_package_handle_standard_args(<软件包名>    #完整形式
    [FOUND_VAR <查找结果状态变量>] # 已弃用
    [REQUIRED_VARS <待检查的变量>...]
    [VERSION_VAR <版本号变量>]
    [HANDLE_VERSION_RANGE]
    [HANDLE_COMPONENTS]
    [REASON_FAILURE_MESSAGE <错误原因>]
    [FAIL_MESSAGE <自定义错误>]
    [NAME_MISMATCHED]
    [CONFIG_MODE]
)
```

其中，简单形式的DEFAULT_MSG参数表示在查找失败时输出默认错误信息，其他参数与完整形式中同名参数的含义相同，因此接下来仅会介绍完整形式中的参数。

该命令会检查<待检查的变量>中的值是否都是有效值，检查<版本号变量>的值是否满足find_package的参数设置、子组件是否都已成功查找到等，并根据这些检查结果设置<查找结果状态变量>的值。当所有检查均通过时，其值为真值，否则为假值。

FOUND_VAR参数用于设置<查找结果状态变量>的名称，名称仅可取值为<软件包名>_FOUND或全大写的<软件包名>_FOUND之一。该参数在CMake 3.3版本之后已被弃用，因为这两种写法的变量都会同时被隐式地作为 <查找结果状态变量>，该参数不再起任何作用。

REQUIRED_VARS参数用于设置<待检查的变量>。当这些变量未被正确定义时，该命令会报告错误，要求用户设置缺失的变量值。这些变量应当是可以设置的缓存变量，如查找条件变量，因此该参数通常用于检查find_file等查找命令的结果路径是否被正确设置。

VERSION_VAR参数用于设置<版本号变量>。该命令会检查<版本号变量>的值是否与调用find_package命令时通过参数设置的版本号相匹配。若想让该命令检查其值是否满足区间形式的版本号要求，需要额外指定HANDLE_VERSION_RANGE参数。

指定HANDLE_COMPONENTS参数后，该命令会检查所有的必要子组件是否成功查找到（可选子组件不会被检查），也就是检查这些子组件对应的<软件包名>_<子组件>_FOUND变量是否均为真值。

REASON_FAILURE_MESSAGE参数可以用于补充<错误原因>，并被追加到输出的软件包查找失败提示信息之后。而FAIL_MESSAGE参数用于指定<自定义错误>，替代默认的软件包查找失败提示信息，因此一般不推荐设置该参数。

该命令还会在<软件包名>参数与CMAKE_FIND_PACKAGE_NAME变量的值不一致时产生警告信息，这通常意味着查找模块的代码有错误。当然，如果这个不一致是预期内的，那么可以指定 NAME_MISMATCHED参数来避免误报。

另外，有时编写的查找模块可能会嵌套调用find_package命令的配置模式来查找软件包。指定CONFIG_MODE参数后，find_package_handle_standard_args命令可以用来检查配置模式是否成功执行，以及配置模式查找到的软件包版本号是否满足要求。这种嵌套配置模式的查找模块相当于配置模式的再封装，例如，可以在查找模块首先为配置模式指定路径提示，提供一些额外的功能命令等。

检查版本号：find_package_check_version

这是FindPackageHandleStandardArgs模块提供的另一个命令，功能较为纯粹，仅用于检查版本号：

```
find_package_check_version(<版本号> <结果变量>
    [HANDLE_VERSION_RANGE]
    [RESULT_MESSAGE_VARIABLE <检查信息变量>]
)
```

该命令用于检查<版本号>是否满足find_package命令被调用时所设置的版本号参数的要求，并将检查结果以布尔值存入<结果变量>。

HANDLE_VERSION_RANGE参数同样用于设置是否支持对版本号区间形式的检查。

检查结果的详细信息会存入<检查信息变量>。一般会将其值在检查后输出，如代码清单9.26所示。

代码清单9.26　调用find_package_check_version并输出检查结果信息

```
find_package_check_version(1.2.0 res
    HANDLE_VERSION_RANGE
    RESULT_MESSAGE_VARIABLE msg)
if(res)
    message(STATUS "${msg}")
else()
    message(FATAL_ERROR "${msg}")
endif()
```

9.4.9　实例：onnxruntime的查找模块

onnxruntime是微软开发的一个跨平台的高性能机器学习推理和训练加速库，被广泛应用于产业界。如果我们想将一些机器学习、深度学习模型应用于低延迟服务中，可以考虑使用onnxruntime库。

onnxruntime库没有官方提供的便于导入依赖的CMake配置文件。因此，为了能够借助

find_package命令简化导入过程，我们需要自行实现一个针对onnxruntime库的查找模块Findonnxruntime.cmake。

现在下载onnxruntime库的预编译包并解压到安装目录，查看其目录结构，以便接下来编写查找模块时确定查找头文件、库文件等的候选路径参数等。onnxruntime库的预编译包可以在其官方GitHub代码仓库的Release页面中下载，其中包含不同平台的预编译包，读者可根据自己使用的平台进行选择。笔者使用的是64位Windows操作系统，且未配置CUDA运行环境，不打算利用GPU加速功能，因此选择的是"onnxruntime-win-x64-<版本号>.zip"这一预编译包。

为了方便演示，将该压缩包解压至CMake-Book/src/ch009/Findonnxruntime/<压缩包名>目录，其中包含两个子文件夹：include和lib。很明显，前者包含onnxruntime库的头文件，后者则包含其库文件，结果简单清晰。那么，下面就开始编写查找模块吧！

首先，利用find_path命令查找"onnxruntime_c_api.h"头文件的所在目录，如代码清单9.27所示。

代码清单9.27 ch009/Findonnxruntime/Findonnxruntime.cmake（第46行～第48行）

```
find_path(onnxruntime_INCLUDE_DIR onnxruntime_c_api.h
  HINTS ENV onnxruntime_ROOT
  PATH_SUFFIXES include)
```

这里将环境变量onnxruntime_ROOT的值作为候选路径，其值应被设置为onnxruntime库的安装根目录。另外，这里还将include设置为查找的子目录。find_path的查找结果将被存入onnxruntime_INCLUDE_DIR缓存变量中，也就是onnxruntime库的头文件目录。

同理，再利用find_library命令查找onnxruntime库的路径，如代码清单9.28所示。

代码清单9.28 ch009/Findonnxruntime/Findonnxruntime.cmake（第50行～第53行）

```
find_library(onnxruntime_LIBRARY
  NAMES onnxruntime
  HINTS ENV onnxruntime_ROOT
  PATH_SUFFIXES lib)
```

这里也将环境变量onnxruntime_ROOT的值作为候选路径参数。现在，onnxruntime_LIBRARY结果缓存变量的值就是onnxruntime库的库文件路径了。

接下来还需要获取查找到的onnxruntime库的版本号，以便后面判断它是否符合find_package的参数要求。在onnxruntime的安装根目录中，有一个名为VERSION_NUMBER的文件，其所含内容正是版本号。我们可以直接使用find_file命令查找它，并读取其中的内容，如代码清单9.29所示。

代码清单9.29 ch009/Findonnxruntime/Findonnxruntime.cmake（第55行～第60行）

```
find_file(onnxruntime_VERSION_FILE VERSION_NUMBER
  HINTS ENV onnxruntime_ROOT)

if(onnxruntime_VERSION_FILE)
  file(STRINGS ${onnxruntime_VERSION_FILE} onnxruntime_VERSION LIMIT_COUNT 1)
endif()
```

此时，onnxruntime_VERSION_FILE缓存变量的值是版本号文件的路径，onnxruntime_VERSION变量的值是版本号文件的内容，也就是版本号本身。

现在，所有必要的信息都已经获取完成，是时候使用FindPackageHandleStandardArgs模块来检查这些信息了！代码清单9.30所示的查找模块片段中，我们调用了find_package_handle_standard_args命令以检查路径变量是否被正确设置，以及版本号是否满足要求。

代码清单9.30　ch009/Findonnxruntime/Findonnxruntime.cmake（第62行～第67行）

```
include(FindPackageHandleStandardArgs)

find_package_handle_standard_args(onnxruntime
  REQUIRED_VARS onnxruntime_LIBRARY onnxruntime_INCLUDE_DIR
  VERSION_VAR onnxruntime_VERSION
  HANDLE_VERSION_RANGE)
```

此时，onnxruntime_FOUND变量就会根据查找成功与否，被赋值为真值或假值。

最后，创建一个导入库目标onnxruntime::onnxruntime，以方便用户链接到它，如代码清单9.31所示。

代码清单9.31　ch009/Findonnxruntime/Findonnxruntime.cmake（第69行～第82行）

```
if(onnxruntime_FOUND)
  set(onnxruntime_INCLUDE_DIRS ${onnxruntime_INCLUDE_DIR})
  set(onnxruntime_LIBRARIES ${onnxruntime_LIBRARY})

  add_library(onnxruntime::onnxruntime SHARED IMPORTED)
  target_include_directories(onnxruntime::onnxruntime INTERFACE ${onnxruntime_INCLUDE_D
IRS})
  if(WIN32)
    set_target_properties(onnxruntime::onnxruntime PROPERTIES
      IMPORTED_IMPLIB "${onnxruntime_LIBRARY}")
  else()
    set_target_properties(onnxruntime::onnxruntime PROPERTIES
      IMPORTED_LOCATION "${onnxruntime_LIBRARY}")
  endif()
endif()
```

在Windows操作系统中，导入动态库的IMPORTED_IMPLIB属性应设置为动态库的导入库（.lib而不是.dll）的路径；在其他平台中，导入动态库的IMPORTED_LOCATION属性应设置为导入的动态库文件自身的路径。这一点需要注意。

至此，查找模块的全部代码就完成了。但查找模块真的完成了吗？还没有。按照惯例，应提供一个友好全面的注释文档，放在查找模块的最前面。不然，用户怎么知道这个查找模块会定义哪些结果变量，又会受到哪些条件变量控制呢？CMake的注释文档一般采用reStructuredText语法来书写，如代码清单9.32所示。

代码清单9.32 ch009/Findonnxruntime/Findonnxruntime.cmake（第1行～第44行）

```
#[=======================================================================[.rst:
Findonnxruntime
-------

Finds the onnxruntime library.（查找onnxruntime库）

Imported Targets（导入目标）
^^^^^^^^^^^^^^^^^^^^^^^^^^^

This module provides the following imported targets, if found（若查找成功，该模块会创建如下导入目标）:

``onnxruntime::onnxruntime``
  The onnxruntime library（onnxruntime库）

Result Variables（结果变量）
^^^^^^^^^^^^^^^^^^^^^^^^^^^

This will define the following variables（该模块会定义如下变量）:

``onnxruntime_FOUND``
  True if the system has the onnxruntime library.（若成功查找onnxruntime库，则为真值）
``onnxruntime_VERSION``
  The version of the onnxruntime library which was found.（查找到的onnxruntime库的版本号）
``onnxruntime_INCLUDE_DIRS``
  Include directories needed to use onnxruntime.（作为使用要求的onnxruntime的头文件目录）
``onnxruntime_LIBRARIES``
  Libraries needed to link to onnxruntime.（作为使用要求的onnxruntime的链接库文件路径）

Cache Variables（缓存变量）
^^^^^^^^^^^^^^^^^^^^^^^^^^^

The following cache variables may also be set（该模块会定义如下缓存变量）:

``onnxruntime_INCLUDE_DIR``
  The directory containing ``onnxruntime_c_api.h``.（``onnxruntime_c_api.h``所在目录）
``onnxruntime_LIBRARY``
  The path to the onnxruntime library.（onnxruntime库文件的路径）

Hints（作为提示的查找条件变量）
^^^^^^^^^^^^^^^^^^^^^^^^^^^^^

``onnxruntime_ROOT``
  The environment variable that points to the root directory of onnxruntime.（指向onnxruntime安装根目录的环境变量）
#]=======================================================================]
```

现在，我们终于彻底完成了查找模块的全部内容，赶紧在项目中试用一下吧！首先，创建一个CMake目录程序，如代码清单9.33所示。

代码清单9.33　ch009/Findonnxruntime/CMakeLists.txt

```
cmake_minimum_required(VERSION 3.20)
project(find-onnxruntime)

set(CMAKE_MODULE_PATH "${CMAKE_CURRENT_LIST_DIR};${CMAKE_MODULE_PATH}")
set(CMAKE_CXX_STANDARD 11)# 设置C++标准为11
set(onnx_version 1.10.0)# 根据下载的版本进行设置，本例使用1.10.0版本

# 请下载onnxruntime库的压缩包，并解压至该目录中
# 下面的环境变量设置仅做演示目的，实际开发中不应将依赖的安装目录硬编码在代码中
if("$ENV{onnxruntime_ROOT}" STREQUAL "")
  if(WIN32)
      set(ENV{onnxruntime_ROOT} "${CMAKE_CURRENT_LIST_DIR}/onnxruntime-win-x64-1.10.0")
  elseif(APPLE)
      set(ENV{onnxruntime_ROOT} "${CMAKE_CURRENT_LIST_DIR}/onnxruntime-osx-universal2-1
.10.0")
  else()
      set(ENV{onnxruntime_ROOT} "${CMAKE_CURRENT_LIST_DIR}/onnxruntime-linux-x64-1.10.0
")
  endif()
endif()

find_package(onnxruntime 1.10) #指定依赖的最小版本
add_executable(main main.cpp)
target_link_libraries(main onnxruntime::onnxruntime)
target_compile_definitions(main PRIVATE ORT_NO_EXCEPTIONS)
```

该目录程序首先向CMAKE_MODULE_PATH变量中插入了当前目录，以便调用刚刚编写的查找模块，接着设置onnxruntime_ROOT环境变量为onnxruntime库的安装根目录，用来提示查找模块，然后调用find_package命令，真正开始查找onnxruntime库，最后创建一个可执行文件目标，并链接了onnxruntime::onnxruntime这个导入库目标。

代码清单9.33中还为可执行文件目标设置了ORT_NO_EXCEPTIONS宏定义，主要是为了便于演示，让onnxruntime在遇到错误时输出错误信息而非抛出异常。

主程序如代码清单9.34所示，其中几乎没有什么内容，仅仅试图从一个非法的空路径中加载模型文件。

代码清单9.34　ch009/Findonnxruntime/main.cpp

```
#include <onnxruntime_cxx_api.h>

int main() {
    Ort::Env env;
    Ort::Session session(env, ORT_TSTR(""), Ort::SessionOptions(nullptr));
    return 0;
}
```

下面就可以配置生成该项目了。

```
> cd CMakeBook/src/ch009/Findonnxruntime
> mkdir build
> cd build
> cmake ..
...
-- Found onnxruntime: .../Findonnxruntime/onnxruntime-win-x64-1.10.0/lib/onnxruntime.l
ib (found suitable version "1.10.0", minimum required is "1.10")
...
> cmake --build .
...
```

读者可以尝试运行构建好的可执行文件main，它没有什么实际用处，只会输出一条错误信息，即加载的模型文件不存在。不过这证明了onnxruntime已经被成功链接到主程序中了。

若要在Windows操作系统中运行main.exe，记得将动态库onnxruntime.dll 复制到main.exe的同一目录中。

9.5 小结

本章的前半部分介绍了CMake提供的一些常用的预置模块，善用它们可以极大地简化CMake程序的编写过程，方便调试程序、获取系统环境信息等。另外，本章结合丰富的实例介绍了用于生成导出头文件的GenerateExportHeader模块。这个模块可以便捷地导出接口函数，对于库的开发者来说非常实用。

本章的后半部分主要介绍查找模块，并以CMake预置的Boost查找模块为例展示了其具体应用。除此之外，本章还介绍了如何从头编写一个自定义查找模块，包括编写过程中常用的一些find命令、功能模块等，最后通过一个onnxruntime的自定义查找模块实例详细解释了编写自定义查找模块的完整过程。

CMake模块程序是CMake程序复用的基本单元，社区中很多热心的开发者开源了他们自己编写的 CMake模块。读者如果有一些个性化的需求，不妨先在互联网上搜索，看看是否能够复用已有的模块。当然，热心的读者也可以将自己编写的模块开放给大家！

第10章将一起认识CMake的策略特性，正是这一特性让CMake可以一直保持良好的向后兼容性。这也是本书介绍的最后一个CMake特性了，一起继续吧！

第10章

策略与向后兼容

CMake相当重视向后兼容性，并且受益于此，能够持续不断地改进和增加新特性，而几乎不会破坏古老的代码仓库。这一点在第2章介绍CMake的特点时已经提到过。CMake的策略机制就是为解决向后兼容问题而生的。

有了策略机制，CMake可以基本确保基于旧版本CMake编写的目录程序可以被新版本的CMake配置生成，同时，如果程序中使用了已经弃用的特性，它也能针对性地给出警告信息，鼓励或要求用户重构CMake程序。

CMake不是一味地妥协，也会在较长时间后逐渐移除这些“遗产”，使得CMake的代码能够有机会焕然一新，而不是总在积累技术债务。当然，策略机制也一定会告诉我们是否使用了已被彻底移除的特性，从而可以让我们根据产生的错误信息，对CMake程序进行重构。

是不是感到有些神奇，CMake的策略机制到底是如何实现的呢？下面一起来了解一下吧！

10.1 CMake策略（以CMP0115为例）

CMake策略（policy）的名称以CMP开头，后面跟着一个代表策略编号的四位整数，如CMP0115就是第115号策略。每一个策略都对应着新旧两种不同的行为：NEW行为和OLD行为。若想了解这些策略新旧行为的具体区别，可以查阅官方文档。

借助官方文档查阅CMake策略

CMake官方文档依次列举CMake从新到旧的各个版本引入的策略，每个策略都会提供一段摘要以便于查阅。读者可以尝试去官方文档中看一下CMake 3.20版本引入的CMP0115策略，它的摘要是“Source file extensions must be explicit”，即“源文件扩展名必须显式指定”。

点击文档中这个策略的超链接，即可进入其详情页面。在CMP0115的详情页面中可以了解到，在CMake 3.19及以前的版本中，为add_executable等命令指定<源文件>参数时，可以省略源文件的扩展名，如add_executable(A main)，CMake会自动根据项目采用的编程语言尝试为其添加扩展名并查找对应的源文件。然而在CMake 3.20及以后的版本中，CMake要求<源文件>参数必须显式指定文件的扩展名，如add_executable(A main.cpp)。

对于CMP0115这个策略而言，OLD行为即允许CMake隐式地为<源文件>参数追加扩展名，NEW行为即要求<源文件>参数中必须显式指定扩展名。那么，CMake是如何决定到底采用哪一种行为的呢？它又是如何在CMake版本升级后，发现新版带来的行为改变可能造成CMake程序的不兼容问题呢？这首先要归功于每一个CMake目录程序中最开始调用的命令——cmake_minimum_required命令。

10.2 指定CMake最低版本要求：cmake_minimum_required

事实上，该命令不仅适用于目录程序。在CMake脚本程序、模块程序中都可以调用该命令设定对CMake版本的最低要求。这里暂不考虑该命令对策略的影响，先来熟悉一下它的参数形式及基本功能：

```
cmake_minimum_required(VERSION <最低版本>)
```

该命令用于指定执行当前CMake程序所需CMake的<最低版本>。<最低版本>参数格式为通用的版本号格式，即主版本号.次版本号[.补丁版本号[.修订版本号]]，其中主版本号和次版本号是必需的。如果该命令检测到当前CMake的版本低于<最低版本>的要求，CMake会报告致命错误，终止执行。

该命令相当于设置CMake变量CMAKE_MINIMUM_REQUIRED_VERSION的值为<最低版本>，通过获取该变量的值可以获取最近一次指定的最低版本要求。

另外，该命令应当在CMake程序文件的最开始处调用，甚至要早于project命令。毕竟，project命令也说不定会有不兼容的改变。

最低版本要求与策略设置

cmake_minimum_required命令被调用时，除了检测当前CMake版本，还会设置当前CMake程序的策略行为：<最低版本>及之前版本的CMake引入的策略将全部被设置为NEW行为，而<最低版本>之后的CMake引入的策略将不会被设置。未被设置的策略会默认采用OLD行为，但会同时产生警告信息。

以省略源文件扩展名这一行为为例，它在CMake 3.19及以前的版本中是受到支持的，但在CMake 3.20版本中被废弃了。这一行为的变化属于破坏性变化，可能导致CMake目录程序无法成功配置生成，因而CMake为该行为引入了策略，即CMP0115。如代码清单10.1所示的实例中设置的CMake<最低版本>为3.19，低于正在使用的3.20版本。同时，add_executable命令的<源文件>参数省略了main.cpp的扩展名，直接给定其基本文件名部分main。

代码清单10.1 ch010/最低版本/CMakeLists.txt

```
cmake_minimum_required(VERSION 3.19)
project(min-ver)
add_executable(A main)
```

由于该实例中设置的<最低版本>为3.19，CMP0115策略不会被设置为NEW行为，而是处于未被设置的状态。此时，CMake 3.20版本仍会默认采用 OLD行为，为<源文件>参数补全扩展名。不过，由于CMP0115策略未被显式设置，CMake在执行时会输出如下警告信息：

```
Policy CMP0115 is not set: Source file extensions must be explicit.
Run "cmake --help-policy CMP0115" for policy details.
Use the cmake_policy command to set the policy and suppress this warning.
```

该警告信息的翻译如下：

```
策略CMP0115未被设置：源文件扩展名必须显式指定。
执行"cmake --help-policy CMP0115"命令行查看该策略的详细信息。
调用cmake_policy命令显式设置该策略的行为以屏蔽该警告。
```

警告信息中提到可以使用cmake_policy命令显式指定策略的行为。10.3节中将会介绍这一命令。

10.3　管理策略行为：cmake_policy

cmake_policy命令有多个子命令，可以分别用于获取和显式指定策略的行为等，下面将对它们进行逐一介绍。

10.3.1　按策略名称设置策略行为

```
cmake_policy(SET <策略名称> NEW|OLD)
```

该命令可以设置<策略名称>对应的CMake策略的行为为NEW或OLD。<策略名称>即CMP加四位数字，如CMP0001。

如果我们已经对CMake程序进行了代码重构，使其兼容新版的某个策略行为，那么就可以使用该命令设置该策略采用NEW行为。例如，可以检查所有创建构建目标的命令的<源文件>参数，若均不存在省略扩展名的写法，那么就可以调用cmake_policy(SET CMP0115 NEW)，将CMP0115策略切换到新版的行为。

当然，有时候可能没有时间去重构代码，又不想总是看到CMake输出的警告信息——此时可以显式地将策略行为设置为 OLD行为，这样CMake就不会再产生警告了。

10.3.2　获取策略行为

```
cmake_policy(GET <策略名称> <结果变量>)
```

该命令可以将<策略名称>对应的CMake策略的行为获取到<结果变量>中。如果指定的策略未被设置，<结果变量>会被赋空值，否则它会被赋值为NEW或OLD。

10.3.3　按CMake版本设置策略行为

```
cmake_policy(VERSION <最低版本>[...<策略兼容的最高版本>])
```

该命令可以根据指定的CMake<最低版本>和<策略兼容的最高版本>设置全部已知策略的行为。

<最低版本>最低不能低于2.4，最高不能超过当前运行的CMake 的版本号。<最低版本>及其以前的版本引入的策略将会被设置为 NEW行为。

<策略兼容的最高版本>最低不能低于<最低版本>，最高没有限制，可以设置为未来的版本号。如果指定了<策略兼容的最高版本>，那么<策略兼容的最高版本>及其以前的版本引入的策略也都会被设置为NEW行为。

用更容易理解的话说，<最低版本>可以用于限制能够运行CMake程序的最低版本，如果使

用的CMake版本比它低，就会产生致命错误；而<策略兼容的最高版本> 表示该程序可以一直兼容到不高于<策略兼容的最高版本>的新版CMake，因此这些新版引入的新策略都可以被设置为采用NEW行为。当用户使用了比 <策略兼容的最高版本>还高的新版CMake，那么从<策略兼容的最高版本>之后的版本引入的CMake策略的行为都将处于未被设置的状态，也就会产生相关的警告信息。如果用户使用的版本比<策略兼容的最高版本>更低，那么后续版本的策略实际上都还不存在，也就等同于使用OLD行为，如图10.1所示。

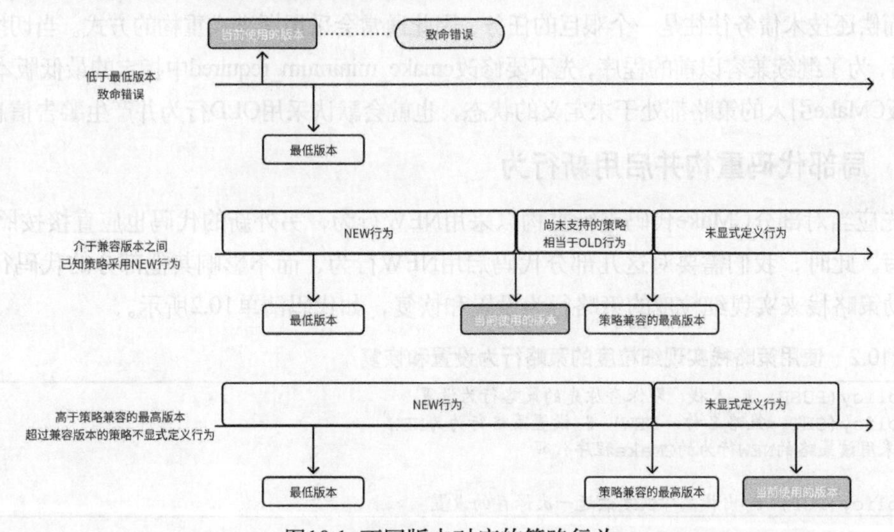

图10.1 不同版本对应的策略行为

<策略兼容的最高版本>参数是可选参数，如果不打算兼容旧版的CMake了，就无须指定它，直接提高<最低版本>就可以了。

其实cmake_minimum_required命令就是通过该命令来完成对CMake策略行为设置的，它同样支持指定<策略兼容的最高版本>参数，如下所示：

```
cmake_minimum_required(VERSION <最低版本>...<策略兼容的最高版本>)
```

10.3.4 管理CMake策略栈

每一个子目录的目录程序，以及include和find_package引用的模块程序都会创建一个新的策略作用域，并将其追加到策略栈中。当我们使用cmake_policy 设置策略行为时，实际上只是在修改栈顶的策略行为。也就是说，在某个子目录或模块程序中定义的策略行为，不会影响其他子目录或其他模块程序中定义的策略行为。不过有一个例外：当调用include和find_package命令时若指定了NO_POLICY_SCOPE参数，它们引用的模块程序不会拥有一个新的策略栈。

cmake_policy命令提供了如下子命令用于维护策略栈：

```
cmake_policy(PUSH) # 入栈
cmake_policy(POP) # 出栈
```

这两个命令分别用于将当前设置的策略行为入栈和出栈。如果需要对CMake程序进行重构升级，这一对命令将会非常有帮助。

10.4 渐进式重构CMake程序

策略能够很好地让CMake兼容古老的代码，同时输出友好的警告信息，帮助及时偿还技术债务，重构代码以兼容新版。每当新版CMake带来破坏性改变时，它都会引入一个新策略，允许切换新旧行为。理想情况下，我们应当尽快重构代码，使全部策略均采用NEW行为。

然而偿还技术债务往往是一个艰巨的任务，因此通常会采用渐进式重构的方式。当切换到新版CMake后，为了继续兼容以前的程序，先不要修改cmake_minimum_required中指定的最低版本。此时，所有新版CMake引入的策略都处于未定义的状态，也就会默认采用OLD行为并产生警告信息。

10.4.1 局部代码重构并启用新行为

首先应当对部分CMake代码进行重构以采用NEW行为，另外新的代码也应直接按照NEW行为来编写。此时，我们需要对这几部分代码启用NEW行为，而不影响其他部分的代码行为。这里将借助策略栈来实现细粒度的策略行为设置和恢复，如代码清单10.2所示。

代码清单10.2 使用策略栈实现细粒度的策略行为设置和恢复

```
cmake_policy(PUSH) # 入栈，即保存原先的策略行为设置
cmake_policy(SET <策略名称> NEW) # 设置策略行为为NEW
# 这里是采用该策略的NEW行为的CMake程序代码
# ...
cmake_policy(POP) # 出栈，即恢复最近一次保存的设置
```

当然，随着重构的不断进行，可能某个子目录下所有目录程序均已完成重构，那么就可以直接调用cmake_policy(SET <策略名称> NEW)命令对整个目录程序采用指定策略的NEW行为。

10.4.2 禁用警告信息

在介绍cmake_policy命令时提到过，只要将对应策略的行为显式设置为OLD行为，CMake就不会再产生警告信息了。当我们想推迟重构而又不希望被警告信息干扰时，这很有用。

```
cmake_policy(SET <策略名称> OLD)
```

如果想对局部CMake程序进行该设置，也可以借助策略栈来完成。

10.4.3 同时兼容旧版CMake

有些用户往往并不积极地升级CMake版本，因此需要让CMake程序能够同时兼容旧版和新版的CMake。策略行为总是二选一的，因此只能通过条件判断来完成新旧版本的同时兼容。

if命令支持判断策略是否存在，借助它可以根据当前CMake版本是否存在指定的策略，来进行不同的项目配置，如代码清单10.3所示。

代码清单10.3 ch010/同时兼容/CMakeLists.txt

```
cmake_minimum_required(VERSION 3.19)
```

```
project(if-policy)

if(POLICY CMP0115)
    # 支持策略CMP0115，肯定是CMake 3.20及以上版本
    cmake_policy(SET CMP0115 NEW)
    add_executable(A main.cpp) # 必须显式指定扩展名
else()
    # 仍是CMake 3.19
    add_executable(A main) # 仍可使用省略扩展名的写法
endif()
```

本例主要演示了如何根据不同版本来进行不同的项目配置，以同时兼容多个CMake版本。其实其中大可不必使用条件判断，毕竟显式指定扩展名旧版中也支持，因此重构后完全可以仅保留新行为的写法。

10.4.4 为全部策略采用新行为

重构阶段是相当痛苦的，很可能必须同时兼容新旧两个版本，需要逐一添加条件分支。当然，最终一定会重构好全部的代码，此时就可以对全部代码的全部策略采用NEW行为了。另外，为了给其他用户升级CMake版本留下足够的过渡时间，不必急于移除这些if(POLICY)条件分支。在这种情形下，可以直接调节cmake_minimum_required命令的<策略兼容的最高版本>参数来实现新旧版本的同时兼容，如下所示：

```
cmake_minimum_required(VERSION 3.19...3.20)
```

这样一来，使用CMake 3.19，程序仍然能够正常执行，只不过涉及新版策略的if(POLICY)条件不成立，会采用else分支中的旧版设置。如果使用CMake 3.20，则会自动地将全部策略设置为NEW行为。

这样一来，if(POLICY)条件成立的分支中的cmake_policy(SET <策略名称> NEW)就不需要了，有助于清理冗余的代码。

10.4.5 完全切换到新版CMake

最终当然要摆脱一切技术债务，修改全部程序中cmake_minimum_required 命令的<最低版本>参数，强制所有用户使用新版CMake。如此一来，所有的if(POLICY)条件分支就可以删除了，代码焕然一新。

10.5 小结

本章围绕CMake策略这一重要特性，并以CMP0115这一策略为例，介绍了相关的概念、命令使用等。正是CMake策略保证了CMake能够长盛不衰，相信读者一定也对该特性的巧妙设计深有感触。

本章最后还从实用的角度介绍了渐进式重构CMake程序的最佳实践，希望能够帮助读者告别技术债，保持项目的活力。

至此，本书对CMake的介绍就全部结束了。第11章是本书的最后一个实践章节，我们会一起对CMake进行综合应用，完成一个相对完整的人工智能项目库——手写数字识别库。

第11章

实践：基于onnxruntime的手写数字识别库

读者已经跟着本书实践了很多零零散散的实例，应该能够熟练使用CMake来构建C和C++程序了吧！不过，前面的实例往往都是针对某个特定功能编写的，我们可能很难将它们综合起来实现一个完成度较高的项目。不必担心，本章就带领大家使用C++语言实现一个完整的动态库，以及调用该库的可执行文件——手写数字识别库和手写数字识别命令行工具。相信经过本章的实践，读者一定可以将前面所学的知识融会贯通，应用于中大型项目中了！

11.1 前期设计

11.1.1 模块设计

本章不仅要实现一个手写数字识别库，还会同时编写一个recognize命令行工具，用户可以在命令行中调用该工具以识别图片中的手写数字。因此，项目中需要定义两个构建目标，分别是动态库目标num_recognizer和可执行文件目标recognize。其中，可执行文件目标recognize将链接动态库目标num_recognizer。

另外，我们希望构建的手写数字识别库是一个通用库，使其能够被C++语言之外的其他编程语言调用，如C语言等。这就要求手写数字识别动态库在暴露API时，必须仅暴露符合C语言应用程序二进制接口（Application Binary Interface，ABI）的应用程序编程接口（Application Programming Interface，API）。简言之，就是暴露的接口都只能是纯C函数，函数的参数、返回值等都必须是C语言中支持的数据类型。

在C++编程语言中若想将一个函数定义为C语言函数，将一个结构体定义为C语言结构体，需要在函数定义和结构体定义前指定 extern "C"修饰符，或将其置于extern "C"代码块中。

11.1.2 项目目录结构

设计好需要的模块后，就可以开始着手建立项目的目录结构了。本项目目录结构如下：

```
ch011
├──CMakeLists.txt (目录程序)
├──cli (命令行工具的源文件目录)
```

```
│   └──recognize.c (命令行工具的源文件)
├──cmake (自定义CMake模块目录)
│   └──...
├──include (头文件目录)
│   └──num_recognizer.h (手写数字识别库的头文件)
├──models (onnx模型文件目录)
│   └──mnist.onnx (手写数字识别模型文件)
└──src (手写数字识别库的源文件目录)
    └──num_recognizer.cpp (手写数字识别库的源文件)
```

命令行工具的源文件目录名称为cli，这是命令行接口的英文commandline interface的缩写。另外，这里用到的mnist.onnx神经网络模型文件可以在GitHub的onnx/models代码仓库中下载。

11.1.3　接口设计

在实现之前，还需要对手写数字识别库具体提供什么功能作出定义，并将接口设计出来。

作为一个实践案例，该库不会涉及过于复杂的技术。尽管如此，笔者也希望这个手写数字识别库仍然是实用的：既支持用户传入二值化的图片像素数组，也支持用户传入一个PNG图片文件的路径来进行识别。可以说是麻雀虽小，五脏俱全！

初始化

使用onnxruntime库，需要先初始化一个onnx环境（Ort::Env）供onnx会话（Ort::Session）使用。因此，手写数字识别库应当首先提供一个初始化的接口，如代码清单11.1所示。

代码清单11.1　ch011/include/num_recognizer.h（第16行～第18行）

```
//! @brief 初始化手写数字识别库
//! @return void
NUM_RECOGNIZER_EXPORT void num_recognizer_init();
```

接口函数最前面的NUM_RECOGNIZER_EXPORT是导出宏，后面会在CMake目录程序中使用GenerateExportHeader这一CMake模块定义它们。该CMake模块的具体用法参见9.2.3小节。

创建和析构识别器

手写数字识别模型文件也许会更新迭代，因此接口应当能够灵活地根据用户指定的模型文件来创建识别器对象，同时提供用于析构识别器对象的接口，如代码清单11.2所示。

代码清单11.2　ch011/include/num_recognizer.h（第20行～第28行）

```
//! @brief 创建识别器
//! @param model_path 模型文件路径
//! @param[out] out_recognizer 接受初始化的识别器指针的指针
NUM_RECOGNIZER_EXPORT void num_recognizer_create(const char *model_path,
                                                 Recognizer **out_recognizer);

//! @brief 析构识别器
```

```
//! @param recognizer 识别器的指针
NUM_RECOGNIZER_EXPORT void num_recognizer_delete(Recognizer *recognizer);
```

注意，num_recognizer_create接口的第二个参数类型是Recognizer**，即Recognizer结构体指针的指针。调用该接口后，程序会将创建好的识别器对象的指针赋值到该参数指向的变量中。

目前Recognizer类尚未定义，可以先在头文件中写一个前向声明，如代码清单11.3所示。

代码清单11.3　ch011/include/num_recognizer.h（第11行）

```
struct Recognizer;
```

识别二值化图片像素数组

手写数字识别库可以接受一个代表各像素颜色的数组作为被识别的图片对象。该数组是一个按行存储的28×28的float数组，即第一维索引对应列号，第二维索引对应行号。其中，元素的值若为0，则代表白色，为1则代表黑色，因此它实际上表示了一个二值化后的图片。该接口如代码清单11.4所示。

代码清单11.4　ch011/include/num_recognizer.h（第30行～第38行）

```
//! @brief 识别图片数据中的手写数字
//! @param recognizer 识别器的指针
//! @param input_image
//! 模型接受的输入图片数据（28×28的float数值数组，0代表白色，1代表黑色）
//! @param result 接受识别结果的数值的指针
//! @return 错误值，成功返回0
NUM_RECOGNIZER_EXPORT int num_recognizer_recognize(Recognizer *recognizer,
                                                   float *input_image,
                                                   int *result);
```

识别PNG图片

当然，只提供接受数组参数的接口并不便于用户调用。这里还提供了一个可以直接识别指定路径的PNG图片中手写数字的接口，如代码清单11.5所示。

代码清单11.5　ch011/include/num_recognizer.h（第40行～第47行）

```
//! @brief 识别PNG图片中的手写数字
//! @param recognizer 识别器的指针
//! @param png_path PNG图片文件路径
//! @param result 接受识别结果的数值的指针
//! @return 错误值，成功返回0
NUM_RECOGNIZER_EXPORT int num_recognizer_recognize_png(Recognizer *recognizer,
                                                       const char *png_path,
                                                       int *result);
```

至此，手写数字识别库的全部接口声明完毕。

接口功能实现思路

接口设计好后，不妨总结一下如果要实现这些接口的功能，需要有哪些具体的行为，借助哪些工具。

- 对二值化图片数组进行手写数字识别可以借助onnxruntime库来完成。
- 读取PNG图片像素可以借助libpng库来完成。
- 将PNG图片像素数据转换为28×28的二值化图片数组，即图片缩放及二值化算法。该功能由我们自行实现。

看起来我们能够站在巨人的肩膀上来完成这件事，应该能简单不少！

11.2 第三方库

正式编写程序之前，首先需要安装刚刚提到的第三方库。onnxruntime库的安装已经在9.4.9节讲过，因此本节重点关注其他第三方库的安装：libpng库及libpng依赖的zlib库。那么，首先一起来安装zlib库吧！

Linux操作系统通常预装了zlib库，读者可以先尝试跳过zlib库的安装，看能否直接成功构建并安装libpng库。

11.2.1 安装zlib库

zlib库的源程序可以从它的GitHub代码仓库中获取。将代码克隆或下载到本地后，按照以下步骤构建并安装：

```
> cd zlib
> mkdir build
> cd build
> cmake -DCMAKE_BUILD_TYPE=Release ..
> cmake --build . --config Release
> cmake --install . # 需要管理员权限
```

在执行cmake --install命令安装CMake项目时，CMake 会默认将其安装到系统目录中：在Windows中，默认安装目录前缀一般是C:\Program Files (x86)\zlib；在Linux中，默认安装目录前缀一般是/usr/local。如果想使用默认的安装目录，执行该命令时需要提供管理员权限。

当然，为cmake --install命令指定--prefix <安装目录>的参数，也可以自定义安装目录。不过采用这种方式，使用find_package命令查找第三方库时，通常需要手动指定用于提示安装目录的参数或变量。

11.2.2 安装libpng库

libpng库的源程序同样可以从其GitHub代码仓库中获取（本例采用v1.6.40版本）。其构建和安装步骤与构建和安装zlib库的步骤几乎完全相同：

```
> cd libpng
```

```
> mkdir build
> cd build
> cmake -DCMAKE_BUILD_TYPE=Release ..
> cmake --build . --config Release
> cmake --install . # 需要管理员权限
```

11.2.3　libpng的查找模块

CMake预置了zlib库的查找模块，不必自行实现；onnxruntime库的查找模块在9.4.9小节中已经实现过，因此本小节也不再重复，这里仅介绍如何实现libpng的查找模块。

libpng库自带了用于配置模式下的find_package命令的配置文件，但其中缺失关于头文件目录等属性的设置，因此需要对其进行二次包装，编写一个自定义查找模块。模块程序的核心部分如代码清单11.6所示。

代码清单11.6　ch011/cmake/Findlibpng（第38行～第74行）

```
# 调用libpng库自带的配置文件来查找软件包，其自带配置文件会创建两个导入库目标：
# 1. 动态库导入目标png_shared
# 2. 静态库导入目标png_static
find_package(libpng CONFIG CONFIGS libpng16.cmake)

# 若成功查找，为两个库目标补上缺失的头文件目录属性
if(libpng_FOUND)
  # 获取png动态库导入目标对应动态库文件的路径，首先尝试其IMPORTED_LOCATION属性
  get_target_property(libpng_LIBRARY png_shared IMPORTED_LOCATION)
  # 若未能获得动态库文件路径，再尝试其IMPORTED_LOCATION_RELEASE属性
  if(NOT libpng_LIBRARY)
    get_target_property(libpng_LIBRARY png_shared IMPORTED_LOCATION_RELEASE)
  endif()
  # 根据png动态库的路径，设置libpng的根目录
  set(_png_root "${libpng_LIBRARY}/../..")

  # 查找png.h头文件所在目录的路径
  find_path(libpng_INCLUDE_DIR png.h
    HINTS ${_png_root}
    PATH_SUFFIXES include)
  # 为png_shared和png_static导入库目标设置头文件目录属性
  target_include_directories(png_shared INTERFACE ${libpng_INCLUDE_DIR})
  target_include_directories(png_static INTERFACE ${libpng_INCLUDE_DIR})
endif()

include(FindPackageHandleStandardArgs)

# 检查变量是否有效以及配置文件是否成功执行
find_package_handle_standard_args(libpng
  REQUIRED_VARS libpng_LIBRARY libpng_INCLUDE_DIR
  CONFIG_MODE)
```

```
# 若一切成功，设置结果变量
if(libpng_FOUND)
  set(libpng_INCLUDE_DIRS ${libpng_INCLUDE_DIR})
  set(libpng_LIBRARIES ${libpng_LIBRARY})
endif()
```

本书暂未涉及find_package命令配置模式的内容，因此没有对该查找模块的原理做更多解释，感兴趣的读者可以试着结合程序注释和官方文档自行理解。

11.3 CMake目录程序

终于完成了准备工作，可以开始手写数字识别库的部分了。首先编写好CMake目录程序，在项目根目录中创建CMakeLists.txt，并把按照惯例要写的代码先写上去，如代码清单11.7所示。

代码清单11.7 ch011/CMakeLists.txt（第1行～第4行）

```
cmake_minimum_required(VERSION 3.20)
project(num_recognizer)
list(APPEND CMAKE_MODULE_PATH "${CMAKE_SOURCE_DIR}/cmake")
set(CMAKE_CXX_STANDARD 11) # 设置C++标准为11
```

11.3.1 查找软件包

接着，查找即将用到的两个软件包，如代码清单11.8所示。

代码清单11.8 ch011/CMakeLists.txt（第6行～第18行）

```
set(onnx_version 1.10.0) # 根据下载的版本进行设置，本例使用1.10.0版本
# 请下载onnxruntime库的压缩包，并解压至该目录中
if("$ENV{onnxruntime_ROOT}" STREQUAL "")
  if(WIN32)
    set(ENV{onnxruntime_ROOT} "${CMAKE_CURRENT_LIST_DIR}/onnxruntime-win-x64-${onnx_
version}")
  elseif(APPLE)
    set(ENV{onnxruntime_ROOT} "${CMAKE_CURRENT_LIST_DIR}/onnxruntime-osx-universal2-
${onnx_version}")
  else()
    set(ENV{onnxruntime_ROOT} "${CMAKE_CURRENT_LIST_DIR}/onnxruntime-linux-x64-${onnx_
version}")
  endif()
endif()

find_package(onnxruntime 1.10 REQUIRED) # 指定依赖的最小版本
find_package(libpng REQUIRED)
```

其中的if条件只是为了设置onnxruntime_ROOT环境变量的值为onnxruntime软件包的安装目

录，用于提示查找模块查找的路径。这里无须为libpng的查找模块提示查找的路径，因为我们将libpng安装到了默认的安装路径，而且libpng的查找模块能够在默认安装路径中找到它。

11.3.2　num_recognizer动态库目标

下面创建本实例的第一个构建目标：num_recognizer动态库目标。对应的CMake目录程序片段如代码清单11.9所示。

代码清单11.9　ch011/CMakeLists.txt（第20行～第31行）

```
add_library(num_recognizer SHARED src/num_recognizer.cpp)

include(GenerateExportHeader)
generate_export_header(num_recognizer)
set_target_properties(num_recognizer PROPERTIES
  CXX_VISIBILITY_PRESET hidden
  VISIBILITY_INLINES_HIDDEN 1
)

target_include_directories(num_recognizer PUBLIC include ${CMAKE_BINARY_DIR})
target_link_libraries(num_recognizer PRIVATE onnxruntime::onnxruntime png_shared)
target_compile_definitions(num_recognizer PRIVATE ORT_NO_EXCEPTIONS num_recognizer_EXPORTS)
```

这里除了调用add_library命令创建动态库构建目标，还引用了GenerateExportHeader模块，并调用了它提供的generate_export_header命令来为动态库生成导出头文件。同时，设置了该动态库目标的两个属性，用于默认隐藏符号并仅导出显式指定的符号。

为了让该库能够直接引用刚刚生成的导出头文件，这里要将当前二进制目录${CMAKE_BINARY_DIR}加入库目标的头文件搜索目录。另外，为该库定义num_recognizer_EXPORTS宏以表示当前正在构建该库而非使用该库，确保导出头文件中的宏定义正确。

这里还将include目录加入该库的头文件搜索目录，并将onnxruntime和libpng第三方库目标链接到该库目标中。由于我们封装的是符合C语言ABI的动态库，不希望程序中有异常抛出，这里还定义了ORT_NO_EXCEPTIONS宏以禁用onnxruntime库中的异常。

11.3.3　recognize可执行文件目标

配置好动态库目标后，创建recognize命令行工具的可执行文件目标。这非常简单，只需创建目标、指定源文件并链接刚刚创建好的动态库目标。CMake目录程序片段如代码清单11.10所示。

代码清单11.10　ch011/CMakeLists.txt（第33行、第34行）

```
add_executable(recognize cli/recognize.c)
target_link_libraries(recognize PRIVATE num_recognizer)
```

11.4 代码实现

拖了这么久，下面就要施展真正的“魔法”了。不过这也体现了一个项目的成功，只靠代码写得漂亮还远远不够，还要依赖井井有条的项目结构和完善的基础设施。

11.4.1 全局常量和全局变量

首先，在手写数字识别库的源文件中定义一些全局的常量和变量，如代码清单11.11所示。

代码清单11.11 ch011/src/num_recognizer.cpp（第17行～第27行）

```
static const char *INPUT_NAMES[] = {"Input3"}; // 模型输入参数名
static const char *OUTPUT_NAMES[] = {"Plus214_Output_0"}; // 模型输出参数名
static constexpr int64_t INPUT_WIDTH = 28;  // 模型输入图片宽度
static constexpr int64_t INPUT_HEIGHT = 28; // 模型输入图片高度
static const std::array<int64_t, 4> input_shape{
    1, 1, INPUT_WIDTH, INPUT_HEIGHT}; // 输入数据的形状（各维度大小）
static const std::array<int64_t, 2> output_shape{
    1, 10}; // 输出数据的形状（各维度大小）

static Ort::Env env{nullptr};                       // onnxruntime环境
static Ort::MemoryInfo memory_info{nullptr}; // onnxruntime内存信息
```

其中的常量都是由手写数字识别库的onnx模型的神经网络结构决定的，如果要切换到具有不同神经网络结构的模型，可能需要做出相应修改。

其中env变量即onnxruntime的环境，由于它不能在静态初始化时构造，这里暂且将它定义为未初始化的状态（即使用nullptr初始化）。它会在暴露给用户的num_recognizer_init接口函数中初始化。表示onnxruntime内存信息的memory_info变量也是同理。

11.4.2 手写数字识别类

接下来编写一个手写数字识别类Recognizer，用于封装onnxruntime会话，CMake目录程序片段如代码清单11.12所示。

代码清单11.12 ch011/src/num_recognizer.cpp（第29行～第33行）

```
//! @brief 手写数字识别类
struct Recognizer {
    //! @brief onnxruntime会话
    Ort::Session session;
};
```

每一个手写数字识别类都对应一个onnxruntime会话，每一个会话都可以加载一个onnx模型。

11.4.3　初始化接口实现

初始化接口是实现的第一个接口函数，在实现之前，先来编写一个extern "C"代码块，用于将其中的函数定义为C语言函数，如代码清单11.13所示。

代码清单11.13　ch011/src/num_recognizer.cpp（第71行～第75行）

```
extern "C" {
void num_recognizer_init() {
    env = Ort::Env{static_cast<const OrtThreadingOptions *>(nullptr)};
    memory_info = Ort::MemoryInfo::CreateCpu(OrtDeviceAllocator, OrtMemTypeCPU);
}
```

初始化接口的实现就是初始化两个与onnxruntime相关的全局变量：env和memory_info。

11.4.4　构造识别器接口实现

构造识别器接口的实现如代码清单11.14所示。

代码清单11.14　ch011/src/num_recognizer.cpp（第77行～第90行）

```
void num_recognizer_create(const char *model_path,
                           Recognizer **out_recognizer) {
    Ort::Session session{nullptr};
#if _WIN32
    // Windows中，onnxruntime的Session接受模型文件路径时需使用const
    // wchar_t*，即宽字符串。因此在这里做一下转换。
    wchar_t wpath[256];
    MultiByteToWideChar(CP_ACP, MB_PRECOMPOSED, model_path, -1, wpath, 256);
    session = Ort::Session(env, wpath, Ort::SessionOptions(nullptr));
#else
    session = Ort::Session(env, model_path, Ort::SessionOptions(nullptr));
#endif
    *out_recognizer = new Recognizer{std::move(session)};
}
```

这里的主要逻辑就是通过模型文件路径来构造onnxruntime会话，并将其赋值给在堆上创建的手写数字识别类，将这个类的指针作为结果传给用户。

这里有一处麻烦需要处理：Windows中onnxruntime会话构造时接受的模型文件路径的编码不同，需要对传入的参数进行编码转换。为了使用Windows的编码转换API，源文件最开始也做了条件编译以引用Windows.h，如代码清单11.15所示。

代码清单11.15　ch011/src/num_recognizer.cpp（第11行～第15行）

```
#ifdef _WIN32
// 在Windows操作系统中，我们需要使用Windows API来帮助完成const char*到const
// wchar_t*的编码转换。因此需要引用Windows.h。
#include <Windows.h>
#endif
```

11.4.5 析构识别器接口实现

析构很简单，直接delete即可，如代码清单11.16所示。

代码清单11.16 ch011/src/num_recognizer.cpp（第92行）

```
void num_recognizer_delete(Recognizer *recognizer) { delete recognizer; }
```

11.4.6 识别二值化图片像素数组接口实现

我们使用的神经网络模型mnist.onnx本身就是接受一个28×28的float型数组作为输入，然后分别输出结果为0到10的可能性权重，因此只需在实现识别二值化图片像素数组的接口时通过onnxruntime库运行该模型的推理过程，最后取可能性最大的数值作为预测结果。CMake目录程序片段如代码清单11.17所示。

代码清单11.17 ch011/src/num_recognizer.cpp（第94行～第114行）

```
int num_recognizer_recognize(Recognizer *recognizer, float *input_image,
                             int *result) {

    std::array<float, 10> results{};

    auto input_tensor = Ort::Value::CreateTensor<float>(
        memory_info, input_image, INPUT_WIDTH * INPUT_HEIGHT,
        input_shape.data(), input_shape.size());

    auto output_tensor = Ort::Value::CreateTensor<float>(
        memory_info, results.data(), results.size(), output_shape.data(),
        output_shape.size());

    recognizer->session.Run(Ort::RunOptions{nullptr}, INPUT_NAMES,
                            &input_tensor, 1, OUTPUT_NAMES, &output_tensor, 1);

    *result = static_cast<int>(std::distance(
        results.begin(), std::max_element(results.begin(), results.end())));

    return 0;
}
```

11.4.7 识别PNG图片接口实现

识别PNG图片的重点，就是如何将PNG图片读取并转换为28×28的二值化的图片像素数组。首先，借助libpng第三方库来完成PNG图片的读取，如代码清单11.18所示。

代码清单11.18 ch011/src/num_recognizer.cpp（第116行～第186行）

```
int num_recognizer_recognize_png(Recognizer *recognizer, const char *png_path,
                                 int *result) {
```

```
    int ret = 0;
    std::array<float, INPUT_WIDTH * INPUT_HEIGHT> input_image;
    FILE *fp;
    unsigned char header[8];
    png_structp png_ptr;
    png_infop info_ptr;
    png_uint_32 png_width, png_height;
    png_byte color_type;
    png_bytep *png_data;

    // 打开PNG图片文件
    fp = fopen(png_path, "rb");
    if (!fp) {
        ret = -2;
        goto exit3;
    }

    // 读取PNG图片文件头
    fread(header, 1, 8, fp);
    // 验证文件头确实是PNG格式的文件头
    if (png_sig_cmp(reinterpret_cast<unsigned char *>(header), 0, 8)) {
        ret = -3;
        goto exit2;
    }

    // 创建PNG指针数据结构
    png_ptr = png_create_read_struct(PNG_LIBPNG_VER_STRING, nullptr, nullptr,
                                     nullptr);
    if (!png_ptr) {
        ret = -4;
        goto exit2;
    }

    // 创建PNG信息指针数据结构
    info_ptr = png_create_info_struct(png_ptr);
    if (!info_ptr) {
        ret = -5;
        goto exit2;
    }

    // 设置跳转以处理异常
    if (setjmp(png_jmpbuf(png_ptr))) {
        ret = -6;
        goto exit2;
    }

    // 初始化PNG文件
    png_init_io(png_ptr, fp);
    png_set_sig_bytes(png_ptr, 8);
```

```
    // 读取PNG信息
    png_read_info(png_ptr, info_ptr);
    png_width = png_get_image_width(png_ptr, info_ptr);    // PNG图片宽度
    png_height = png_get_image_height(png_ptr, info_ptr); // PNG图片高度
    color_type = png_get_color_type(png_ptr, info_ptr); // PNG图片颜色类型

    // 设置跳转以处理异常
    if (setjmp(png_jmpbuf(png_ptr))) {
        ret = -7;
        goto exit2;
    }

    // 读取PNG的数据
    png_data = (png_bytep *)malloc(sizeof(png_bytep) * png_height);
    for (unsigned int y = 0; y < png_height; ++y) {
        png_data[y] = (png_byte *)malloc(png_get_rowbytes(png_ptr, info_ptr));
    }
    png_read_image(png_ptr, png_data);
```

代码执行到这就已经成功将PNG图片中每个像素的颜色值读取到了png_data这个png_bytep *类型，也就是字节指针的指针类型的变量中，它用于表示一个字节类型的二维数组。

至于这些字节是如何表示图片各个像素的颜色值的，需要根据PNG图片采用的颜色类型灵活判断：若图片采用RGB颜色类型，那么文件中每三个字节表示一个颜色值，这三个字节分别对应颜色的RGB值；若图片采用RGBA颜色类型，那么它就需要四个字节表示一个颜色值。为了方便地获取PNG图片数据中指定像素的颜色值，并将其二值化，不妨在源文件中创建一些帮助函数，如代码清单11.19所示。

代码清单11.19 ch011/src/num_recognizer.cpp（第35行～第62行）

```
//! @brief 将byte类型的颜色值转换为模型接受的二值化后的float类型数值
//! @param b byte类型的颜色值
//! @return 模型接受的二值化后的float类型值，0代表白色，1代表黑色。
static float byte2float(png_byte b) { return b < 128 ? 1 : 0; }

//! @brief 获取PNG图片指定像素的二值化后的float类型颜色值
//! @param x 像素横坐标
//! @param y 像素纵坐标
//! @param png_width 图片宽度
//! @param png_height 图片高度
//! @param color_type 图片颜色类型
//! @param png_data 图片数据
//! @return 对应像素的二值化后的float类型颜色值
static float get_float_color_in_png(unsigned int x, unsigned int y,
                                    png_uint_32 png_width,
                                    png_uint_32 png_height, png_byte color_type,
                                    png_bytepp png_data) {
```

```
if (x >= png_width || x < 0)
    return 0;
if (y >= png_height || y < 0)
    return 0;

switch (color_type) {
case PNG_COLOR_TYPE_RGB: {
    auto p = png_data[y] + x * 3;
    return byte2float((p[0] + p[1] + p[2]) / 3);
} break;
case PNG_COLOR_TYPE_RGBA: {
```

get_float_color_in_png函数仅支持了较为常见的两种PNG图片颜色类型：RGB和RGBA。感兴趣的读者可以自行扩充其支持的颜色类型。有了该函数的帮助，再回到刚才代码清单11.18中尚未完成的接口实现，其后续CMake目录程序片段如代码清单11.20所示。

代码清单11.20　ch011/src/num_recognizer.cpp（第187行～第208行）

```
// 将PNG图片重新采样，缩放到模型接受的输入图片大小
for (unsigned int y = 0; y < INPUT_HEIGHT; ++y) {
    for (unsigned int x = 0; x < INPUT_WIDTH; ++x) {
        float res = 0;
        int n = 0;
        for (unsigned int png_y = y * png_height / INPUT_HEIGHT;
             png_y < (y + 1) * png_height / INPUT_HEIGHT; ++png_y) {
            for (unsigned int png_x = x * png_width / INPUT_WIDTH;
                 png_x < (x + 1) * png_width / INPUT_WIDTH; ++png_x) {
                res += get_float_color_in_png(png_x, png_y, png_width,
                                              png_height, color_type,
                                              png_data);

                ++n;
            }
        }
        input_image[y * INPUT_HEIGHT + x] = res / n;
    }
}

// 识别图片数据中的手写数字
ret = num_recognizer_recognize(recognizer, input_image.data(), result);
```

这里完成了对PNG图片的重采样，即缩放图片到28×28这个尺寸，并将最终满足输入要求的数据存入input_image数组。到此，如果未发生错误，程序将通过复用num_recognizer_recognize接口来完成最终的识别。

除了正常的代码路径，代码中还有一些异常处理的分支，用于分别跳转到不同的标签。这些标签对应不同的退出路径，它们的代码就在函数的末尾做一些资源清理的工作，如代码清单11.21所示。

代码清单11.21 ch011/src/num_recognizer.cpp（第209行～第222行）

```
exit1:
    // 释放存放PNG图片数据的内存空间
    for (unsigned int y = 0; y < png_height; ++y) {
        free(png_data[y]);
    }
    free(png_data);

exit2:
    // 关闭文件
    fclose(fp);

exit3:
    return ret;
}
```

不同的退出路径需要对应不同程度的清理工作。而如果程序正常退出，那么全部退出路径都会执行到，也就会对全部使用过的资源进行清理释放。

至此，全部接口实现完毕，最后不要忘记用于结束extern "C"代码块的花括号。

11.4.8 完善手写数字识别库的头文件（以同时支持C语言）

在进行接口设计时，实际上就是在编写头文件的核心部分——接口函数。不过，只是声明这些函数，并不足以构成一个完善的公开头文件。另外，手写数字库暴露的都是C语言接口，这个头文件应当能够同时被C++语言和C语言引用。下面一起来看看应当如何完善这个头文件。

首先，头文件引用卫哨必不可少，如代码清单11.22所示。

代码清单11.22 ch011/include/num_recognizer.h（第1行、第2行）

```
#ifndef NUM_RECOGNIZER_H
#define NUM_RECOGNIZER_H
```

其次，要引用导出头文件，这样才能使用num_recognizer_EXPORTS等宏定义，以便为动态库导出符号，如代码清单11.23所示。

代码清单11.23 ch011/include/num_recognizer.h（第4行）

```
#include "num_recognizer_export.h"
```

再次是声明接口相关的类和函数。由于接口函数都是C语言的函数，当采用C++编译器时需要将接口涉及的结构体和函数声明用extern "C"包括起来。这里借助__cplusplus宏来判断是否采用C++编译器，如代码清单11.24所示。

代码清单11.24 ch011/include/num_recognizer.h（第6行～第8行）

```
#ifdef __cplusplus
extern "C" {
```

```
#endif
```

下面开始声明涉及的类或结构体，如代码清单11.25所示。

代码清单11.25 ch011/include/num_recognizer.h（第10行～第14行）

```
#ifdef num_recognizer_EXPORTS
struct Recognizer;
#else
typedef struct _Recognizer Recognizer;
#endif
```

这里涉及两种情况：该头文件被实现该库的源文件（即num_recognizer.cpp）引用，以及该头文件被用户的外部程序（包括即将编写的recognize命令行工具的源文件）引用。num_recognizer_EXPORTS宏就可以用于判断当前是在构建还是使用该库。还记得吗？它是在代码清单11.9所示的目录程序中定义的。

当该宏被定义，也就意味着当前正在构建该库。此时会前向声明Recognizer结构体，以避免声明接口函数时编译器不认识这个结构体。这个结构体的具体定义会在源文件中给出。

当该宏未被定义，也就是说该库被用户使用时，这里不能仅包含一个前向声明，否则编译器会报告找不到定义的错误。我们需要将Recognizer结构体定义为一个不透明结构体（opaque strcture），即没有具体定义的结构体，这种结构体仅能出现在指针类型中，正符合接口中Recognizer类的使用场景。

接下来是在头文件中声明最开始设计的接口函数，如代码清单11.26所示。

代码清单11.26 ch011/include/num_recognizer.h（第16行～第-47行）

```
//! @brief 初始化手写数字识别库
//! @return void
NUM_RECOGNIZER_EXPORT void num_recognizer_init();

//! @brief 创建识别器
//! @param model_path 模型文件路径
//! @param[out] out_recognizer 接受初始化的识别器指针的指针
NUM_RECOGNIZER_EXPORT void num_recognizer_create(const char *model_path,
                                               Recognizer **out_recognizer);

//! @brief 析构识别器
//! @param recognizer 识别器的指针
NUM_RECOGNIZER_EXPORT void num_recognizer_delete(Recognizer *recognizer);

//! @brief 识别图片数据中的手写数字
//! @param recognizer 识别器的指针
//! @param input_image
//! 模型接受的输入图片数据（28×28的float数值数组，0代表白色，1代表黑色）
//! @param result 接受识别结果的数值的指针
//! @return 错误值，成功返回0
```

```
NUM_RECOGNIZER_EXPORT int num_recognizer_recognize(Recognizer *recognizer,
                                                   float *input_image,
                                                   int *result);

//! @brief 识别PNG图片中的手写数字
//! @param recognizer 识别器的指针
//! @param png_path PNG图片文件路径
//! @param result 接受识别结果的数值的指针
//! @return 错误值，成功返回0
NUM_RECOGNIZER_EXPORT int num_recognizer_recognize_png(Recognizer *recognizer,
                                                       const char *png_path,
                                                       int *result);
```

最后，还要记得将前面的extern "C"代码块，以及头文件引用卫哨的#if闭合！如代码清单11.27所示。

代码清单11.27　ch011/include/num_recognizer.h（第48行～第52行）

```
#ifdef __cplusplus
} // extern "C"
#endif

#endif // NUM_RECOGNIZER_H
```

现在，这个头文件已经相当完善了。不论用户采用C语言还是C++语言，不论是用于构建手写数字识别库，还是分发给用户使用，它都能够胜任。

11.4.9　命令行工具的实现

手写数字识别库的代码实现已经完成，下面着手命令行工具的编写。在此之前，我们需要确定命令行工具的调用方式。

命令行接口的设计，也就是命令行的参数设计十分重要。友好的参数设计可以极大地方便用户。本例配套提供的recognize命令行工具的参数设计十分简单，只需依次接收两个参数：模型文件路径和PNG图片文件路径。调用示例如下：

```
recognize models/mnist.onnx 2.png
```

为了展现C语言接口作为编程界“通用语言”的魅力，该命令行工具将采用C语言而非C++语言编写，它会调用C++编写的手写数字识别库。这也能验证刚刚编写的手写数字识别库的头文件是否完善。

代码实现相当简单，完整的源文件如代码清单11.28所示。

代码清单11.28　ch011/cli/recognize.c

```
#include <num_recognizer.h>
#include <stdio.h>

//! @brief 主函数
```

```c
//!
//!    命令行参数应有3个：
//!    1. 命令行程序本身的文件名，即recognize;
//!    2. 模型文件路径;
//!    3. 将要识别的PNG图片文件路径。
//!
//!    例如：recognize models/mnist.onnx 2.png
//!
//! @param argc 命令行参数个数
//! @param argv 命令行参数值数组
//! @return 返回码，0表示正常退出
int main(int argc, const char **argv) {
    // 检查命令行参数个数是否为3个
    if (argc != 3) {
        printf("Usage: recognize mnist.onnx 3.png\n");
        return -1; // 返回错误码-1
    }

    int ret = 0;              // 返回码
    int result = -1;          // 识别结果
    Recognizer *recognizer; // 识别器指针

    num_recognizer_init(); // 初始化识别器

    // 使用模型文件创建识别器，argv[1]即模型文件路径
    num_recognizer_create(argv[1], &recognizer);

    // 识别图片文件中的手写数字，argv[2]即图片文件路径
    if (ret = num_recognizer_recognize_png(recognizer, argv[2], &result)) {
        // 返回值非0，识别过程发生错误
        printf("Failed to recognize\n");
        goto exit_main;
    }

    printf("%d\n", result); // 输出识别结果

exit_main:
    num_recognizer_delete(recognizer); // 析构识别器
    return ret;                        // 返回正常退出的返回码0
}
```

11.5 构建和运行

代码实现终于告一段落，是不是迫不及待地想要构建并运行它了呢？跟着下面的步骤开始构建吧！

```
> cd CMake-Book/src/ch011
> mkdir build
```

```
> cd build
> cmake -DCMAKE_BUILD_TYPE=Debug ..
...
> cmake --build . --config Debug
...
```

构建成功后，画一张手写数字的图片，如图11.1所示。

图11.1 手写数字2的图片

然后，调用构建好的recognize命令行工具尝试识别这幅图，命令调用方式如下：

```
> ./build/recognize ../models/mnist.onnx ../2.png
2
```

成功识别！

如果使用MSVC构建，recognize应该在Debug子目录中，即.\Debug\recognize.exe。另外，在Windows中执行recognize.exe前，还要记得复制zlib.dll、libpng16d.dll（如果采用Release构建模式，则应复制libpng16.dll）、onnxruntime.dll到recognize.exe的同一目录中。

11.6 小结

本章借助CMake组织项目结构和构建流程，引入了多个第三方库，使用C和C++语言实现了一个完整且实用的手写数字识别库项目。相信读者通过本章的实践过程，对CMake的能力有了更加深入的理解，同时也对C和C++程序从设计到实现的完整流程有了一定把握。

本书内容已近尾声，但尚未涉及的CMake相关内容其实还有很多。在项目测试、安装、打包发布等流程中，都可以有CMake发光的地方。希望本书能够作为读者学习使用CMake的一个开始，带领读者踏进C和C++主流开发实践的大门。同时也衷心祝愿读者在将来的学习和工作中，能够用好CMake这一利器，共同建设更加高效的C和C++编程社区！